普通高等教育"十一五"国家级规划教材
高等学校土木工程专业规划教材

土木工程造价

（第二版）

本教材编审委员会组织编写

孙昌玲　张国华　主编
丰景春　刘长滨　主审

中国建筑工业出版社

图书在版编目（CIP）数据

土木工程造价/本教材编审委员会组织编写．孙昌玲，张国华主编．—2版．—北京：中国建筑工业出版社，2008

普通高等教育"十一五"国家级规划教材．高等学校土木工程专业规划教材

ISBN 978-7-112-09834-7

Ⅰ.土… Ⅱ.①本…②孙…③张 Ⅲ.土木工程-建筑造价管理-高等学校-教材 Ⅳ.TU723.3

中国版本图书馆 CIP 数据核字（2008）第 065120 号

责任编辑：朱首明 李 明
责任设计：董建平
责任校对：王雪竹 王 爽

本书附配套素材，下载地址如下：
www.cabp.com.cn/td/cabp16538.rar

普通高等教育"十一五"国家级规划教材
高等学校土木工程专业规划教材
土 木 工 程 造 价
（第二版）
本教材编审委员会组织编写
孙昌玲 张国华 主编
丰景春 刘长滨 主审

*

中国建筑工业出版社出版、发行（北京西郊百万庄）
各地新华书店、建筑书店经销
北京红光制版公司制版
北京建筑工业印刷厂印刷

*

开本：787×1092毫米 1/16 印张：15½ 插页：4 字数：374千字
2008年7月第二版 2017年11月第二十次印刷
定价：29.00元（附网络下载）
ISBN 978-7-112-09834-7
（16538）

版权所有 翻印必究
如有印装质量问题，可寄本社退换
（邮政编码 100037）

高等学校土木工程专业规划教材编审委员会名单

顾　　　问：	宰金珉　何若全　周　氐
主 任 委 员：	刘伟庆
副主任委员：	柳炳康　陈国兴　吴胜兴　艾　军　刘　平
	于安林
委　　　员：	孙伟民　曹平周　汪基伟　朱　伟　韩爱民
	董　军　陈忠汉　完海鹰　叶献国　曹大富
	韩静云　沈耀良　柳炳康　陈国兴　于安林
	艾　军　吴胜兴　王旭东　胡夏闽　吉伯海
	丰景春　张雪华

第二版前言

本教材自 2000 年 6 月出版以来，供作大专院校土木工程、工程管理及相关专业的教材，亦作工程造价从业人员及自学者的参考书，教学使用效果良好，受到广大读者的欢迎和关怀，已重印多次。借此机会向广大读者表示衷心感谢。

随着我国工程造价事业发展和改革的不断深入，为了适应社会主义市场经济与国际接轨的需要，我国出台了建筑安装工程费用项目组成、建筑安装工程计价程序、建筑面积计算规范、工程量清单计价规范、工程价款结算办法、工程质量保证金管理办法等一系列新的规范和政策文件，第一版教材中部分内容已经不能反映出改革和建设的新成果，本次的修订尤为必要。

作为普通高等教育"十一五"国家级规划教材、高等学校土木工程专业规划教材，修订过程中，在保留原教材框架和特色的基础上，又在内容的广度和深度上作了大量的调整和充实，使之注重基础知识的系统性，体现全过程计价的实际特点，尽可能地多反映我国工程造价领域的最新政策及研究成果。

第二版的修订工作分别由原参编的合肥工业大学、南京工业大学、河海大学、扬州大学和苏州科技学院的作者完成。具体编写分工如下：第 1、2 章，南京工业大学张国华；第 3 章苏州科技学院张秀志；第 4 章扬州大学单洁明；第 5、7 章，合肥工业大学孙昌玲；第 6 章河海大学刘永强；第 8 章南京工业大学白春玲；附录部分工程实例由扬州大学余蟠璟、单洁明完成。配套电子课件由合肥工业大学王波制作。全书由孙昌玲统稿，附录由张国华统稿。

河海大学丰景春教授和北京建工学院刘长滨教授百忙之中认真审阅了本书全稿，并提出许多宝贵意见，在此我们表示衷心感谢。

尽管在修订中做了较大的努力，但由于水平有限，缺点和错误在所难免，敬请读者批评指正。

第一版前言

本书是为适应建筑市场发展和工程造价管理体制改革的要求，按土木工程专业系列选修课教材编委会审定的编写大纲，依据1995年《全国统一建筑工程基础定额》和1997年《江苏省建筑工程综合预算定额》及有关政策文件和定额资料编写的。本书可供作大专院校土木工程、工程管理及相关专业的教材，亦可作工程造价从业人员及自学者的参考书。

对本书的编写，我们考虑既要适应国家教委专业调整后的需要，拓宽学生的知识面，又要有利于学生了解土木工程造价的计价过程和分部组合计价的方法。在内容的编写上作了大胆的尝试，理论概念的阐述、实际操作的要点及工程实例的附录，尽量反映工程造价管理体制改革动向的新内容。

本书第1章、第2章由南京建工学院张国华编写，第3章由苏州城建环保学院席学军编写，第4章由扬州大学范网田编写，第5章、第8章由合肥工业大学孙昌玲编写，第6章由河海大学丰景春、刘永强编写，第7章、第9章由南京建工学院白春玲编写，附录实例土建部分由扬州大学范网田编写，水电部分由扬州大学朱永恒编写，全书由孙昌玲统稿，附录实例由张国华统稿。

东南大学沈杰教授百忙之中仔细认真地审阅了本书全稿，并提出许多中肯、建设性的宝贵意见，在此我们表示衷心感谢。

限于作者的水平和经验，书中难免存在缺点和错误，敬请读者批评指正。

编　者
1999.10

目　录

第1章　土木工程造价概论 ··· 1
1.1　工程建设与建设项目 ··· 1
1.2　工程造价的概念及其计价特点 ··· 4
1.3　建设工程费用组成 ··· 6
复习思考题 ··· 17

第2章　建筑工程计价定额 ··· 18
2.1　建筑工程定额概述 ··· 18
2.2　建筑工程施工定额 ··· 20
2.3　建筑工程预算定额 ··· 26
2.4　企业定额 ··· 39
复习思考题 ··· 42

第3章　工程造价的编制与审查 ··· 43
3.1　施工图预算的编制 ··· 43
3.2　工程预算的审查 ··· 50
3.3　标底、报价与合同价 ··· 52
3.4　概算造价 ··· 63
3.5　估算造价 ··· 66
复习思考题 ··· 68

第4章　建筑与装饰工程计价 ··· 69
4.1　工程量计算的一般原则及方法 ··· 69
4.2　建筑面积计算规范 ··· 73
4.3　应用计价表计价 ··· 75
4.4　工程量清单项目计价 ··· 107
复习思考题 ··· 114

第5章　安装工程计价 ··· 115
5.1　安装工程计价的特点 ··· 115
5.2　工程量计算的一般原则与方法 ··· 116
5.3　给水排水、采暖、燃气工程计价 ··· 118
5.4　消防工程计价 ··· 124
5.5　通风空调工程计价 ··· 128
5.6　电气设备安装工程计价 ··· 131
复习思考题 ··· 138

第6章 路桥工程概预算造价 …… 139
6.1 路桥工程概预算概述 …… 139
6.2 公路工程概预算项目及费用 …… 140
6.3 公路工程概预算各类费用的计算 …… 143
6.4 路桥工程的工程量计算 …… 159
复习思考题 …… 167

第7章 工程价款的结算与决算 …… 168
7.1 工程价款的结算 …… 168
7.2 工程变更 …… 177
7.3 工程索赔 …… 180
7.4 竣工结算与竣工决算 …… 187
复习思考题 …… 193

第8章 计算机软件在工程造价中的应用 …… 195
8.1 概述 …… 195
8.2 工程量清单计价软件及其应用 …… 197
复习思考题 …… 203

附录 …… 204
附录1 建筑工程清单计价实例 …… 204
附录2 电气照明工程清单计价实例 …… 228
附录3 给排水工程清单计价实例 …… 234

主要参考文献 …… 238

第1章 土木工程造价概论

1.1 工程建设与建设项目

1.1.1 工程建设概念

工程建设是指人们用各种施工机具、机械设备对各种建筑材料等进行建造和安装，使之成为固定资产的建设工作。固定资产的建造、购置、安装及与其相联系的其他工作，均属于工程建设工作。

固定资产是指在社会再生产过程中可供长时间反复使用，并在其使用过程中基本上不改变实物形态的劳动资料和其他物质资料，如房屋、建筑物、机器设备、运输工具等。

工程建设的最终成果表现为固定资产的增加，它是一种横跨国民经济许多部门，涉及生产、流通和分配等各个环节的综合性经济活动。工程建设工作内容包括建筑安装工程、设备和工器具的购置及与其相联系的土地征购、勘察设计、研究试验、技术引进、职工培训、联合试运转等其他建设工作。

1.1.2 工程建设程序

工程建设程序是指工程建设工作中必须遵循的先后次序。它反映了工程建设各个阶段之间的内在联系，是从事建设工作的各有关部门和人员都必须遵守的原则。

一般工程建设项目的建设程序为：

(1) 提出项目建议书，为推荐的拟建项目提出说明，论述建设它的必要性；

(2) 进行可行性研究，对拟建项目的技术和经济的可行性进行分析和论证；

(3) 编制可行性研究报告，选择最优建设方案；

(4) 编制设计文件，项目业主按建设监理制的要求委托工程建设监理，在监理单位的协助下，组织开展设计方案竞赛或设计招标，确定设计方案和设计单位；

(5) 签订施工合同进行开工准备，包括征地、拆迁、平整场地、通水、通电、通路以及组织设备、材料定货，组织施工招标，选择施工单位，报批开工报告等项工作；

(6) 施工和动用前准备。按设计进行施工安装。与此同时，业主在监理单位协助下做好项目建成动用的一系列准备工作，例如：人员培训、组织准备、技术准备、物资准备等；

(7) 试车验收，竣工验收；

(8) 后评价，项目建成投产后，对建设项目进行后评价。

以上工程建设程序可以概括为：先调查、规划、评价，而后确定项目、投资；先勘察、选址，而后设计；先设计，而后施工；先安装试车，而后竣工投产；先竣工验收，而后交付使用。工程建设程序顺应了市场经济的发展，体现了项目业主责任制、建设监理制、工程招标投标制、项目咨询评估制的要求，并且与国际惯例基本趋于一致。

1.1.3 工程建设项目的分类

工程建设项目也称基本建设项目，由于建设项目的性质、用途、规模和资金来源等不同，可将工程建设项目进行如下分类。

1. 按建设性质分类

（1）新建项目：是指从无到有，新开始建设的项目。对原有项目扩建，其新增加的固定资产价值超过原有固定资产价值三倍以上的，也属于新建项目。

（2）扩建项目：是指原有企、事业单位为扩大原有产品的生产能力和效益，或增加新产品的生产能力和效益而进行的固定资产的增建项目。

（3）改建项目：是指原有企、事业单位为提高生产效率、改进产品质量或改变产品方向，对原有设备工艺流程进行技术改造的项目；或为提高综合生产能力、增加一些附属和辅助车间或非生产性工程的项目。

（4）恢复项目：是指企、事业单位的固定资产因自然灾害、战争或人为的灾害等原因，已全部或部分报废，而后又投资恢复建设的项目。不论是按原来规模恢复建设，还是在恢复同时进行扩建都属于恢复项目。

（5）迁建项目：是指原有企、事业单位，由于各种原因迁移到另外的地方建设的项目。搬迁到另外地方建设，不论其建设规模是否维持原来规模，都属于迁建项目。

2. 按投资的用途分类

（1）生产性建设项目，是指直接用于物质生产或满足物质生产需要的建设项目，包括：工业、农业、建筑业、林业、运输、邮电、商业或物质供应、地质资源勘探等建设项目。

（2）非生产性建设项目，是指用于满足人民物质文化需要的建设项目，包括：住宅、文教卫生、科研实验、公用事业以及其他建设项目。

3. 按建设总规模和投资的多少分类

按建设总规模和投资的多少分为大、中、小型项目。划分标准根据行业、部门的不同有不同的规定。

（1）工业项目按设计生产能力划分见表1-1。

工业项目划分标准表　　　　　　　表1-1

	单位	大型	中型	小型
煤矿设计生产能力	10^4 t	$a>500$	$200 \leqslant a \leqslant 500$	$a<200$
电站装机容量	MW	$a>250$	$25 \leqslant a \leqslant 250$	$a<25$
钢铁联合企业	10^4 t	$a>100$	$10 \leqslant a \leqslant 100$	$a<10$
合成氨厂设计能力	10^4 t	$a>15$	$4.5 \leqslant a \leqslant 15$	$a<4.5$
棉纺织厂棉纱锭	万枚	$a>10$	$5 \leqslant a \leqslant 10$	$a<5$

（2）非工业建设项目不分大型与中型，统称大中型项目，如库存量1亿 m³ 以上的水库、长度1000m以上的独立公路大桥、年吞吐量100万吨以上新建扩建的沿海港口、有3000名学员以上的新建高等院校等均属大中型项目。

（3）文教、卫生、科研等按投资额划分见表1-2。

按项目投资额划分表　　　　　表 1-2

单　位	大型项目	中型项目	小型项目
万　元	$a>2000$	$1000 \leqslant a \leqslant 2000$	$a<1000$

4. 按资金来源和渠道分类

（1）国家投资项目：是指国家预算直接安排的工程建设投资项目。

（2）银行信用筹资项目：是指通过银行信用方式供应工程建设投资的项目。

（3）自筹资金项目：是指各地区、部门、单位按照财政制度提留管理和自行分配用于基本建设投资的项目。

（4）引进外资项目：是指吸收利用国外资金（包括与外商合资经营、合作经营、合作开发以及外商独资经营等形式）建设的项目。

（5）利用资金市场项目：是指利用国家债券筹资和社会集资（包括股票、国内债券、国内补偿贸易等）项目。

1.1.4　工程建设项目的层次划分

建设工程是一个有机的整体，为利于工程的科学管理和经济核算，也是为了工程造价计算的需要，将工程建设项目由大到小划分为建设项目、单项工程和单位工程。单位工程由分部工程组成，分部工程又可以分解为若干个分项工程。

1. 建设项目

是指具有一个计划任务书，在一个场地或几个场地上，按一个总体设计进行施工的各个单项工程的总和。组成建设项目的单位是行政上有独立组织形式，经济上实行统一核算的企、事业单位（即建设单位），如工（矿）企业、学校等。

2. 单项工程

是指具有单独的设计文件，建成后能够独立发挥生产能力或效益的工程，如工（矿）企业中的车间，学校中的一幢教学楼、图书馆等。

3. 单位工程

它是单项工程的组成部分，是指具有独立的设计文件，可以独立组织施工，但竣工后不能独立发挥生产能力或效益的工程，如教学楼中的土建工程、卫暖工程、电器照明工程等等；生产车间中的厂房建筑（土建工程）、管道工程、电气工程等等。

4. 分部工程

它是单位工程的组成部分。指单位工程中，为便于工料核算，按照工程的结构特征和施工方法而划分的工程部位和构部件，如房屋建筑的地基与基础工程、墙体工程、地面与楼面工程、门窗工程、屋面工程、装饰工程等等；电器工程中的变配电装置、架空线路、配管配线、照明器具等等。

5. 分项工程

它是分部工程的组成部分。一般是按照选用的施工方法、所使用的材料、结构构件规格的不同等因素划分的，它是可以通过较为简单的施工过程生产出来，并可用适当的计量单位测算或计算其消耗的假想建筑产品。如一般基础工程中的开挖基槽、做垫层、基础浇筑混凝土（或砌石、砌砖）等分项工程。照明器具中的普通电器安装、荧光灯具安装、开关插销安装等等。

综上所述，一个建设项目是由一个或几个工程项目所组成，一个工程项目是由几个单位工程组成，一个单位工程又可划分为若干个分部、分项工程。工程预算的编制工作就是从分项工程开始，计算不同专业的单位工程造价，汇总各单位工程造价得到单项工程造价，进而综合成为建设项目总造价。建设项目的这种划分，既有利于编制概预算文件，也有利于项目的组织管理。因此，分项工程是组织施工作业和编制施工图预算的最基本单元，单位工程是各专业计算造价的对象，单项工程造价是各专业造价的汇总。建设项目的划分与构成之间的关系如图1-1所示。

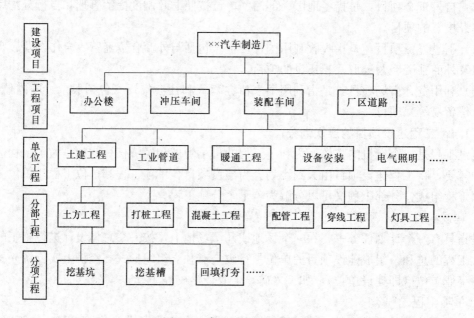

图1-1 建设项目的划分示意图

1.2 工程造价的概念及其计价特点

1.2.1 工程造价概念

建设工程造价是指建设项目从筹建到竣工验收交付使用的整个建设过程所花费的全部费用。它主要由建筑安装工程造价、设备工器具费用和工程建设其他费用组成。

1. 建筑安装工程造价

建筑安装工程造价是指建设单位用于建筑和安装工程方面的投资，包括用于建筑物的建造及有关准备、清理等工程的费用，用于需要安装设备的安置、装配工程的费用。

2. 设备工器具购置费

设备工器具购置费是指按照建设项目设计文件要求，建设单位（或其委托单位）购置或自制达到固定资产标准的设备和新、扩建项目配置的首套工器具及生产家具所需的费用。它由设备工器具原价和包括设备成套公司服务费在内的运杂费组成。

3. 工程建设其他费用

工程建设其他费用是指未纳入以上两项的由项目投资支付的为保证工程建设顺利完成和交付使用后能够正常发挥效用而发生的各项费用总和。它可分为五类，第一类为土地转让费,包括土地征用及迁移补偿费,土地使用权出让金;第二类是与项目建设有关的费用,包括建设单位管理费、勘察设计费、研究试验费、财务费用(如建设期贷款利息)等费用;第三类是与未来企业生产经营有关的费用,生产准备费等费用;第四类为预备费,包括基本预备费和工程造价调整预备费;第五类是应缴纳的固定资产投资方面调节税(按国家有关部门的规定,自2000年1月起新建项目暂停征收此项税收)。

根据以上描述,工程造价按照计价的范围和内容不同,可分为广义的和狭义的两种。所谓广义的工程造价是针对建设项目而言,指完成一个建设项目所需的全部费用;狭义的工程造价是针对建设项目中的单项工程或单位工程而言,是指建筑市场上承发包建筑安装工程的造价。本书主要介绍的是狭义的工程造价,后面不做特殊说明,提到的工程造价指的都是狭义的工程造价。

1.2.2 建筑工程造价计价特点

建设工程造价的计价特点主要表现为:单件性计价、多次性计价和组合性计价。

1. 单件性计价

建设工程是按照特定使用者的专门用途,在指定地点逐个建造的。每项建筑工程为适应不同使用要求,其面积和体积、造型和结构、装修与设备的标准及数量都会有所不同。而且特定地点的气候、地质、水文、地形等自然条件及当地政治、经济、风俗习惯等因素必然使建筑产品实物形态千差万别。再加上不同地区构成投资费用的各种价值要素(如人工、材料)的差异,最终导致建设工程造价的千差万别。所以建设工程和建筑产品不可能像工业产品那样统一地成批订价,而只能根据它们各自所需的物化劳动和活劳动消耗量,按国家统一规定的一整套特殊程序来逐项计价,即单件计价。

2. 多次性计价

建设工程的生产过程是一个周期长、数量大、可变因素多的生产消费过程。依据建设程序,在不同的建设阶段,为了适应工程造价控制和管理的要求,需要对建设工程进行多次计价。其过程为:

(1) 在项目建议书阶段,应编制初步投资估算,经主管部门批准,即为拟建项目列入国家中长期计划和开展资金筹措等前期工作的控制造价;

(2) 在可行性研究阶段,应编制投资估算,经主管部门批准,即为该项目国家计划控制造价;

(3) 在初步设计阶段,应编制初步设计总概算,经主管部门批准,即为控制拟建项目工程造价的最高限额;

(4) 在施工图设计阶段,应编制施工图预算,用以核实施工图阶段造价是否超过批准的初步设计概算;

(5) 对施工图预算为基础招标投标的工程,承包合同价也是以经济合同形式确定的建筑安装工程造价;

(6) 在工程实施阶段,要按照施工单位实际完成的工程量,以合同价为基础,同时考虑因物价调整所引起的造价变动,考虑到设计中难以预计的而在实施阶段实际发生的工程费用合理确定结算价;

(7) 在竣工验收阶段,全面汇集在工程建设过程中实际花费的全部费用,编制竣工决算,如实体现该建设工程的实际造价。

以上计价过程可以用图1-2表示：

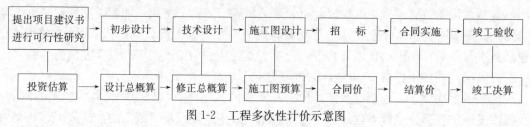

图1-2 工程多次性计价示意图

从投资估算、设计概算、施工图预算到招标投标合同价，再到各项工程的结算价和最后在结算价基础上编制的竣工决算，整个计价过程是一个由粗到细、由浅到深，最后确定建设工程实际造价的过程。计价过程各环节之间相互衔接，前者制约后者，后者补充前者。

3. 组合性计价

千差万别、形态各异的建筑装饰工程都是由基本单元组合而成的（基本单元即分项工程的划分见本章第1.1.4节）。建筑装饰工程虽然不能成批统一定价，但可以利用科学的方法和手段测定完成一定计量单位的基本单元生产要素消耗量，形成定额；用具体工程基本单元的数量大小即工程量乘以定额消耗量和价格，汇总后就可以计算出工程的直接成本；再测算出间接成本与直接成本的比例关系计算出工程的间接成本；加上合理的利润汇总后即可得出建筑装饰工程造价。这种计算建筑工程造价的特殊方法称为单位估价法，由于其计价过程的特点，又称为分解组合计算法。单位估价法根据计算过程的不同分为两种形式，单价法和实物法。

1.3 建设工程费用组成

建筑产品是商品，建筑安装工程的造价同其他商品一样，由成本和利润组成。成本指消耗在商品中的一定数量的人力、材料、机械和资金，其中大部分直接消耗在工程上，形成工程的实体，构成工程的直接成本（直接费），少部分间接耗用于经营组织管理之中，构成工程的间接成本（间接费）。而利润有两种形式，一是上缴给国家的部分即为税金，其次为企业留存的利润。

这种直接和间接的消耗即成本，以及劳动者创造出来的利润，就构成了建筑安装工程的全部费用内容。为了便于费用的计算，一般把建筑安装工程的造价分解为若干性质不同的支出。

从20世纪80年代以来，随着我国经济体制改革的不断深化，政府职能的转变，市场经济的不断成熟，为了适应不同时期的管理水平的需要，以及为了与国际接轨，建筑安装工程费用的项目划分与组成经历了不断的变化完善，国家有关部委对此先后颁发了一系列的文件和规定。现阶段建筑安装工程费用组成和项目划分主要是执行建设部、财政部建标[2003] 206号"关于印发建筑安装工程费用项目组成的通知"。

1.3.1 建筑工程费用项目组成

根据中华人民共和国建设部、中华人民共和国财政部建标[2003] 206号"关于印发建筑安装工程费用项目组成的通知"，建筑安装工程费用由直接费、间接费、利润和税金组成。

1. 直接费

直接费由直接工程费和措施费组成。

（1）直接工程费

直接工程费是指施工过程中耗费的构成工程实体的各项费用，包括人工费、材料费、施工机械使用费。

1）人工费

人工费是指直接从事建筑装饰工程施工的生产工人开支的各项费用。内容包括：

A. 基本工资：指发放给生产工人的基本工资。

B. 工资性补贴：指按规定标准发放的物价补贴，煤、燃气补贴，交通补贴，住房补贴，流动施工津贴等。

C. 生产工人辅助工资：指生产工人年有效施工天数以外非作业天数的工资，包括职工学习、培训期间的工资，调动工作、探亲、休假期间的工资，因气候影响的停工工资，女工哺乳时间的工资，病假在六个月以内的工资及产、婚、丧假期的工资。

D. 职工福利费：指按规定标准计提的职工福利费。

E. 生产工人劳动保护费：指按规定标准发放的劳动保护用品的购置费及修理费、徒工服装补贴、防暑降温费以及在有碍身体健康环境中施工的保健费用等。

人工费不包括下列人员工资：材料采购和保管人员，驾驶施工机械和运输工具的工人、材料到达现场前的装卸工人。以上人员的工资，应分别由材料费和机械费中支付。

2）材料费

材料费是指施工过程中耗费的构成工程实体的原材料、辅助材料、构配件、零件、半成品的费用。内容包括：

A. 材料原价（或供应价格）。

B. 材料运杂费：指材料自来源地运至工地仓库或指定堆放地点所发生的全部费用。

C. 运输损耗费：指材料在运输装卸过程中不可避免的损耗。

D. 采购及保管费：指为组织采购、供应和保管材料过程中所需要的各项费用，包括采购费、工地保管费、仓储损耗。

E. 检验试验费：指对建筑材料、构件和建筑安装进行一般鉴定、检查所发生的费用。包括自设实验室进行试验所耗用的材料和化学药品等费用；不包括新结构、新材料的试验费和建设单位对具有出厂合格证明的材料进行检验，对构件做破坏性试验及其他特殊要求检验试验的费用。

3）施工机械使用费

施工机械使用费是指施工机械作业所发生的机械使用费以及机械安拆费和场外运费。施工机械使用费应由下列七项费用组成：

A. 折旧费：指施工机械在规定的使用年限内，陆续收回其原值及购置资金的时间价值。

B. 大修理费：指施工机械按规定的大修理间隔台班进行必要的大修理，以恢复其正常功能所需的费用。

C. 经常修复费：指施工机械除大修理以外的各级保养和临时故障排除所需的费用。

包括为保障机械正常运转所需替换设备与随机配备工具及附具的摊销和维护费用，机械运转中日常保养所需润滑与擦拭的材料费用及机械停滞期间的维护和保养费用等。

D. 安拆费及场外运费：安拆费指施工机械在现场进行安装与拆卸所需的人工、材料、机械和试运转费用以及机械辅助设施的折旧、搭设、拆除等费用；场外运费指施工机械整体或分体自停放地点运至施工现场或由一施工地点运至另一施工地点的运输、装卸、辅助材料及架线等费用。

E. 人工费：指机上司机（司炉）和其他操作人员的工作日人工费及上述人员在施工机械规定的年工作台班以外的人工费。

F. 燃料动力费：指施工机械在运转作业中所消耗的固体燃料（煤、木柴）、液体燃料（汽油、柴油）及水、电等。

G. 养路费及车船使用税：指施工机械按照国家规定和有关部门规定应缴纳的养路费、车船使用税、保险费及年检费等。

（2）措施费

措施费是指为完成工程项目施工，发生于该工程施工前和施工过程中非工程实体项目的费用。内容包括：

1）环境保护费：指施工现场为达到环保部门要求所需要的各项费用。

2）文明施工费：指施工现场文明施工所需要的各项费用。包括脚手架挂安全网、铺安全竹笆片、洞口五临边及电梯井护栏费用、电气保护安全照明设施费、消防设施及各类标牌摊销费、施工现场环境美化、现场生活卫生设施、施工出入口清洗及污水排放设施、建筑垃圾清理外运等内容。

3）安全施工费：指施工现场安全施工所需要的各项费用。

4）临时设施费：指施工企业为进行建筑工程施工必须搭设的生活和生产用的临时建筑物、构筑物和其他临时设施费用等。

临时设施包括：临时宿舍、文化福利及公用事业房屋与构筑物，仓库、办公室、加工厂以及规定范围内道路、水电、管线等临时设施和小型临时设施。

临时设施费用包括：临时设施的搭设、维修、拆除费或摊销费。

5）夜间施工费：指因夜间施工所发生的夜班补助费、夜间施工降效、夜间施工照明设备摊销及照明用电等费用。

6）二次搬运费：指因施工场地狭小等特殊情况而发生的二次搬运费用。

7）大型机械设备进出场及安装拆卸费：指机械整体或分体自停放场地运至施工现场，或由一个施工地点运至另一个施工地点所发生的机械进出场运输转移费用及机械在施工现场进行安装、拆卸所需的人工费、材料费、机械费、试运转费和安装所需的辅助设施的费用。

8）混凝土、钢筋混凝土模板及支架费：指混凝土施工过程中需要的各种钢模板、木模板、支架等的支、拆、运输费用及模板、支架的摊销（或租赁）费用。

9）脚手架费：指施工需要的各种脚手架搭、拆、运输费用及脚手架的摊销（或租赁）费用。

10）已完工程及设备保护费：指竣工验收前，对已完工程及设备进行保护所需费用。

11）施工排水、降水费：指为确保工程在正常条件下施工，采取各种排水、降水措施所发生的各种费用。

2. 间接费

间接费由规费、企业管理费组成。

(1) 规费

规费是指政府和有关部门规定必须缴纳的费用（简称规费）。包括：

1) 工程排污费：指施工现场按规定缴纳的工程排污费。

2) 工程定额测定费：指按规定支付工程造价（定额）管理部门的定额测定费。该费用列入工程造价，由施工单位代收代缴，上交工程所在地的定额或工程造价管理部门。

3) 社会保障费

A. 养老保险费。指企业按照国家规定标准为职工缴纳的基本养老保险费。

B. 失业保险费。指企业按照国家规定标准缴纳的失业保险费。

C. 医疗保险费。指企业按照国家规定标准为职工缴纳的基本医疗保险费。

4) 住房公积金：指企业按照国家规定标准为职工缴纳的住房公积金。

5) 危险作业意外伤害保险：指按照建筑法规定，企业为从事作业的建筑安装施工人员支付的意外伤害保险费。

(2) 企业管理费

企业管理费是指建筑安装企业组织施工生产和经营管理所需费用。内容包括：

1) 管理人员工资：指管理人员的基本工资、工资性补贴、职工福利费、劳动保护费等。

2) 办公费：指企业管理办公用的文具、纸张、账表、印刷、邮电、书报、会议、水电、烧水和集体取暖（包括现场临时宿舍取暖）用煤等费用。

3) 差旅交通费：指职工因公出差、调动工作的差旅费、住勤补助费、市内交通费和误餐补助费，职工探亲路费，劳动力招募费，职工离退休、退职一次性路费，工伤人员就医路费，工地转移费以及管理部门使用的交通工具的油料、燃料、养路费及牌照费。

4) 固定资产使用费：指管理和试验部门及附属生产单位使用的属于固定资产的房屋、设备仪器等的折旧、大修、维修或租赁费。

5) 工具用具使用费：指管理使用的不属于固定资产的生产工具、器具、家具、交通工具和检验、试验、测绘、消防用具等的购置、维修和摊销费。

6) 劳动保险费：指由企业支付离退休职工的异地安家补助费、职工退休金、六个月以上的病假人员工资、职工死亡丧葬补助费、抚恤费、按规定支付给离休干部的各项经费。

7) 工会经费：指企业按职工工资总额计提的工会经费。

8) 职工教育经费：指企业为职工学习先进技术和提高文化水平，按职工工资总额计提的费用。

9) 财产保险费：指施工管理用财产、车辆保险。

10) 财务费：指企业为筹集资金而发生的各种费用。

11) 税金：指企业按规定缴纳的房产税、车船使用税、土地使用税、印花税等。

12) 其他：包括技术转让费、技术开发费、业务招待费、绿化费、广告费、公证费、法律顾问费、审计费、咨询费等。

3. 利润

利润是指施工企业完成所承包工程获得的盈利。

4. 税金

税金是指国家税法规定的应计入建筑装饰工程造价内的营业税、城市维护建设税及教育费附加等。

建筑安装工程费用项目组成如图1-3所示：

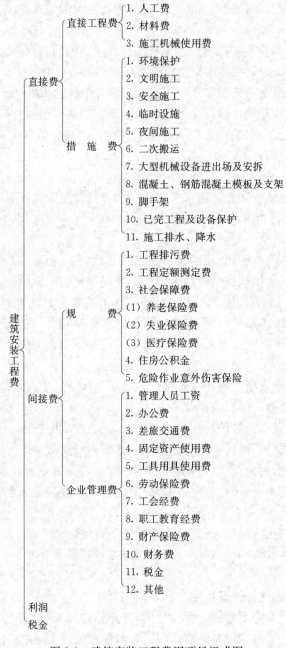

图1-3 建筑安装工程费用项目组成图

1.3.2 江苏省建筑工程费用取费规定

综上所述,建筑工程预算费用,由直接费、间接费、利润、税金等部分组成。由于各地区的实际情况不同,因而,费用的归类以及取费的项目和内容会有差别。江苏省根据国家建筑工程费用组成的有关规定,结合江苏省的实际情况,采用综合单价法的计价模式,把建筑装饰工程造价分解为分部分项工程费、措施项目费、其他项目费、规费和税金组成等五部分。

因此,在进行工程预算费用计算时,应根据各地区主管部门规定的费用项目、取费标准和计算方法进行计算。以下内容是江苏省建筑与装饰工程预算费用的取费规定和计算方法,仅供参考。

1. 建筑与装饰工程费用项目划分

建筑与装饰工程造价由分部分项工程费、措施项目费、其他项目费、规费和税金组成。

(1) 分部分项工程费

分部分项工程费为综合单价,包括分部分项工程的直接工程费(即人工费、材料费、机械费)、管理费、利润。

1) 人工费:指应列入计价表的直接从事建筑与装饰工程施工工人(包括现场内水平、垂直运输等辅助工人)和附属辅助生产单位(非独立经济核算单位)工人的基本工资、工资性津贴、流动施工津贴、房租补贴、职工福利费、劳动保护费。

2) 材料费:指应列入计价表的材料、构件和半成品材料的用量以及周转材料的摊销量乘以相应的预算价格计算的费用。

3) 机械费:指应列入计价表的施工机械台班消耗量按相应的省施工机械台班单价计算的建筑与装饰工程施工机械使用费以及机械安、拆和进(退)场费。

4) 管理费:包括企业管理费、现场管理费、冬雨期施工增加费、生产工具用具使用费、工程定位复测点交场地清理费、远地施工增加费、非甲方所为4小时以内的临时停水停电费。

5) 利润:指按国家规定应计入建筑与装饰工程造价的利润。

(2) 措施项目费

1) 环境保护费。

2) 现场安全文明施工措施费。

3) 临时设施费。

4) 夜间施工增加费。

5) 二次搬运费。

6) 大型机械设备进出场及安拆。

7) 混凝土、钢筋混凝土模板及支架。

8) 脚手架费。

9) 已完工程及设备保护:指对已施工完成的工程和设备采取保护措施所发生的费用。

10) 施工排水、降水。

11) 垂直运输机械费:指在合理工期内完成单位工程全部项目所需的垂直运输机械台班费用。

12) 室内空气污染测试:指对室内空气相关参数进行检测发生的人工和检测设备的摊

销等费用。

13）检验试验费：是指根据有关国家标准或施工验收规范要求对建筑材料、构配件和建筑物工程质量检测检验发生的费用。除此以外发生的检验试验费，如已有质保书材料，而建设单位或质监部门另行要求检验试验所发生的费用，及新材料、新工艺、新设备的试验费等应另行向建设单位收取。

14）赶工措施费：若建设单位对工期有特殊要求，则施工单位必须增加的施工成本费。

15）工程按质论价：指建设单位要求施工单位完成的单位工程质量达到经主管部门鉴定为优良工程所必须增加的施工成本费。

（3）其他项目费

1）总承包服务费

A. 总承包：指对建设工程的勘察、设计、施工、设备采购进行全过程承包的行为，建设项目从立项开始至竣工投产全过程承包的"交钥匙"方式。

B. 总分包：

a. 建设单位单独分包的工程，总包单位与分包单位的配合费由建设单位、总包单位和分包单位在合同中明确。

b. 总包单位自行分包的工程所需的总包管理费由总包单位和分包单位自行解决。

c. 安装施工单位与土建施工单位的施工配合费由双方协商确定。

2）预留金

招标人为可能发生的工程量变更而预留的金额。

3）零星工作项目费

指完成招标人提出的，工程量暂估的零星工作所需的费用。

（4）规费

1）工程定额测定费：指按规定支付工程造价（定额）管理部门的定额测定费。

2）安全生产监督费：指主管部门批准的由施工安全生产监督部门收取的安全生产监督费。

3）建筑管理费：指建筑管理部门按照经主管部门批准的收费办法和标准向施工单位收取的建筑管理费。

4）劳动保险费：指施工单位支付离退休职工的退休金、价格补贴、医药费、职工退职金及六个月以上的病假人员工资、职工死亡丧葬补助费、抚恤费，按规定支付给离、退休干部的各项经费以及在职职工的养老保险费用等。

（5）税金

指国家税法规定的应计入建筑与装饰工程造价内的营业税、城市维护建设税及教育费附加。

2. 工程类别划分

建筑工程类别划分标准见表 1-3 所示。

工程类别划分说明如下：

（1）工程类别划分是根据不同的单位工程，按施工难易程度，结合建筑市场历年来的实际施工项目确定的。

建筑工程类别划分标准表　　　　　表1-3

项目		类别	单位	一类	二类	三类
工业建筑	单层	檐口高度	m	≥20	≥16	<16
		跨度	m	≥24	≥18	<18
	多层	檐口高度	m	≥30	≥18	<18
		建筑面积	m²	≥8000	≥5000	<5000
民用建筑	住宅	檐口高度	m	≥62	≥34	<34
		建筑面积	m²	≥10000	≥6000	<6000
		层数	层	≥22	≥12	<12
	公共建筑	檐口高度	m	≥56	≥30	<30
		建筑面积	m²	≥10000	≥6000	<6000
		层数	层	≥18	≥10	<10

（2）不同层数组成的单位工程，当高层部分的面积（竖向切分）占总面积30%以上时，按高层的指标确定工程类别，不足30%的按低层指标确定工程类别。

（3）以建筑面积、檐高、跨度确定工程类别时，如该工程指标达不到高类别的指标，但工程施工难度很大的（如建筑复杂、有地下室、基础要求高、采用新的施工工艺的工程等），其类别由各市工程造价管理部门根据实际情况予以核定。

（4）建筑物、构筑物高度系指设计室外地面标高至檐口顶标高（不包括女儿墙，高出屋面电梯间、楼梯间、水箱间等的高度），跨度系指轴线之间的宽度。

（5）工业建筑工程：指从事物质生产和直接为生产服务的建筑工程，主要包括生产（加工）车间、实验车间、仓库、独立实验室、化验室、民用锅炉房、变电所和其他生产用建筑工程。

（6）民用建筑工程：指直接用于满足人们的物质和文化生活需要的非生产性建筑，主要包括：商住楼、综合楼、办公楼、教学楼、宾馆、宿舍及其他民用建筑工程。

（7）与建筑物配套的零星项目，如化粪池、检查井、分户围墙按相应的主体建筑工程类别标准确定外，其余如厂区围墙、道路、下水道、挡土墙等零星项目，均按三类标准执行。

（8）关于建筑物加层扩建时套用类别的方法：
1）当选用面积和跨度指标时，以新增的实际面积和跨度套用类别标准。
2）当选用檐高和层数指标时，要与原建筑物一并考虑套用类别标准。

（9）在计算层数指标时，半地下室和层高小于2.2m的均不计算层数。

（10）凡工程类别标准中，有两个指标控制的，只要满足其中一个指标即可按该指标确定工程类别；有三个指标控制的，必须满足两个及两个以上指标才可按该指标确定工程类别。

3. 费用计算规则及计算标准

（1）人工工资标准

人工工资标准分为三类：一类工标准为28元/工日；二类工标准为26元/工日；三类工标准为24元/工日。单独装饰工程的人工工资可在计价表单价基础上调整为30～45

元/工日，具体在投标报价或由双方合同中予以明确。

（2）建筑工程管理费和利润计算标准

建筑工程计价表中的管理费是以三类工程的标准列入子目，其计算基础为人工费加机械费。利润不分工程类别按表中规定计算。建筑工程管理费、利润取费标准见表1-4所示。

建筑工程管理费、利润取费标准表　　表1-4

序号	工程名称	计算基础	管理费费率（%）			利润费率（%）
			一类工程	二类工程	三类工程	
一	建筑工程	人工费+机械费	35	30	25	12
二	预制构件制作	人工费+机械费	17	15	13	6
三	构件吊装	人工费+机械费	12	10.5	9	5
四	制作兼打桩	人工费+机械费	19	16.5	14	8
五	打预制桩	人工费+机械费	15	13	11	6
六	机械施工大型土石方工程	人工费+机械费	7	6	5	4

（3）措施项目费计算标准

1）环境保护费：环境保护费按环保部门的有关规定计算，由双方在合同中约定。

2）现场安全文明施工措费：现场安全文明施工措施费，建筑工程按分部分项工程费的1.5%～3.5%计算；单独装饰工程按分部分项工程费的0.5%～1.5%计算。

3）临时设施费：临时设施费，建筑工程按分部分项工程费的1%～2%计算；单独装饰工程按分部分项工程费的0.3%～1.2%计算。由施工单位根据工程实际情况报价，发承包双方在合同中约定。

4）夜间施工增加费：夜间施工增加费，根据工程实际情况，由发承包双方在合同中约定。

5）二次搬运费：二次搬运费，按建筑与装饰工程计价表中第二十三分部计算。

6）大型机械设备进出场及安拆：大型机械设备进出场及安拆，按建筑与装饰工程计价表中附录二计算。

7）混凝土、钢筋混凝土模板及支架：混凝土、钢筋混凝土模板及支架，按建筑与装饰工程计价表中第二十分部计算。

8）脚手架费：脚手架费，按建筑与装饰工程计价表中第十九分部计算。

9）已完工程及设备保护：已完工程及设备保护费，根据工程实际情况，由发承包双方在合同中约定。

10）施工排水、降水：施工排水、降水费，按建筑与装饰工程计价表中第二十一分部计算。

11）垂直运输机械费：垂直运输机械费，按建筑与装饰工程计价表中第二十二分部计算。

12）室内空气污染测试：室内空气污染测试费，根据工程实际情况，由发承包双方在合同中约定。

13）检验试验费：检验试验费，根据有关国家标准或施工验收规范要求对建筑材料、构配件和建筑物工程质量检测检验发生的费用，按分部分项工程费的0.4%计算。除此以外发生的检验试验费，如已有质保书的材料，而建设单位或质监部门另行要求检验试验所发生的费用，及新材料、新工艺、新设备的试验费等应另行向建设单位收取，由施工单位根据工程实际情况报价，发承包双方在合同中约定。

14）赶工措施费：赶工措施费，由发承包双方在合同中约定。

住宅工程：比省现行定额工期提前20%以内，按分部分项工程费的2%～3.5%计取。

高层建筑工程：比省现行定额工期提前25%以内，按分部分项工程费的3%～4.5%计取。

一般框架、工业厂房等其他工程：比省现行定额工期提前20%以内，按分部分项工程费的2.5%～4%计取。

15）工程按质论价：工程按质论价费，由发承包双方在合同中约定。

住宅工程：优良级增加分部分项工程费的1.5%～2.5%。一次、二次验收不合格的，除返工合格，尚应按分部分项工程费的0.8%～1.2%扣罚工程款。

一般工业与公共建筑：优良级增加分部分项工程费的1%～2%。一次、二次验收不合格的，除返工合格，尚应按分部分项工程费的0.5%～1%扣罚工程款。

（4）其他项目费

1）总承包服务费根据总承包的范围、深度按工程总造价的2%～3%向建设单位收取。

2）预留金：由招标人预留。

3）零星工作项目费：工程量暂估的零星工作所需的费用。

（5）规费计算标准

规费应按照有关文件的规定计取，作为不可竞争费用，不得让利，也不得任意调整计算标准。

1）工程定额测定费：工程定额测定费按工程不含税造价的1‰收取。

2）安全生产监督费：安全生产监督费，按各市的规定执行，以不含税工程造价为计算基础。

3）建筑管理费：按有关规定收取。

4）劳动保险费：建筑与装饰工程劳动保险费取费标准见表1-5所示。包工不包料、点工的劳动保险费已包含在人工工日单价中。

建筑与装饰工程劳动保险费取费标准　　　　　　表1-5

序　号	工程名称	计算基础	劳动保险费率（%）
1	建筑工程	分部分项工程费	1.60
2	单独装饰工程	分部分项工程费	1.20

（6）税金

税金按各市规定的税率计算，计算基础为不含税工程造价。

税金是指按国家税法规定应计入建筑工程造价内的营业税、城市维护建设税及教育费附加。

1）营业税

是指对从事建筑业、交通运输业和各种服务业的单位和个人，就其营业收入征收的一种税。营业税应纳税额的计算公式为：

$$应纳税额＝营业额×适用税率$$

营业额是指从事建筑、安装、修缮、装饰及其他工程作业收取的全部收入（即工程总造价亦即工程含税造价），还包括建筑、修缮、装饰工程所用原材料及其他物资和动力的价款；当安装的设备的价值作为安装工程产值时，亦包括所安装设备的价款。但建筑业的总承包人将工程分包或转包给他人的，其营业额中不包括付给分包或转包人的价款。建筑业适用营业税的税率为3％。

2）城市维护建设税

城市维护建设税，是国家为了加强城市的维护建设，扩大和稳定城市维护建设资金来源，而对有经营收入的单位和个人征收的一种税。城市维护建设税与营业税同时缴纳，应纳税额的计算公式为：

$$应纳税额＝营业税应纳税额×适用税率$$

城市维护建设税实行差别比例税率。城市维护建设税的纳税人所在地为市区的，按营业税的7％征收；所在地为县城、镇的，按营业税的5％征收；所在地不在市区、县城或镇的，按营业税的1％征收。

3）教育费附加

是指对加快发展地方教育事业，扩大地方教育资金来源的一种地方税。教育费附加应纳税额的计算公式为：

$$应纳税额＝营业税应纳税额×适用税率$$

教育费附加一般为营业税的3％，并与营业税同时缴纳。

因此，含税工程造价税金率为：

含税工程造价税金率＝营业税率＋营业税率×城市维护建设税率＋营业税率×教育费附加率

在工程造价计算程序中，税金计算在最后进行，将税金计算之前的所有费用之和称为不含税工程造价，不含税工程造价加税金称为含税工程造价。可以推导出如下的税金计算公式：

$$税金＝（不含税工程造价＋税金）×含税工程造价税率$$
$$＝（不含税工程造价＋不含税工程造价×不含税工程造价税率）×含税工程造价税率$$
$$＝不含税工程造价×不含税工程造价税率$$

因此上式可以推导为：

（1＋不含税工程造价税金率）×含税工程造价税金率＝不含税工程造价税金率，即

$$不含税工程造价税率＝\frac{含税工程造价税率}{1-含税工程造价税率}＝\frac{1-（1-含税工程造价税率）}{1-含税工程造价税率}$$

$$＝\frac{1}{1-含税工程造价税率}-1$$

根据纳税地点的不同，税率有不同的计算公式。

税金计算公式为：

$$税金＝（税前造价＋利润）×不含税工程造价税率（\%）$$

纳税地点在市区的企业：

$$税率（\%）=\frac{1}{1-3\%-(3\%\times7\%)-(3\%\times3\%)}-1=3.41\%$$

纳税地点在县城、镇的企业：

$$税率（\%）=\frac{1}{1-3\%-(3\%\times5\%)-(3\%\times3\%)}-1=3.35\%$$

纳税地点在边远农村的企业：

$$税率（\%）=\frac{1}{1-3\%-(3\%\times1\%)-(3\%\times3\%)}-1=3.22\%$$

复习思考题

1. 什么是工程建设，工程建设包括哪些主要内容？
2. 建设项目按性质不同分为哪几类？
3. 基本建设项目由大到小是如何分解的？
4. 什么是建设工程造价，建设工程造价的计价特点主要表现在哪几方面？
5. 在建设项目的生产过程中，为什么要对建设工程进行多次计价？
6. 根据规定，建筑安装工程造价可分解为哪几部分性质不同的费用？
7. 措施费包括那些费用？
8. 设备费、工器具费两者的区别是什么？
9. 工程建设其他费用主要包括哪几方面？

第2章 建筑工程计价定额

2.1 建筑工程定额概述

2.1.1 定额的意义与性质

所谓定额,就是一种标准,是在一定的生产条件下,用科学的方法制定出的完成单位质量合格产品所必须的劳动力、材料、机械台班的数量标准。在建筑工程定额中,不仅规定了该计量单位产品的消耗资源数量标准,而且还规定了完成该产品的工程内容、质量标准和安全要求。

定额的制定是在认真分析研究和总结广大工人生产实践经验的基础上,实事求是地广泛搜集资料,经过科学分析研究后确定的。定额的项目内容经过实践证明是切实可行的,因而能够正确反映单位产品生产所需要的数量。所以,定额中各种数据的确定具有可靠的科学性。

在建筑工程施工过程中,为了完成一定计量单位建筑产品的生产,消耗的人力、物力是随着生产条件和生产水平的变化而变化的。所以,定额中各种数据的确定具有一定的时效性。

2.1.2 定额的分类

建设工程定额可以按照不同的原则和方法进行不同的分类。

1. 按生产要素分类

建筑产品的生产必须具备三要素,即劳动者、劳动手段和劳动对象。劳动者是生产工人,劳动手段是指生产工具和机械设备,劳动对象是指建筑材料、构配件和建筑物。根据生产活动的需要,定额可分为劳动定额(即人工消耗定额)、机械台班使用定额(即机械台班消耗定额)和材料消耗定额,以适应建筑施工管理和组织生产的需要。

2. 按用途分类

(1) 施工定额

施工定额是企业内部用于建筑施工管理的一种定额。根据施工定额可以直接计算出不同工程项目的人工、材料和机械台班的需要量,它是编制施工预算、编制施工组织设计以及施工队向工人班组签发施工任务单和限额领料卡的依据。

施工定额由劳动定额、材料消耗定额和机械台班使用定额三部分组成。

(2) 预算定额

预算定额(基础定额)是确定一定计量单位的分项工程或结构构件的人工、材料和机械台班消耗量的标准。它是以施工定额为基础编制的,是施工定额的综合与扩大。

预算定额是统一预算计算规则、项目划分、计量单位的依据,是编制地区单位计价表确定工程价格的依据,是编制施工图预算的依据,也是编制概算定额(指标)的基础,还可作为制定招标工程标底、企业定额和投标报价的基础。

(3) 概算定额

概算定额是以预算定额为基础,按扩大分项工程或扩大结构构件为单位编制而成,因此,又称扩大结构定额。概算定额一般按结构部位划分为:基础工程,墙体工程,柱梁工程,门窗工程,楼地面工程,屋盖与顶棚工程,构筑物以及零星工程等。

概算定额是扩大初步设计阶段编制工程概算,技术设计阶段编制修正概算的主要依据;同时也是进行设计方案经济比较,优选设计方案的依据。

(4) 估算指标

估算指标是以整个建筑物或构筑物为单位编制的,它是较概算定额综合性更大的指标。估算指标以每 $100m^2$ 建筑面积或每座构筑物体积为单位而规定人工及主要材料数量和造价指标。估算指标是初步设计阶段编制概算、确定工程造价、进行设计技术经济分析、考核建设成本的依据。同时也是建设单位申请投资拨款,编制基本建设计划的依据。

3. 按建设工程特点分类

按照建设工程的特点,可将定额分为建筑工程定额、安装工程定额、铁路工程定额、公路工程定额、水利工程定额等。

(1) 建筑工程定额

建筑工程定额是建筑工程的基础定额或预算定额、概算定额(指标)的统称。建筑工程一般理解为房屋和构筑物工程。目前我国有土建定额、装饰定额、与建筑工程配套的水电安装定额、暖通安装定额等,都属于建筑工程定额范畴。

(2) 安装工程定额

安装工程定额是安装工程的基础定额或预算定额、概算定额(指标)的统称。安装工程一般是指对需要安装的设备进行定位、组合、校正、调试等工作。目前我国有机械设备安装定额、电气设备安装定额、自动化仪表安装定额、静置设备与工艺金属结构安装定额等,都属于安装工程定额范畴。

(3) 铁路、公路、水利工程定额

铁路、公路、水利工程定额等分别也是各自基础定额或预算定额、概算定额(指标)的统称。

4. 按适用范围分类

按照定额的适用范围分为国家定额、行业定额、地区定额和企业定额。

(1) 国家定额

国家定额是指由国家建设行政主管部门组织,依据现行有关的国家产品标准、设计规范、施工及验收规范、技术操作规程、质量评定标准和安全操作规程,综合全国工程建设情况、施工企业技术装备水平和管理情况进行编制、批准、发布,在全国范围内使用的定额。目前我国的国家定额有土建工程基础定额、全国统一建造装饰工程预算定额、安装工程预算定额等。

(2) 行业定额

行业定额是指由行业建设行政主管部门组织,依据行业标准和规范,考虑行业工程建设特点、本行业施工企业技术装备水平和管理情况进行编制、批准、发布,在本行业范围内使用的定额。目前我国的各行业几乎都有自己的行业定额。

(3) 地区定额

地区定额是指由地区建设行政主管部门组织，考虑地区工程建设特点，对国家定额进行调整、补充编制并批准、发布，在本地区范围内使用的定额。目前我国的地区定额一般都是在国家定额的基础上编制的地区单位计价表，如江苏省建筑与装饰工程计价表。

（4）企业定额

企业定额是指由施工企业根据本企业的人员素质、机械装备程度和企业管理水平，参照国家、部门或地区定额进行编制，只在本企业投标报价时使用的定额。企业定额水平应高于国家、行业或地区定额，才能适应投标报价，增强市场竞争能力的要求。

2.2　建筑工程施工定额

施工定额是以同一施工过程或工序为测定对象，确定建筑安装工程在正常的施工条件下，为完成一定计量单位的某一施工过程或工序所需人工、材料和机械台班等消耗的数量标准。施工定额是建筑安装施工企业进行科学管理的基础，是编制施工预算实行内部经济核算的依据，是一种企业内部使用的定额。

建筑施工定额（以下简称施工定额）由建筑装饰劳动定额（以下简称劳动定额）、建筑装饰材料消耗定额（以下简称材料消耗定额）和建筑装饰机械台班定额（以下简称机械台班定额）组成。

施工定额是施工企业编制施工预算，进行工料分析和两算对比，编制施工组织设计、施工作业计划和确定人工、材料及机械需要计划，施工队向工人班（组）签发施工任务单，限额领料，组织工人班（组）开展劳动竞赛、经济核算的依据，也是实行承包，计取劳动报酬和奖励等工作的依据。另外，它是编制预算定额的基础。

2.2.1　劳动定额

1. 劳动定额的概念

劳动定额是在正常的施工组织和生产条件下，完成单位质量合格产品所必须的劳动消耗量的标准。因此，它是人工消耗的定额，所以又称人工定额。劳动定额从表达形式上可分为时间定额和产量定额两种。

2. 劳动定额的表现形式

（1）时间定额

时间定额就是完成单位质量合格产品所必须消耗的工时。定额时间包括准备与结束时间、基本工作时间、辅助工作时间、不可避免的中断时间及工人必须的休息时间。

时间定额以工日为单位，每一工日按 8 小时计算，时间定额计算方法如下：

$$单位产品时间定额（工日）= \frac{1}{每工产量}$$

或

$$单位产品时间定额（工日）= \frac{小组成员工日数总和}{小组每月班产量}$$

（2）产量定额

产量定额是指在正常条件下，规定某一等级工人（或班组）在单位时间（一个工日）内，完成质量合格产品的数量。

产量定额以产品的单位为计量单位。如米、平方米、立方米、吨、块、个等。计算方法如下：

$$每工产量定额 = \frac{1}{单位产品时间定额（工日）}$$

或

$$每班产量定额 = \frac{小组成员工日数总和}{单位产品时间定额（工日）}$$

产量定额与时间定额互为倒数，它们的关系如下：

$$时间定额 = \frac{1}{产量定额} \qquad 产量定额 = \frac{1}{时间定额}$$

时间定额和产量定额都表示同一劳动定额，但各有不同的用处。时间定额便于综合，用于计算劳动量；产量定额具有形象化的特点，便于分配任务。

（3）劳动定额表的格式

劳动定额的表格有两种形式。

1) 单式：分两栏分别表示时间定额和每工产量（即产量定额）。如表2-1所示。
2) 复式：以分式表现，其中分子表示时间定额，分母表示产量定额。如表2-3所示。

楼梯扶手定额示例　　　　　　　　　　　　　　　　　　表2-1

工作内容：木扶手包括制安扶手、扶手底板、垫墩、修整木、铁栏杆等全部操作过程；木弯头包括原木切割、弹线、放线、制作等；防滑条、压棍条安装包括混凝土踏步上打眼、下楔或尼龙膨胀楔、安装固定等。

项 目	硬木扶手制作安装		安装楼梯		硬木弯头			
	一 般	复 杂	钢、铝防滑条	地毯压棍条	拐 弯	尾 弯	平盘弯	割角弯
	(m)				(只)			
时间定额	0.188	0.299	0.0625	0.0833	1.18	0.799	0.504	0.184
每工产量	5.32	3.34	16	12	0.847	1.25	1.98	5.43
编 号	1	2	3	4	5	6	7	8

注：1. 硬木扶手：一般以方形为准，复杂的以花形、圆形等为准。硬木扶手均以带托板为准，不带托板者，其时间定额乘以0.75系数。
　　2. 扶手及弯头断面超过70cm^{2}者，其时间定额乘以1.25系数。

【例2-1】　某建筑装饰工程，其中一般硬木楼梯扶手制作安装工程量为：扶手，25.50m；楼梯扶手拐弯，8个；尾弯，1个。求需要多少工日完成？

【解】　硬木楼梯扶手制作安装的劳动量计算见表2-2。

硬木楼梯扶手制作安装的劳动量　　　　　　　　　　表2-2

序 号	项目名称	单 位	工程量	时间定额（工日）	劳动量（工日）
1	楼梯扶手制安	m	25.50	0.188	4.80
2	硬木弯头制安	个	8.0	1.18	9.44
3	尾弯制安	只	1.0	0.799	0.799
4	合计				15.217

注：劳动量＝工程量×时间定额。

轻钢龙骨吊筋顶棚示例   表2-3

工作内容：包括定位、弹线、下料、打砖剔洞、吊金属筋（包括焊接）、钉（胶）面层、制安顶棚检查孔、搭拆3.6m以内简单架子等全部操作过程。

每 m^2 的劳动定额表

项 目	胶合板 纤维板	TK板、FC板 钙塑板	石膏板 石棉板	铝合金扣板 条板、块板	钢丝板 钢板网	序 号
综合	0.276 3.62	0.328 3.05	0.308 3.25	0.396 2.53	0.267 3.75	一
吊筋	0.182 5.49	0.208 4.81	0.208 4.81	0.208 4.81	0.182 5.49	二
钉面层	0.094 10.6	0.12 8.33	0.1 10	0.188 5.32	0.085 11.8	三
编号	一	二	三	四	五	

注：表中数字，分子为时间定额，分母为产量定额。每一定额项目又分为综合与分项工序，综合的时间定额等于各分项工序的时间定额之和。如"胶合板、纤维板"的综合时间定额为0.276工日，等于吊筋的时间定额0.182工日加上钉面层的时间定额0.094工日。

【例2-2】 某轻钢龙骨吊顶，面层为石膏板，工程量为：$65.0m^2$。求：综合用工为多少工日？吊筋及钉面层用工各是多少工日？

【解】 根据表2-3的劳动定额，经计算各工序及综合用工量见表2-4。

各工序及综合用工量表   表2-4

序 号	项目名称	单 位	工程量	时间定额	劳动量（工日）
1	轻钢龙骨吊顶（综合）	m^2	65.0	0.308	20.02
2	顶棚吊筋安装	m^2	65.0	0.208	13.52
3	顶棚面层安装	m^2	65.0	0.1	6.50

经计算可知：轻钢龙骨吊顶的综合时间定额（20.02工日）等于吊筋安装时间定额（13.52工日）与顶棚面层安装的时间定额（6.5工日）之和。

3. 劳动定额的测定

劳动定额的测定，通常采用技术测定法、类推比较法、统计分析法和经验估计法等。在此，重点介绍统计分析法、经验估计法。

(1) 统计分析法

这是将以往施工中所累积的同类型工程项目的工时耗用量加以科学地分析、统计，并考虑施工技术与组织变化的因素，经分析研究后制定劳动定额的一种方法。

采用统计分析法需有准确的原始记录和统计工作基础，并且选择正常的及一般水平的施工单位与班组，同时还要选择部分先进和落后的施工单位与班组进行分析和比较。

过去的统计数据中，包括某些不合理的因素，水平可能偏于保守。为了使定额保持平均先进水平，从统计资料中求出平均先进值的计算步骤如下：

1) 从统计资料中删除特别偏高、偏低及明显不合理的数据；
2) 计算出算术平均值；
3) 在工时统计数组中，取小于上述算术平均值的数组，再计算其平均值，即为所求的平均先进值。

【例 2-3】 有工时消耗统计数组：30，40，70，50，70，70，40，50，40，50，90。试求平均先进值。

【解】 上述数组中 90 是明显偏高的数，应删去。删去 90 后，求算术平均值：

$$算术平均值 = \frac{30+40+70+50+70+70+40+50+40+50}{10} = 51$$

选数组中小于算术平均值 51 的数求平均先进值：

$$平均先进值 = \frac{30+3\times40+50\times3}{7} = 42.9$$

平均先进值亦可按如下方法计算：

$$平均先进值 = \frac{30+40\times3+50\times3+51\times3}{10} = 45.3$$

计算所得平均先进值，也就是定额水平的依据。

(2) 经验估计法

此法适用于制定多品种产品的定额，完全是凭借经验。根据分析图纸、现场观察、分解施工工艺、组织条件和操作方法来估计。

采用经验估计法时，必须挑选有丰富经验的、秉公正派的工人和技术人员参加，并且要在充分调查和征求群众意见的基础上确定。在使用中要统计实耗工时，当与所制定的定额相比差异幅度较大时，说明所估计的定额不具有合理性，要及时修订。

2.2.2 材料消耗定额

1. 材料消耗定额的概念

材料消耗定额是指在合理使用材料的条件下，生产单位质量合格的建筑产品，必需消耗一定品种、规格的建筑材料（包括半成品、燃料、配件、水、电等）的数量。

2. 材料消耗定额的组成

材料损耗量，用材料损耗率来表示。材料消耗率，是指材料的损耗量与材料净用量的比值。它可用下式表示：

$$材料损耗率 = \frac{材料损耗量}{材料净用量} \times 100\%$$

材料损耗率确定后，材料消耗定额可用下式表示：

$$材料消耗量 = 材料净用量 + 材料损耗量$$

或：

$$材料消耗量 = 材料净用量 \times (1 + 材料损耗率)$$

3. 材料消耗定额的制定

建筑装饰材料的净用量和损耗量，通常采用观察法、试验法、统计法和理论计算法等方法来确定。

(1) 观测法

观测法亦称现场测定法，是在合理使用材料的条件下，在施工现场按一定程序对实际完成的合格建筑装饰产品的材料耗用量进行测定，通过分析、整理，最后得出一定的施工过程单位产品的材料消耗定额。

利用现场测定法主要是编制材料损耗定额，也可以提供编制材料净用量定额的数据。

其优点是能通过现场观察、测定，取得产品产量和材料消耗的情况。为编制材料定额提供技术根据。

观测法的首要任务是选择典型的工程项目，其施工技术、组织及产品质量，均要符合技术规范的要求；材料的品种、型号、质量也应符合设计要求；产品检验合格，操作工人能合理使用材料和保证产品质量。

在观测前要充分做好准备工作，如选用标准的运输工具和衡量工具，采取减少材料损耗措施等。

观测的成果是取得施工过程单位产品的材料消耗量。观测中要区分不可避免的材料损耗和可以避免的材料损耗，后者不应包括在定额损耗量内。必须经过科学的分析研究以后，确定确切的材料消耗标准，列入定额。

(2) 试验法

实验室试验法，是指专业材料实验人员，通过实验仪器设备确定材料消耗定额的一种方法。这种方法只适用于在实验室条件下测定混凝土、沥青、砂浆、油漆、涂料等材料的消耗定额。

利用试验法，主要是编制材料净用量定额。但是，试验法不能取得在施工现场实际条件下，由于各种客观因素对材料耗用量影响的实际数据，这是该法的不足之处。

实验室试验必须符合国家有关标准规范，计量要使用标准容器和称量设备，质量要符合施工与验收规范要求，以保证获得可靠的定额编制依据。

(3) 统计法

统计法是指通过对现场进料、用料的大量统计资料进行分析计算，获得材料消耗的数据。这种方法由于不能分清材料消耗的性质，因而不能作为确定材料净用量定额和材料损耗定额的精确依据。

对积累的各分部分项工程结算的产品所耗用材料的统计分析，是根据各分部分项工程拨付材料数量、剩余材料数量及总共完成产品数量来进行计算。

采用统计法，必须要保证统计和测算的耗用材料和相应产品一致。在施工现场中的某些材料，往往难以区分用在各个不同部位上的准确数量。因此，要有意识地加以区分，才能得到有效的统计数据。

(4) 理论计算法

理论计算法是根据施工图，运用一定的数学公式，直接计算材料耗用量的方法。理论计算法只能计算出单位产品的材料净用量，材料的损耗量仍要在现场通过实测取得。这是一般板块类材料耗用量，例如，装饰材料中的砖块、砂浆、镶贴块料等材料的常用计算方法。

1) $100m^2$ 块料面层材料消耗量计算。块料面层，一般是指瓷砖、预制水磨石、大理石、花岗岩等。通常以 $100m^2$ 为计量单位，其计算公式如下：

$$块料面砖用量 = \frac{100}{(块料长+灰缝宽) \times (块料宽+灰缝宽)} \times (1+损耗率)$$

$$结合层材料净用量 = 100 \times 结合层厚度$$

$$嵌（勾）缝材料净用量 = 100 - 块料长 \times 块料宽 \times 块料净用量 \times 缝深$$

【例 2-4】 白色瓷砖规格为 250mm×150mm，无缝粘贴，其损耗率为 1.5%，试计算

100m² 地面釉面砖消耗量。

【解】

$$100m^2 \text{ 瓷砖消耗量} = \frac{100}{(0.15) \times (0.25)} \times (1 + 0.015) = 2707(块)$$

2) 1m³ 标准砖（普通黏土砖）墙的材料净用量计算。其计算公式如下：

$$1m^3 \text{ 砌体标准砖净用量} = \frac{1}{\text{砌体厚} \times (\text{标准砖长} + \text{灰缝厚}) \times (\text{标准砖厚} + \text{灰缝厚})} \times 2 \times \text{砌体厚度的砖数}$$

式中 标准砖尺寸及体积——长×宽×厚=0.24m×0.115m×0.053m=0.0014628m³；

砖体厚度——半砖墙为0.115m，砖墙为0.24m，砖半墙为0.365m（标准砖长加宽，再加灰缝厚，即0.24+0.115+0.01=0.365m）；

砖体厚度的砖数——半砖墙为0.5，砖墙为1，砖半墙为1.5等；

灰缝厚度——0.01m。

1m³ 砌体砂浆净用量=1-0.0014628×砖净用量

【例2-5】 求一砖半厚的砖墙的标准砖、砂浆净用量及定额消耗量。

【解】

$$1m^3 \text{ 砌体标准砖净用量} = \frac{1}{0.365 \ (0.24+0.01) \times (0.053+0.01)} \times 2 \times 1.5 = 522(块)$$

砂浆净用量=1-522×0.0014628=0.237m³

1m³ 砌体标准砖定额消耗量=522×（1+1%）=527（块）

砂浆定额消耗量=0.237（1+1%）=0.2394（m³）

4. 周转性材料消耗定额的制定方法

周转性材料，是指在施工过程中不是一次消耗完，而是多次周转使用的工具性材料。例如，搭设脚手架用的脚手杆、跳板等均属周转性材料。制定周转性材料消耗定额，应该按照多次使用、分期摊销的方法进行计算。

2.2.3 施工机械消耗定额

1. 施工机械消耗定额的概念

施工机械消耗定额，是指在正常施工条件下，某种机械为生产单位合格产品（工程实体或劳务）所需消耗的机械工作时间，或在单位时间内该机械应该完成的产品数量。施工机械消耗定额以一台施工机械工作一个 8h 工作班为计量单位，所以又称为施工机械台班定额。

施工机械消耗定额也有时间定额和产量定额两种表现形式，它们之间的关系也是互为倒数，可以换算。

2. 机械作业消耗定额

（1）机械时间定额

在正常的施工条件和合理的劳动组织下，完成单位合格产品所必需的机械台班数，按下列公式计算：

$$\text{机械时间定额(台班)} = \frac{1}{\text{机械台班产量}}$$

（2）机械台班产量定额

在正常的施工条件和合理的劳动组织下,每一个机械台班时间中必须完成的合格产品数量,按下列公式计算:

$$机械台班产量定额 = \frac{1}{机械时间定额(台班)}$$

(3) 人工配合机械工作时的定额

人工配合机械工作的定额应按照每个机械台班内配合机械工作的工人班组总工日数及完成的合格产品数量来确定。

1) 单位产品的时间定额

完成单位合格产品所必需消耗的工作时间,按下列公式计算:

$$单位产品的时间定额(工日) = \frac{班组总工日数}{一个机械的台班产量}$$

2) 机械台班产量定额

每一个机械台班时间中能生产合格产品的数量,按下列公式计算:

$$机械台班产量定额 = \frac{一个机械的台班产量}{班组总工日数}$$

过去,由于我国建筑业技术装备水平较低,所以机械消耗在建筑工程的全部生产消耗中占的比重不大。但是随着生产技术的进一步发展,机械化程度不断提高,机械在更大范围内代替工人的手工操作。机械消耗在全部生产消耗中份额的增大,使施工机械消耗定额成为更加重要的定额。

2.3 建筑工程预算定额

2.3.1 建筑工程预算定额的概念与作用

1. 建筑工程预算定额的概念

建筑工程预算定额,是指在正常合理的施工条件下,采用科学的方法和手段,制定出生产一定计量单位的质量合格的分项工程(或构、配件)所必需的人工、材料(或构、配件)和施工机械台班及价值货币表现的消耗数量标准。在建筑工程预算定额中,除了规定上述各项资源和资金消耗的数量标准外,还规定了它应完成的工程内容和相应的质量标准及安全要求等内容。

2. 建筑装饰工程预算定额的作用

(1) 预算定额是编制建筑工程施工图预算、计算招投标价、合理确定工程预算造价以及施工工程拨付工程价款、进行竣工结算的基本依据。

工程预结算是建设单位(发包人)和施工企业(承包人)按照工程进度,对已完工程实行货币支付的行为,是商品交换中结算的一种形式。由于建筑安装工程工期很长,不可能都采取竣工后一次性结算的方法,往往要在工期中通过不同方式采用分期付款,以解决施工企业资金周转的困难。当采用按已完工分部分项工程量进行结算时,必须以预算定额为依据,计算应结算的工程价款。

(2) 预算定额是施工单位编制施工组织设计、制定施工计划、考核工程成本、实行经济核算的基本根据。

在不同的设计项目、不同的设计阶段编制施工组织设计,确定出现场平面布置和施工进度安排，确定出人工、机械、材料、水电动力资源需要量以及物料运输方案，不仅是建设和施工准备工作所必不可少的内容，而且是保证任务顺利实现的条件。根据建筑装饰工程预算定额，能够比较精确地计算出劳动力、建筑装饰材料成品、半成品和施工机械及其使用台班的需要量，从而为有计划地组织材料供应和预制构件加工、平衡劳动力和施工机械，提供可靠的计算依据。

实行经济核算的根本目的，是用经济的方法促使企业用最少的劳动消耗，取得最好的经济效果。建筑装饰工程预算定额反映着装饰企业的收入水平，因此企业就必须以建筑装饰工程预算定额作为评价工作的尺度，作为努力达到的具体目标。只有在施工中尽量降低劳动消耗，提高劳动生产率，才能达到和超过预算定额的水平，才能取得比较好的经济效果。

另外，建筑企业还可以根据建筑装饰工程预算定额，对施工中的劳动、机械和材料消耗情况进行具体的经济分析，以便找出那些低工效、高消耗的薄弱环节及其造成的原因，为改进施工管理、提高劳动生产率和避免施工中的浪费现象，提供分析对比的数据。

(3) 预算定额是决策单位对设计方案、施工方案进行技术经济评价的依据。

建筑结构方案的选择，要符合设计原则。这就是说，既要符合技术的先进和适用、美观的要求，也要符合经济合理的要求。根据建筑装饰工程预算定额，对建筑结构方案进行经济分析和比较，是选择经济合理的设计方案的重要方法。

对设计方案进行经济比较，主要是对不同的建筑结构方案的人工、材料和机械台班消耗量、材料用量、材料资源短缺程度等进行比较。这种比较，可以弄清不同方案、人工材料和机械台班消耗量对工程造价的影响，材料用量对基础工程量和材料运输量的影响，以及因此而产生的对工程造价的影响，短缺材料用量及其供给的可能性，某些轻型材料和变废为利的材料应用所产生的环境效益和国民经济宏观效益等。建筑装饰工程预算定额对上述诸方面，均能提供直接的或间接的比较依据，从而有助于做出最佳的选择。

对于新结构和新材料的选择和推广，也需要借助于预算定额进行技术经济分析和比较，从经济角度考虑普遍采用的可能性和效益。

(4) 预算定额是编制概算定额和投资估算指标的基础。

概算定额（扩大结构定额）是在预算定额的基础上编制的，概算指标的编制也往往需要以预算定额进行对比分析和参考。利用预算定额编制概算定额和概算指标，可以节省编制工作中的大量人力、物力和时间，收到事半功倍的效果。更重要的是，这样可以使概算定额和概算指标在水平上和预算定额一致，以免造成计划工作和执行定额的困难。

综上所述，预算定额（或单位估价表）在现行建筑安装工程预算制度中极为重要。进一步加强预算定额的管理，对于节约和控制建设资金，降低建筑工程的劳动消耗，加强施工企业的计划管理和经济核算，都有着重大的意义。

3. 建筑工程预算定额与施工定额的关系

预算定额是以施工定额（劳动定额、材料消耗定额、机械台班定额）为基础进行编制的，但是，编制预算定额不能简单地套用施工定额，必须考虑到它比施工定额包含了更多的可变因素，需要保留一个合理的幅度差。此外，确定两种定额的水平也不相同，施工定额是平均先进水平，而预算定额是社会平均水平。因此，确定预算定额时，定额水平要相对降低一些。通常预算定额低于施工定额的定额水平10%左右。

幅度差具体表现在预算定额考虑的是施工中的一般情况,而施工定额考虑的是施工中的特殊情况。所以,在确定定额水平时,预算定额实际所包括的因素要比施工定额多。这些因素是:

(1) 确定人工消耗指标时应考虑的因素

1) 工序搭接的停歇时间;

2) 工程检查所需要的时间;

3) 机械临时维护、小修、移动发生的不可避免的停工时间;

4) 一些细小的难以测定的不可避免的工序和零星用工所需的时间等。

(2) 确定机械台班消耗指标应考虑的因素

1) 工程质量检查影响机械工作损失的时间;

2) 在工作班内,机械变换位置所引起的难以避免的停歇时间和配套机械互相影响损失的时间;

3) 机械临时维修和小修引起的停歇时间;

4) 机械偶然性停歇,如临时停电、停水所引起的工作停歇时间。

(3) 确定材料消耗指标时必须考虑的因素

在确定材料消耗时,必须考虑到由于材料质量不符合标准和材料数量不足,对材料消耗量和加工费用的影响。这些均不是由于施工企业的原因造成的。

根据以上各种影响因素,要求在施工定额的基础上,按照有关因素影响程度的大小,规定出一个附加额,这个附加额用系数表示,称为幅度差系数。

预算定额是一种具有广泛用途的计价定额。而施工定额不是计价定额,是企业内部使用的确定工程计划成本以及进行成本核算的依据。但是,施工定额项目的划分,远比预算定额项目的划分要细,精确度相对要高,它是编制预算定额的基础资料。因此,二者之间既有区别又有密切联系。

2.3.2 建筑工程预算的编制

1. 预算定额的编制原则

(1) 技术先进,经济合理

定额的编制工作,实际上是一种立法工作。编制时应根据国家对经济建设的要求,贯彻勤俭建国的方针,坚持既要结合历年的定额水平,还应考虑发展趋势,以适应建设需要。

技术先进,是指定额项目的确定以及施工方法和材料的选择等,应采用已经成熟并推广的新结构、新材料、新技术和较先进的管理经验。

经济合理,是指定额项目中的材料规格、质量要求、施工方法、劳动效率和施工机械台班等,既要遵循国家的统一规定,又应考虑定额编制区域现阶段现有的社会正常的生产条件下,大多数企业能够达到和超过的社会平均水平,以更好地调动企业和职工的积极性,提高劳动生产率,最大限度地降低工、料消耗。

(2) 简明适用,严密准确

简明适用,是指定额项目的划分、计量单位的选择、定额工程量计算规则等,应保证定额消耗指标相对准确的前提下,综合扩大,使定额粗细恰当、简明明了,并且使定额在内容和形式上具有多方面的适应性。

定额项目的多少，与定额的步距有关。所谓定额步距，是指同类性质的一组定额在合并时保留的间距。步距大，即项目减少，精确度降低；步距小，则项目增多，精确度提高。因此，在确定步距时，对于主要工种、主要项目、常用项目，定额步距应小一些；对于次要工种、次要项目、不常用的项目，步距可以适当放大。

严密准确，是指编制定额时应做到结构严密、层次清楚，各种指标应尽量定死，少留活口，避免执行中的争议。所谓活口，即在定额中规定，当符合某种条件时，允许调整换算。首先应尽量少留活口，但对特殊的情况变化较大、影响定额水平幅度大的项目，该留活口的，也应从实际出发加以考虑。即使留活口，也要尽量规定调整、换算方法，避免按实计算。

（3）统一管理，差别执行

统一管理就是由中央主管部门归口，考虑到国家的方针政策和经济发展的要求，统一制定预算定额的编制原则和方法，组织预算定额的编制和修订，颁布有关的规章制度和条例细则，颁布全国统一预算定额和费用标准等。在全国范围内统一定额分项、定额名称、定额编号，统一人工、材料和机械台班消耗量的名称及计量单位等。这样，建筑装饰产品才具有统一计价依据，同时也使考核设计和施工的经济效果具有统一的尺度。

差别执行就是在统一管理的基础上，各部门和地区在可管辖范围内，根据各自的特点，依据国家规定的编制原则，编制各部门和地区性预算定额及地区估价表或计价表，颁发补充性的条例细则，并对预算定额实行经常性管理。

2. 建筑工程预算定额的编制依据

（1）有关定额资料

编制建筑装饰工程预算定额所依据的有关定额资料，主要包括下列几个方面：

1）现行的建筑施工定额；

2）现行的建筑工程预算定额；现行的建筑装饰预算定额；

3）现行建筑工程单位估价表、计价表；建筑装饰工程单位估价表、计价表；各地区有代表性建筑工程补充单位估价表、计价表。

（2）有关设计资料

编制建筑装饰工程预算定额所依据的有关设计资料，主要包括下列几个方面：

1）由国家或地区颁布的通用设计图集；

2）有关构件、产品的定型设计图集；

3）其他有代表性的设计资料。

（3）有关法规（规范、标准、规程和规定）文件资料

编制建筑装饰工程预算定额所依据的有关法规文件资料，主要包括下列几个方面：

1）现行的建筑安装工程施工验收规范；

2）现行的建筑安装工程质量评定标准；

3）现行的建筑安装工程操作规程；

4）现行的建筑装饰工程施工验收规范；

5）现行的建筑装饰工程质量评定标准；

6）其他有关文件资料等。

（4）有关最新科学技术资料

编制建筑装饰工程预算定额所依据的有关最新科学技术资料，主要包括下列几个方面：

1）新技术资料；

2）新结构资料；

3）新工艺资料；

4）新材料资料；

5）其他有关最新科学技术资料。

上述资料均包括科学试验、测定统计、经济分析以及实际使用状况、效果的数据和内容。

(5) 有关价格资料

编制建筑装饰工程预算定额所依据的有关价格资料，主要包括下列几个方面：

1）现行的人工工资标准资料；

2）现行的材料预算价格资料；

3）现行的有关设备配件等价格资料；

4）现行的施工机械台班预算价格资料。

3. 建筑工程预算定额的编制步骤

(1) 建立编制预算定额的组织机构，确定编制预算定额的指导思想和编制原则。

(2) 制定编制预算定额的细则，搜集编制预算定额的各种依据和有关的技术资料。

(3) 审查、熟悉和修改搜集来的资料，按确定的定额项目和有关的技术资料分别计算工程量。

(4) 规定人工幅度差、机械幅度差、材料损耗率、材料超运距及其他工料费的计算要求，并分别计算出一定计量单位分项工程或结构构件的人工、材料和施工机械台班消耗量标准。

(5) 根据上述计算的人工、材料和机械台班消耗量标准及本地区人工工资标准、材料预算价格、机械台班使用费，计算预算定额基价或综合单价，即完成一定计量单位分项工程或结构构件所需工程直接费或者综合单价（不仅包括工程直接费还包括工程管理费、利润）。

(6) 编制定额项目表。

(7) 测算定额水平，审查修改所编制的定额，并报请有关部门批准。

4. 建筑工程预算定额的编制方法

(1) 确定定额项目名称和工程内容

建筑装饰工程预算定额项目名称，即分部分项工程（或配件、设备）项目及其所含子项目的名称。定额项目及其工程内容，一般根据编制建筑装饰工程预算定额的有关基础资料，参照施工定额分项工程项目综合确定，并应反映当前建筑装饰业的实际水平和具有广泛的代表性。

(2) 确定施工方法

施工方法是确定建筑装饰工程预算定额项目的各专业工种和相应的用工数量，各种材料、成品或半成品的用量，施工机械类型及其台班用量，以及定额基价的主要依据。

(3) 确定定额计算单位

定额的计量单位应与工程项目内容相适应,能准确地反映分项工程最终产品形态和实物量。计量单位一般根据分项工程或结构构件的特征及变化规律来规定。如物体的厚度保持一定、而长度和宽度不定时,采用"m^2"为单位,如楼地面、屋面、装饰工程等。如物体的长、宽、高均不定时,则应采用"m^3"为单位,如土石方、砖石结构、钢筋混凝土工程等。如物体的断面形状大小固定,而长度不定时,可采用"m"为计量单位,如楼梯木扶手、窗帘盒、挂镜线、管道等。有的分项工程虽然面积、体积相同,但重量和价格差异较大则采用质量以"t"或"kg"为计量单位,如金属构件的制作、运输及安装等。

计量单位取定如下:

长度:米(m);面积:平方米(m^2);体积:立方米(m^3);质量:千克(kg)、吨(t)。

数值单位与小数位数取定如下:

单价:元,取两位小数。

主要材料及半成品:木材以立方米(m^3)计,取三位小数;钢材以吨(t)计,取三位小数;水泥、石灰以千克(kg)计,取一位小数;砂浆、混凝土以立方米(m^3)计,取两位小数。

其他材料费:元,取两位小数。

施工机械:台班,取两位小数。

(4)确定定额消耗量指标

预算定额是一种综合性的定额,它包括了为完成某一个分项工程所必须的全部工程内容。编制定额时,应采取图纸计算和施工现场测算相结合,编制人员与现场工作人员相结合等方法进行计算。

编制时,应根据典型设计图纸和标准图集、施工定额项目等资料,首先计算该分项工程的工程量,然后再利用施工定额中的人工、材料和机械台班消耗指标,按预算定额的项目加以综合,计算人工、材料和施工机械台班的消耗量。这种综合,不是简单的合并相加,而应在综合过程中,增加两种定额之间适当的水平差。

1)人工消耗指标的确定

预算定额中人工工日消耗量是指在正常施工生产条件下,生产单位假定建筑安装产品(即分项工程或结构构件)必须消耗的人工工日数量。应按现行的建筑安装工程劳动定额的时间定额计算。其内容是指完成该分项工程必须的各种用工量,包括基本用工、其他用工、人工幅度差三部分。

A. 基本用工:指完成假定建筑安装产品的基本用工工日。按综合取定的工程量和施工劳动定额进行计算。公式如下:

$$基本用工=\Sigma(综合取定的工程量 \times 施工劳动定额)$$

B. 其他用工:通常包括以下内容。

a. 超运距用工:是指施工劳动定额中已包括的材料、半成品场内搬运距离与现场材料、半成品实际堆放地点到操作地点的水平运输距离之差,根据测定的资料取定。

$$超运距用工=\Sigma(超运距材料数量 \times 超运距劳动定额)$$

$$超运距=实际平均运距-劳动定额规定的运距$$

b. 辅助用工:指材料加工等辅助用工工日数。

$$辅助用工=\Sigma(材料加工数量 \times 相应的加工劳动定额)$$

C. 人工幅度差：是指在编制预算定额确定人工消耗指标时，由于劳动定额规定范围内没有包括，而在预算定额中必须考虑的用工量，包括正常施工情况下不可避免的一些零星用工。主要有：

　　a. 工种之间的搭接、交叉作业和单位工程之间转移操作地点影响工效；

　　b. 工程质量检查及验收隐蔽工程时耗用的时间；

　　c. 临时停水、停电所发生的工作间歇等。

人工幅度差一般占施工劳动定额的10％～15％。计算式如下：

$$人工幅度差＝（基本用工＋其他用工）×人工幅度差系数$$

表2-5是预算定额工程项目（砖石结构工程中的一砖内墙子目）的人工消耗指标计算方法实例。

定额项目人工工日数计算表　　　　　　　　　　表2-5

砖石结构　　一砖内墙　　　　　　　　　　　计量单位：每10m³ 砌体

工序及工程量				劳动定额			工日数
	名　称	数量	单位	定额编号	工　种	时间定额	
	1	2	3	4	5	6	7＝6×2
基本用工计算	双面清水墙	2	m³	4-2-4	瓦工	0.994	1.988
	单面清水墙	2	m³	4-2-9	瓦工	0.962	1.924
	清水内墙	6	m³	4-2-14	瓦工	0.808	4.848
	小计						8.76
	墙心、附墙烟囱孔	10	m³	4-2	瓦工	0.017	0.17
	弧形及圆形旋	10	m³	4-2	瓦工	0.00018	0.0018
	垃圾道	10	m³	4-2	瓦工	0.0018	0.018
	抗震拉孔	10	m³	4-2	瓦工	0.015	0.15
	顶抹找平层	10	m³	4-2	瓦工	0.005	0.05
	橱及小阁楼壁	10	m³	4-2	瓦工	0.0009	0.009
	小计						0.399
其他用工计算	①超运距用工						
	砂子 80－50＝30（m）	2.43	m³	4-13-160	瓦工	0.034	0.0826
	石灰膏 150－100＝50（m）	0.19	m³	4-13-161	瓦工	0.096	0.0182
	砖 170－50＝120（m）	10	m³	4-13-152	瓦工	0.104	1.04
	砂浆 180－50＝130（m）	10	m³	4-13-152	瓦工	0.0468	0.468
	②材料加工用工						
	筛砂子	2.43	m³	1-4-101	瓦工	0.156	0.379
	淋石灰膏	0.19	m³	1-4-109	瓦工	0.40	0.076
	小计						2.064
人工幅度差		11.223				10％	1.1223
合　计							12.345

2）材料消耗指标的确定

预算定额中的材料消耗量是指在合理和节约使用材料的前提下，生产单位假定建筑安装产品（即分项工程或结构构件）必须消耗的一定品种规格的材料、半成品、构配件等的数量标准,包括材料净用量和材料不可避免损耗量。

A. 材料净用量的测定:材料的净用量是指直接用在工程上、构成工程实体的材料消耗量。测定材料的净用量一般采用理论计算法、图纸计算法、试验法等。

a. 理论计算法:是根据施工图纸和建筑的构造要求,用理论公式计算得出产品的净耗材料数量,主要用于板块类建筑材料(如砖、钢材、玻璃、油毡等)净用量的计算。

b. 图纸计算:根据选定的图纸,计算各种材料的体积、面积、延长米和重量。

c. 试验法:根据科学试验和现场测定资料确定材料的消耗量。

B. 材料不可避免的损耗量:确定材料消耗指标时,主要应考虑建筑材料、成品、半成品在场内的运输损耗和施工操作损耗。材料不可避免的损耗内容和范围包括从施工工地仓库、现场堆放地点或施工现场加工地点,经领料后运至施工操作地点的场内运输损耗以及施工操作地点的堆放损耗与操作损耗。但不包括场外运输损耗、仓库保管损耗、场内二次搬运损耗及由于材料供应规格和质量标准不符规定要求而发生的加工损耗。材料的场外运输损耗、仓库保管损耗计入材料预算价格中。

损耗量的计算公式为:

$$材料损耗量 = 净用量 \times 损耗率$$

$$材料损耗率 = \frac{材料不可避免的损耗量}{材料净用量} \times 100\%$$

$$材料总消耗量 = 净用量 + 损耗量 = 净用量(1 + 损耗率)$$

材料的损耗率一般是通过观察和统计确定。

3) 周转性材料摊销额的测定

周转性材料是指在施工过程中多次使用的工具性材料,如脚手架、钢木模板、跳板、挡木板等。纳入定额的周转性材料消耗指标应当有两个:一个是一次使用量,供申请备料和编制施工作业计划使用,一般是根据施工图纸进行计算;另一个是摊销量,即周转材料使用一次摊在单位产品上的消耗量。

$$摊销量 = \frac{一次使用量 \times (1 + 损耗率)}{周转次数}$$

周转材料损耗率采用观察法测定,周转次数可根据长期现场观察和大量统计资料用统计分析法确定。

4) 施工机械台班消耗指标的确定

预算定额中的机械台班消耗量是指在正常施工条件下,生产单位假定建筑安装产品必须消耗的某类型号施工机械的台班数量。它由分项工程综合的有关工序施工定额确定的机械台班消耗量以及施工定额与预算定额的机械台班幅度差组成。

预算定额中机械幅度差的内容主要包括:

A. 施工中机械转移工作面及配套机械互相影响所损失的时间;

B. 检查工程质量影响机械操作的时间;

C. 在正常施工情况下机械施工中不可避免的工序间歇;

D. 临时水、电线路在施工过程中移动所发生不可避免的机械操作间歇时间;

E. 冬期施工期内发动机械的时间等。

(5) 确定生产要素的预算价格

确定生产要素的预算价格就是确定人工的日工资单价、材料预算单价和机械台班预算单价。

1) 生产工人日工资标准：生产工人日工资标准，是指与综合工日（不分工种）的平均工资等级相应的工资单价，它是由生产工人的基本工资、工资性补贴、辅助工资、职工福利费、劳动保护费等组成。

当前生产工人的日工资单价组成如下：

A. 基本工资：指发放给生产工人的基本工资。

B. 工资性补贴：指按规定标准发放的物价补贴，煤、燃气补贴，交通补贴，住房补贴，流动施工津贴等。

C. 生产工人辅助工资：指生产工人年有效施工天数以外非作业天数的工资，包括职工学习、培训期间的工资，调动工作、探亲、休假期间的工资，因气候影响的停工工资，女工哺乳时间的工资，病假在六个月以内的工资及产、婚、丧假期的工资。

D. 职工福利费：指按规定标准计提的职工福利费。

E. 生产工人劳动保护费：指按规定标准发放的劳动保护用品的购置费及修理费、徒工服装补贴、防暑降温费以及在有碍身体健康环境中施工的保健费用等。

生产工人日工资标准不包括材料采购和保管人员、驾驶施工机械和运输工具的工人、材料到达现场前的装卸工人的工资。以上人员的工资，应分别由材料费和机械费中支付。

生产工人日工资标准具体计算详见第二章有关建筑装饰工程费用参考计算方法的内容。

2) 材料预算单价：材料预算单价，是指材料由其来源地或交货地到达工地仓库或施工现场存放点后的出库全部费用。它由供应价格、运杂费、运输损耗费、采购及保管费等四部分组成。

A. 材料原价（或供应价格）。

B. 材料运杂费：是指材料由来源地或交货地运至施工工地仓库为止的全部运输过程中所支出的运输、装卸等费用。运输费可根据材料的来源地、运输里程、运输方法，并根据国家和地方主管部门规定的运价标准计算。

C. 运输损耗费：指材料在运输装卸过程中不可避免的损耗。

运输损耗费是以材料原价和材料运杂费用之和为基数乘以运输损耗费来确定的。

$$运输损耗费＝（供应价＋材料运杂费）\times 运输损耗率$$

D. 采购及保管费：指为组织采购、供应和保管材料过程中所需要的各项费用，包括材料人员的工资、职工福利费、办公差旅及交通费、固定资产使用费、工具用具使用费、劳动保护费、工地保管费、材料存储损耗及其他采购费。采购及保管费是以材料原价和上述各种费用之和为基数乘以采购及保管费率来确定的。一般建筑材料费率为2％（其中采购费率和保管费率均为1％）。

$$采购及保管费＝（供应价＋材料运杂费＋运输损耗费）\times 采购及保管费率$$

综上所述，材料预算价格的计算公式如下：

$$材料预算价格＝供应价＋材料运杂费＋运输损耗费＋采购及保管费$$
$$＝[（供应价＋材料运杂费）\times（1＋运输损耗率）]\times（1＋采购及保管费率）$$

3) 机械台班预算单价：施工机械使用费以"台班"为计量单位。一个"台班"中为使用机械正常运转所支出和分摊的各种费用之和,就是施工机械台班使用费,或称台班预算价格。

施工机械台班使用费按费用因素的性质分为两大类。第一类费用包括:折旧费,大修理费,经常修理费,安装、拆卸及辅助设施费,机械管理费等。这类费用主要是取决于机械年工作制度决定的费用,它的特点是不管机械使用情况,不因施工地点和条件的变化,都必须支出,是一种较固定的经常费用,故称不变费用。第二类费用包括:机上工作人员工资、动力燃料费、养路费及牌照税等。这类费用常因施工地点和条件不同而发生较大变化,故称可变费用,也称一次费用。

A. 折旧费:是指机械设备在规定的使用期限(即耐用总台班)内,陆续收回其原值时每一台班所摊费用,其计算式如下:

$$台班折旧费=\frac{机械预算价格\times(1-残值率)}{耐用总台班数}$$

式中　机械预算价格(机械原值)——由机械出厂(或到岸完税)价格和由生产厂(销售单位交货地点或口岸)运至使用单位机械管理部门验收入库的全部费用组成;

　　　　　　残值率——是施工机械报废时回收的残余价值占原值的比率;

　　　　耐用总台班数——是指机械设备从开始投入使用至报废前所使用的总台班数。

B. 大修理费:是指为确保机械完好和正常运转,达到大修间隔期而支出的修理费用,计算公式为

$$台班大修理费=\frac{一次大修理费\times(大修理周期数-1)}{耐用总台班数}$$

式中　大修理周期是指从开始使用到大修理为止的一段时间。

C. 经常修理费:是指机械设备除大修理以外的各级保养及临时故障排除所需费用,为保障机械正常运转所需更换设备、随机配备的工具、附具的摊销及维护费用,机械运转及日常保养所需润滑、擦拭的材料费用和机械停置期间的维护保养费用等。

D. 安装拆卸及辅助设施费:是指施工机械在工地进行安装、拆卸所需的工、料、机具、试运转费,以及安装机械所需的辅助设施及搭设拆除的工料费用。

辅助设施费包括安装机械基础底座、固定锚桩、以及行走轨道及枕木等的折旧费用。

E. 机械进出场费:是指机械整体或分件自停放场地至施工工地,或自一工地运至另一工地的运输或转移费。

F. 燃料动力费:是指机械设备在运转施工作业中所耗用的固体燃料(煤炭、木材)、液体燃料(汽油、柴油)、电力、水和风力等的费用。

G. 人工费:是指机上司机、司炉和其他操作人员的工作日工资以及上述人员在机械规定的年工作台班以外的基本工资和工资性质的津贴。

H. 运输机械养路费、车船使用税及保险费:是指运输机械按国家有关规定应交纳的养路费、车船使用税以及机械投保所支出的保险费。

(6) 编制定额项目表

1) 人工消耗定额:一般按综合列出工日数,并在它的下面分别按技工、普通工列出

工日数。

2) 材料消耗定额：一般要列出材料（或配件、设备）的名称和消耗量；对于一些用量很少的次要材料，可合并成一项，按"其他材料费"直接以金额"元"列入定额项目表，但占材料总价值的比重，不能超过2%～3%。

3) 机械台班消耗定额：一般按机械类型、机械性能列出各种主要机械名称，其消耗定额以"台班"表示；对于一些次要机械，可合并成一项，按"其他机械费"直接以金额"元"列入定额项目表。

4) 定额基价及综合单价：定额基价就是把定额单位分项工程的人工、材料、机械台班消耗量（即定额含量）与人工日工资单价、材料预算单价、机械台班预算单价（即定额单价）分别结合起来，得出定额单位分项工程人工费、材料费和机械台班使用费，最后汇总起来就是定额项目的基价，如果再考虑管理费、利润等因素就得出定额项目的综合单价。每一定额分项工程预算单价（即定额基价）用以下公式表示：

$$预算单价=\Sigma(工、料、机械台班消耗量\times预算价格)$$
$$=人工费+材料费+机械台班使用费$$

其中　　人工费$=\Sigma(工日数量\times相应等级的工资标准)$
　　　　材料费$=\Sigma(材料数量\times相应的材料预算价格)$
　　　　施工机械使用费$=\Sigma(机械台班数量\times相应的机械台班预算价格)$

(7) 编制定额说明

定额文字说明，即对建筑装饰工程预算定额的工程特征，包括工程内容、施工方法、计量单位以及具体要求等，加以简要说明。

2.3.3 《江苏省建筑与装饰工程计价表》的组成内容

根据建筑业发展的需要，原建设部会同有关部委颁布了一系列的建筑工程定额、规范、标准等在全国范围内推广使用。如1993年颁发的《全国统一建筑装饰工程预算定额》、1995年颁发的《全国统一建筑工程基础定额》（土建部分）以及2003年颁发的《建设工程工程量清单计价规范》（GB 50500—2003）和与之相配套的《建筑安装工程费用组成》（建标［2003］206号）等。

为了完善建筑市场的招标投标制度，配合《建设工程工程量清单计价规范》的执行，江苏省于2004年颁发了《江苏省建筑与装饰工程计价表》，在全省范围内执行。新的计价表涵盖了在此之前的土建单位估价表和建筑装饰工程预算定额的内容，便于套用。

新的计价表与以往的预算定额或单位估价表最大的不同在于，新计价表的定额单价为综合单价，不仅包括完成定额单位分项工程的人工费、材料费、机械台班使用费，还包括了对应的管理费和利润，管理费和利润的计算基数为定额分项工程的人工费与机械台班使用费之和；而以往定额的基价都只包括直接费，即人工费、材料费、机械台班使用费。这种计价表的格式与《建设工程工程量清单计价规范》的要求相适应，为用"工程量清单"投标报价创造了条件。

《江苏省建筑与装饰工程计价表》（以下简称"计价表"）由文字说明、定额项目表及定额附录等部分组成。

1. 文字说明部分

(1) 总说明

总说明列于定额手册的最前面，共26条，现摘要介绍如下。

1) 编制计价表的目的：为了贯彻执行建设部《建设工程工程量清单计价规范》，适应建设工程计价改革的需要，对《江苏省建筑工程单位估价表》（2001年）以及《江苏省建筑装饰工程预算定额》（1998年）进行修订，形成了《江苏省建筑与装饰工程计价表》（2004年）。

2) 计价表的适用范围：计价表适用于一般工业与民用建筑的新建、扩建、改建工程及其单独装饰工程。全部以使用国有资金投资或国有资金投资为主的建筑与装饰工程应执行本计价表，其他投资形式的建筑与装饰工程可参照使用。

3) 计价表的作用：

A. 编制工程标底、招标工程结算审核的指导；

B. 工程投标报价、企业内部核算、制定企业定额的参考；

C. 一般工程（依法不招标工程）编制与审核工程预结算的依据；

D. 编制建筑工程概算定额的依据；

E. 建设行政主管部门调解工程造价纠纷、合理确定工程造价的依据。

4) 计价表的编制依据：计价表的编制依据主要有现行标准设计和典型设计图纸，建筑与装饰工程施工及验收规范、质量评定标准和安全技术操作规程，在此之前使用的有关预算定额、估价表等。

5) 定额高度的规定：定额施工高度是以设计室外地坪面至檐口滴水高度20m以内编制的，超过20m部分，按计价表第十八章"建筑物超高增加费"有关规定执行。

6) 垂直运输机械费的规定：建筑装饰工程垂直运输机械费按计价表第二十二章"建筑工程垂直运输机械费"有关规定执行。凡檐高在3.6m内的平房、围墙、层高在3.6m以内单独施工的一层地下室工程，不得计取垂直运输机械费。

7) 定额中注有"×××以内"或"×××以下"者，均包括×××本身；"×××以外"或"×××以上"者，则不包括×××本身。

(2) 分部说明、工程量计算规则

它分别说明该分部工程包括哪些主要项目，如何正确使用该分部定额，定额项目综合单价的调整换算方法等内容。工程量计算规则列于分部说明之后，规定该分部、分项工程子项目工程量的计算规则。

(3) 分项说明

分项说明（即工程内容）列于定额项目计价表的表头上方，说明该分项工程包括的主要工序内容。

(4) 定额项目表附注

定额项目表的附注列于定额表之下，有些附注内容带有补充定额性质，以便进一步说明各子项目的适用范围或有出入时如何进行换算调整。

2. 定额项目表

定额项目表的右上方，是定额计量单位，项目表横向排列部分，是该分项工程各子目的定额编号和该子目的综合单价，供套用单价用；竖向排列的为该分项工程各子目的人工费、材料费、机械费、管理费、利润以及人工、材料、机械台班消耗量指标，供换算定额单价（定额允许换算范围）和进行工、料分析时使用。

建筑与装饰工程计价表示例，如表 2-6。

大理石块料楼地面层计价表示例 表 2-6

工作内容：清理基层、找平、局部锯板磨边、贴成品大理石、净面、调制水泥砂浆、撒素水泥浆。

计量单位：10m²

定额编号					12-45		12-46		12-47	
项目			单位	单价	大理石 干硬性水泥砂浆					
					楼地面		楼梯		台阶	
					数量	合价	数量	合价	数量	合价
综合单价			元			1766.02		1928.34		1824.27
其中	人工费		元			111.72		190.96		147.84
	材料费		元			1605.96		1654.91		1609.91
	机械费		元			5.11		8.62		8.62
	管理费		元			29.21		49.90		39.12
	利润		元			14.02		23.95		18.78
	一类工		工日	28.00	3.99	111.72	6.82	190.96	5.28	147.84
材料	104001	大理石综合	m²	150.00	10.20	1530.00	10.50	1575.00	10.20	1530.00
	301023	水泥 32.5 级	kg	0.28	45.97	12.87	45.97	12.87	45.97	12.87
	013006	干硬性水泥砂浆	m³	162.16	0.303	49.13	0.303	49.13	0.303	49.13
	301002	白水泥	kg	0.58	1.00	0.58	1.00	0.58	1.00	0.58
	608110	棉纱头	kg	6.00	0.10	0.60	0.10	0.60	0.10	0.60
	407007	锯（木）屑	m³	10.45	0.06	0.63	0.06	0.63	0.06	0.63
	510165	合金钢切割锯片	片	61.75	0.035	2.16	0.099	6.11	0.099	6.11
	613206	水	m³	2.80	0.26	0.73	0.26	0.73	0.26	0.73
	013075	素水泥浆	m³	426.22	0.01	4.26	0.01	4.26	0.01	4.26
		其他材料费	元			5.00		5.00		5.00
机械	06016	灰浆拌合机 200L	台班	51.43	0.061	3.14	0.061	3.14	0.061	3.14
	13090	石料切割机	台班	14.04	0.14	1.97	0.39	5.48	0.39	5.48

注：设计弧形贴面时，其弧形部分的石材损耗可按实调整，并按弧形图示长度每 10m 另外增加：切割人工 0.6 工日，合金钢切割锯片 0.1 片，石料切割机 0.60 台班。

3．定额附录

《江苏省建筑与装饰工程计价表》的附录，包括建筑装饰工程材料预算价格参考表，施工机械台班费用参考表，建筑装饰定额砂浆、混凝土配合比表，各种面层抹灰厚度及砂浆种类表，主要材料、半成品损耗率取定表和工程量计算表以及简图等。上述附录资料，可作为定额换算和制定补充定额的基本依据，以及施工企业编制作业计划和备料的参考资料。

4．预算定额项目的划分和排列

（1）预算定额项目的划分

《江苏省建筑与装饰工程计价表》划分为 23 个分部工程（章），即土、石方工程，打桩及基础垫层，砌体工程，钢筋工程，混凝土工程，金属结构工程，构件运输与安装工程，木结构工程，屋、平、立面防水及保温隔热工程，防腐耐酸工程，厂区道路及排水工程，楼地面工程，墙柱面工程，顶棚工程，门窗工程，油漆、涂料、裱糊工程，其他零星工程，建筑物超高增加费用，脚手架工程，模板工程，施工拍摄、降水、深基坑支护、建筑工程垂直运输费、场内二次搬运费等。

分部工程以下又根据工程性质、工程内容、施工方法、使用材料等因素，划分成若干分项工程（节）。

分项工程以下，再按装饰性质、规格、材料类别划分成若干子目。例如，第十二分部（章），楼地面工程中的第四分项工程"镶贴块料面层"，由以下子目组成：①大理石面层；②花岗岩面层；③缸砖面层；④马赛克面层；⑤凹凸假麻石块面层；⑥地砖面层……等77个子目。

(2) 预算定额项目的编号

为了便于查阅、核对和审查定额项目选套是否准确合理，提高建筑装饰工程施工图预算的编制质量，在编制建筑装饰工程施工图预算时，必须填写定额编号。《全国统一建筑装饰工程预算定额》采用4位数编号，第一位数字表示分部编号，后3位数字表示分项子目编号。如"4018"表示第四分部（门窗工程）第18分项子目"铝合金双扇推拉窗制作安装"；《江苏省建筑与装饰工程计价表》采用两个号码的方法编制，第一个号码表示分部工程编码，第二个号码是指具体工程项目即子目的顺序码。如"12-46"，第一个"12"表示第12分部工程，即楼地面工程分部；第二个"46"表示第46子目，即用干硬性水泥砂浆贴大理石楼地面层，见表2-6所示。

有些地区预算定额还按3个号码编号法。第一个号码表示分部工程编号，第二个号码指分项工程顺序号，第三个号码表示子目顺序号。

2.4 企 业 定 额

《建筑工程施工发包与承包计价管理办法》（中华人民共和国建设部令第107号）第7条第2款规定："投标报价应当依据企业定额和市场价格信息，并按照国务院和省、自治区、直辖市人民政府建设行政主管部门发布的工程造价计价办法进行编制"。

2.4.1 企业定额的概念

企业定额是工程施工企业根据本企业的技术水平和管理水平，以及有关工程造价资料制订的，并供本企业使用的，完成单位合格产品所必需的人工、材料和施工机械台班消耗量，以及其他生产经营要素水平的数量标准。

任何产品的价格都要以价值为基础，因此，真实反映产品的制作成本是计算产品价值的必要条件，建筑产品也是如此。建筑施工企业可以通过现行预算定额、取费标准及材料的市场价格来计算建筑产品的社会平均成本。现实的建筑市场却需要建筑施工企业能正确地计算出建筑产品的个别成本，因此，对建筑施工企业来说，根据企业定额编制出来的报价才是一个企业完成某项工程任务的真实价格，既反映了企业的真实成本，又包括了合理的利润。以不低于实际成本的价格中标，才能从经济上保证企业保质保量地完成施工任务。

企业定额反映企业的施工生产与生产消费之间的数量关系，是施工企业生产力水平的体现，每个企业均应拥有反映自己企业能力的企业定额。企业的技术和管理水平不同，企业定额的定额水平也就不同。因此，企业定额是施工企业进行施工管理和投标报价的基础和依据，从一定意义上讲，企业定额是企业的商业秘密，是企业参与市场竞争的核心竞争能力的具体表现。

目前，大部分施工企业是以国家或行业制定的作为进行施工管理、工料分析和计算施工成本的依据。随着市场经济体制改革的不断深入和发展，施工企业可以以预算定额和基础定额为参照，逐步建立反映企业自身施工管理水平和技术装备程度的企业定额。

2.4.2 企业定额的作用

随着我国社会主义市场经济体制的不断完善，工程价格管理制度改革的不断深入，企业定额将日益成为施工企业进行管理的重要工具。

（1）企业定额是施工企业计算和确定工程施工成本的依据，是施工企业进行成本管理经济核算的基础。

企业定额是根据本企业的人员技能、施工机械装备程度、现场管理和企业管理水平制定的，按企业定额计算得到的工程费用就是企业进行施工生产所需的成本。在施工过程中，对实际施工成本的控制和管理，就应以企业定额作为控制的计划目标数，开展相应的工作。

（2）企业定额是施工企业进行工程投标、编制工程投标报价的基础和主要依据。

企业定额的定额水平反映出企业施工生产的技术水平和管理水平，在确定工程投标报价时，首先是依据企业拟完成投标工程需发生的计划成本。在掌握工程成本的基础上，再根据所处的环境和条件，确定在该工程以拟获得的利润、预计的工程风险费用和其他应考虑的因素，从而确定投标报价。因此，企业定额是施工企业编制计算投标报价的根基。

（3）企业定额是施工企业编制施工组织设计、制定施工计划和作业计划的依据。

企业定额可以应用于工程的施工管理，用于签发施工任务单、签发限额领料单以及结算计件工资或计量奖励工资等。企业定额直接反映本企业的施工生产水平，运用企业定额，可以更合理地组织施工生产，有效确定和控制施工中人力、物力消耗，节约成本开支。

2.4.3 企业定额的编制原则

施工企业在编制企业定额时应依据本企业的技术能力和管理水平，以国家发布的预算定额或基础定额为参照和指导，测定计算完成分项工程或工序必需的人工、材料和机械台班的消耗量，准确反映本企业的施工生产力水平。

目前，为适应国家推行的工程量清单计价办法，企业定额可采用基础定额的形式，按统一的工程量计算规则、统一的计量单位编制企业定额。

在确定人工、材料和机械台班消耗量以后，需按选定的市场价格，包括人工价格、材料价格和机械台班价格等编制分项工程基价，并确定工程间接成本、利润、其他费用项目等的计费原则，编制分项工程成本的综合单价。

2.4.4 企业定额的编制方法

编制企业定额最关键的工作是确定人工、材料和机械台班的消耗量，计算分项工程单价或综合单价。

1. 人工消耗量的确定

人工消耗量的确定，首先是根据企业环境，拟定正常的施工作业条件，分别计算测定基本用工和其他用工的日数，进行拟定施工作业的定额时间。

2. 材料消耗量的确定

材料消耗量的确定，是通过企业历史数据的统计分析、理论计算、实验试验、实地考察等方法计算确定材料包括周转材料的净用量和损耗量，从而拟定材料消耗量的定额指标。

3. 机械台班消耗量的确定

机械台班消耗量的确定，同样需要按照企业的环境，拟定机械工作的正常施工条件，确定机械净工作效率和利用系数，据此拟定施工机械作业的定额台班和与机械作业相关的工人小组的定额时间。

2.4.5 施工企业定额的重要性和必要性

1. 企业定额能够满足工程量清单计价的要求

企业定额是施工企业根据自身的技术专长，施工设备配备情况，材料来源渠道及管理水平等所规定的为完成工程实体消耗的各种人工、材料、机械和其他费用的标准。工程量体现在定额消耗水平上，而价格则反映在实现工程量清单报价的过程中。依据企业定额对工程量清单实施报价，能够较为准确的体现施工企业的实际管理水平和施工水平。

2. 企业定额的建立和使用可以规范发包承包行为

施工企业经营活动的主导思想应通过工程项目的承建，谋求质量、工期、信誉和合理利润空间，惟有如此，施工企业才能走向良性循环的发展道路。

我国建筑产品还未按照等价交换的原则成为真正意义上的产品，没有脱离低价和微利。特别是目前我国建筑市场供求关系严重失衡，业主希望以最低的工程投标价格赢得优秀企业和优质工程。而施工企业由于任务严重不足，在竞争过程中只考虑当期企业困境，只求发放工人工资。工程投标价格严重背离价值，无节制地压价降价，造成企业效率低下、成本亏损、发展滞后。价格是商品价值的货币表现，只有"价实"才能"货真"，价不实必然导致货不真。

企业定额中的工时、物料、机具消耗量的确定，是建立在价格与价值的基本统一的基础上，反映的是一定时期内本企业平均先进消耗水平，它以体现企业自身实力和市场价格水平的报价参与市场竞争，是科学、合理和先进的企业管理水平的体现，是衡量建筑企业产品个别成本水平的尺度标准。经营要保证产生一定利润，盈利是一个企业生产目标，没有盈利，就没有扩大再生产，企业就不可能发展。企业定额的应用，促使了企业市场竞争中按实际消耗的应用，促使了企业在市场竞争中按实际消耗水平报价。

3. 企业定额的建立和运用可以提高企业管理水平

企业定额反映的是一定时期单位工程的人、材、机及其他费用消耗水平，是动态和发展的，这就需要一批造价工程师研究和测定，真正体现管理水平。目前，在施工企业中，既能灵活运用国家定额标准实现编制企业定额，又能解决具体技术问题的人才匮乏。技术、经济脱节，不能真实反映施工企业管理水平。企业要提高管理水平，在竞争中立于不败之地，就要造就一批懂科技、会经营管理的复合型人才，提高企业管理水平。

企业要提高管理水平还要加强和重视企业成本核算。在我国加入世贸组织、经济全球化的今天，竞争更加激烈，降低成本，提高效益对企业显得更为重要。作为工程施工企业，工程项目是企业利润的源泉，降低工程成本就成了增加利润的主要渠道，用企业定额对直接影响成本的资金因素、工期因素、质量因素、环境因素、技术因素、招标人对市场占有率因素等做准确的测算、分析和评判是提高企业管理水平的重要工作，是企业科学地进行经营决策的依据。它对加强成本管理、挖掘企业降低成本潜力，提高经济效益具有重大意义。

4. 企业定额的建立是无标底招标的需要

国家颁布的《招标投标法》，是与国际惯例接轨的重要措施之一。《招标投标法》对标底的设置作了淡化处理，除规定"设有标底的，标底必须保密"及"设有标底的应当参考标底"等条款外，对标底的编制审查没有更具体的阐述。根据上述精神，标底不再是招标投标的必要条件，这就为无标底的实行提供了理论依据和法律准备。目前我国参与国际项目招标的机会大大增多，而在国际招标投标中，几个国家的承包商只能按各自的实际情况编制报价，也很难找出一个适合各国国情的统一标准来编制什么标底，这就是无标底招标的客观存在和现实存在和现实需要。

今后，建筑市场的竞争将愈深愈烈。逐步完善无标底招标，规范建筑市场主体行为，尽快与国际接轨，对建筑装饰施工企业在复杂的国际国内竞争市场上取得良好的社会效益和经济效益是十分重要的。所以，重视企业定额的编制，让生产者真正成为定价者，使投标报价真正具有市场竞争性，以适应日趋成熟的无标底和不断开放的市场环境，是加入WTO的新形势赋予建筑装饰施工企业一项新的任务。

复习思考题

1. 在社会主义市场经济条件下，工程造价计价依据一般具有哪些特点？
2. 劳动定额有哪两种表达形式？两者有何关系？
3. 何为预算定额？有何作用？
4. 预算定额中人工、材料和机械台班消耗指标是如何确定的？
5. 试述定额中人工单价、材料和施工机械台班的预算价格的确定方法。
6. 何为企业定额？有何作用？

第 3 章　工程造价的编制与审查

工程造价是建设项目的投资估算、设计概算和施工图预算造价的统称。工程造价贯穿于工程建设的全过程，它们是建设项目在不同阶段控制投资的依据。

3.1　施工图预算的编制

3.1.1　施工图预算的含义及作用

1. 施工图预算的含义

施工图预算是施工图设计预算的简称，又叫设计预算。它是由设计单位在施工图设计完成后，根据施工图设计文件、现行预算定额、费用定额以及地区设备、材料、人工、施工机械台班等预算价格编制和确定的建筑安装工程造价的文件。

2. 施工图预算的作用

（1）施工图预算是控制工程造价的依据。

限额设计是控制建筑工程造价的重要依据，施工图预算是设计阶段控制工程造价的重要环节，是控制施工图设计不突破设计概算的重要经济文件。

（2）施工图预算是招标投标的重要基础，既是工程量清单的编制依据，也是标底的编制依据。

招标投标法实施以来，市场竞争日趋激烈，传统的施工图预算在投标报价中的作用将逐渐弱化，一般情况下，施工企业根据自身特点确定报价，但是，施工图预算的原理、依据、方法和编制程序，仍是投标报价的重要参考资料。

（3）施工图预算是施工企业加强经营管理、搞好经济核算的基础。

施工图预算是施工单位在施工前组织材料、机具、设备及劳动力供应的依据，是施工企业编制进度计划、统计完成工作量、进行经济核算的依据，是施工企业编制"两算"对比的依据，是甲乙双方办理工程结算和拨付工程款的依据，也是反映施工企业经营管理效果好坏的依据。

（4）施工图预算是工程造价管理部门监督、检查的依据。

对于工程造价管理部门来说，施工图预算是监督、检查执行定额标准，合理确定工程造价、测算造价指数的依据。

3.1.2　施工图预算的编制程序

施工图预算的编制是一项复杂而细致的工作，为了准确、顺利地编制，一般可按以下程序进行。

1. 搜集资料

广泛搜集、准备各种与编制单位工程施工图预算有关的资料，如会审过的施工图纸、施工组织设计、施工合同、标准图集、现行的建筑安装预算定额、取费标准以及地区材料预算价格等。

2. 熟悉图纸和预算定额

施工图纸是编制单位工程施工图预算的重要依据，编制前必须对施工图进行全面的熟悉和深入的理解。通过施工图纸可以了解设计意图和工程全貌，对建筑物造型、平面布置、结构类型、应用材料以及图注尺寸、说明及其构配件的选用等方面的内容，将直接影响到能否准确、全面、快速地编制预算。

还应注意，图纸虽经过会审，但仍可能有尺寸不符或标注不够清楚的地方，应注意核对和改正，将结构图、建筑图、大样图以及所采用的标准图、材料具体做法等资料结合起来，达到对建筑物的全部构造、构件连接、装饰要求等，都有一个清晰完整的认识，对搞不清的，应请技术部门或设计单位解决。

3. 熟悉施工组织设计或施工方案

施工组织设计是施工企业全面安排建筑工程施工的技术经济文件。编制预算时，应熟悉和掌握施工组织设计中影响工程造价的有关内容，如施工方法和施工机械的选择、构配件的加工和运输方式等，这些都关系到预算定额子目的选套和取费标准的确定。

4. 熟悉现行定额

预算定额是编制施工图预算的计价标准。对现行定额内容的理解和熟悉程度，对其适用范围、工程量计算规则及定额系数的充分了解，直接影响着编制预算的水平。只有做到心中有数，才能使预算编制准确、迅速。因此，提高施工图预算的编制质量，必须认真熟悉现行定额的内容和适用范围。

5. 划分工程项目和计算工程量

（1）划分工程项目。划分的工程项目必须和定额规定的项目一致，这样才能正确套用定额。不能重复列项计算，也不能漏项计算。

（2）计算并整理工程量。工程量计算应严格按照图纸尺寸和现行定额规定的工程量计算规则，遵循一定的科学顺序逐项进行工程量计算。

6. 套单价（计算定额基价）

套单价，即将定额子项中的基价填于预算表单价栏内，并将单价乘以工程量得出合价，将结果填入合价栏。

7. 工料分析

工料分析即按分项工程项目，依据定额，计算人工和各种材料的实物消耗量，并将主要材料汇总成表。工料分析的方法是：首先从定额项目表中分别将各分项工程消耗的每项材料和人工的定额消耗量查出；再分别乘以该工程项目的工程量，得到分项工程工料消耗量；最后将各分项工程工料消耗量加以汇总，得出单位工程人工、材料的消耗数量。

8. 计算主材费

因为许多定额项目基价为不完全价格，即未包括主材费用在内。计算所在地定额基价费（基价合计）之后，还应计算出主材费，以便计算工程造价。

9. 按费用定额取费

即按有关规定计取措施费，以及按当地费用定额的取费规定计取间接费、利润、税金等。

10. 计算工程造价

将直接费、间接费、利润和税金相加，即为工程预算造价。

11. 填写编制说明

编制说明是编制单位向各有关方面交待和说明预算编制依据和编制情况。单位工程预算编制说明，无统一格式，一般应包括以下内容：

（1）工程名称、概况及设计变更；

（2）编制依据的预算定额名称，所采用的材料预算价格，套用单价需要补充说明的问题；

（3）编制补充单价的依据及基础资料；

（4）编制依据的费用定额，地区发布的动态文件号以及预算所取定的承包企业等级和承包方式；

（5）工程造价及主要经济指标；

（6）其他有关说明。如预算中的余土处理、构件二次运输的计算方法以及措施性费用的计算依据、由于图纸交待不清楚未能列入预算的项目等。

（7）封面装订、签章，将施工图预算的封面、编制说明、预算书、材料分析、补充单价等有关资料按顺序编排装订成册。编制人员签名盖章，应请主管负责人审阅、签名盖章，最后加盖公章完成编制工作。

3.1.3 施工图预算的编制方法

施工图预算的编制可采用工料单价法和综合单价法。

1. 工料单价法

工料单价法是目前普遍采用的施工图预算方法。它是根据建筑安装工程施工图和预算定额，按分部分项的顺序，先算出分项工程量；然后从预算定额中查出各分项工程相应的定额单价，并将各分项工程的工程量与其相应的定额单价相乘，求出分项工程直接工程费；将分项工程直接工程费汇总为单位工程直接工程费；直接工程费汇总后另加措施费、间接费、利润、税金生成施工图预算造价。有关的取费方法见表3-1～表3-3。

（1）以直接费为计算基础（见表3-1）

以直接费为计算基础　　　　　　　　　　表3-1

序号	费用项目	计 算 方 法	备 注
1	直接工程费	按预算表	
2	措施费	按规定标准计算	
3	直接费小计	(1)+(2)	
4	间接费	(3)×相应费率	
5	利润	[(3)+(4)]×相应利润率	
6	合计	(3)+(4)+(5)	
7	含税造价	(6)×(1+相应税率)	

（2）以人工费和机械费为计算基础（见表3-2）

以人工费和机械费为计算基础　　　　　　　　　　表3-2

序号	费用项目	计 算 方 法	备 注
1	直接工程费	按预算表	
2	其中人工费和机械费	按预算表	
3	措施费	按规定标准计算	

续表

序号	费用项目	计算方法	备注
4	其中人工费和机械费	按规定标准计算	
5	直接费小计	(1)+(3)	
6	人工费和机械费小计	(2)+(4)	
7	间接费	(6)×相应费率	
8	利润	(6)×相应利润率	
9	合计	(5)+(7)+(8)	
10	含税造价	(9)×(1+相应税率)	

(3) 以人工费为计算基础（见表3-3）

以人工费为计算基础 表3-3

序号	费用项目	计算方法	备注
1	直接工程费	按预算表	
2	直接工程费中人工费	按预算表	
3	措施费	按规定标准计算	
4	措施费中人工费	按规定标准计算	
5	直接费小计	(1)+(3)	
6	人工费小计	(2)+(4)	
7	间接费	(6)×相应费率	
8	利润	(6)×相应利润率	
9	合计	(5)+(7)+(8)	
10	含税造价	(9)×(1+相应税率)	

2. 综合单价法

综合单价，即分项工程全费用单价，也就是工程量清单的单价。它综合了人工费、材料费、机械费，有关文件规定的调价、利润、税金，现行取费中有关费用、材料价差，以及采用固定价格的工程所测算的风险金等全部费用。

与工料单价法相比较，主要区别在于：间接费和利润等是用一个综合管理费率分摊到分项工程单价中，从而组成分项工程全费用单价，某分项工程单价乘以工程量即为该分项工程的完全价格。综合单价法下建筑安装工程预算的数学公式如下：

建筑安装工程预算造价 = (Σ 分项工程完全价格) + 措施项目完全价格

其中分项工程完全价格包括完成该分项工程的直接工程费以及分摊在该分项工程上的间接费、利润和税金（措施项目完全价格的形成与此类似）。

由于各分部分项工程中的人工、材料、机械各项费用所占比例不同，各分项工程造价可根据材料费占分项直接工程费的比例（以字母"C"代表该项比值）在以下三种计算程序（表3-4～表3-6）中选择一种计算其综合单价。

(1) 当 $C > C_0$（C_0 为本地区原费用定额测算所选典型工程材料费占分项直接工程费的比例）时，可采用以分项直接工程费为基数计算该分项工程的间接费和利润，见表3-4。

以直接工程费为计算基础　　　　　　　　　　　　　表 3-4

序号	费用项目	计算方法	备注
1	分项直接工程费	人工费＋材料费＋机械费	
2	间接费	(1)×相应费率	
3	利润	[(1)+(2)]×相应利润率	
4	合计	(1)+(2)+(3)	
5	含税造价	(4)×(1+相应税率)	

（2）当 $C<C_0$ 值的下限时，可采用以人工费和机械合计为基数计算该分项工程的间接费和利润，见表 3-5。

以人工费和机械费为计算基础　　　　　　　　　　　表 3-5

序号	费用项目	计算方法	备注
1	分项直接工程费	人工费＋材料费＋机械费	
2	其中人工费和机械费	人工费＋机械费	
3	间接费	(2)×相应费率	
4	利润	(2)×相应利润率	
5	合计	(1)+(3)+(4)	
6	含税造价	(5)×(1+相应税率)	

（3）如该分项的直接费仅为人工费，无材料费和机械费时，可采用以人工费为基数计算该分项工程的间接费和利润，见表 3-6。

以人工费为计算基础　　　　　　　　　　　　　　　表 3-6

序号	费用项目	计算方法	备注
1	分项直接工程费	人工费＋材料费＋机械费	
2	直接工程费中人工费	人工费	
3	间接费	(2)×相应费率	
4	利润	(2)×相应利润率	
5	合计	(1)+(3)+(4)	
6	含税造价	(5)×(1+相应税率)	

3.1.4 工程造价计算程序

工程造价费用的计算程序指确定建筑安装工程造价各项目费用的计算程序。但这个程序本身目前全国没有统一的规定。一般由各省、市、自治区造价主管部门结合本地区的实际情况自行规定。现以江苏省建筑安装工程费用定额为例，介绍建筑工程造价费用的计算程序。

1. 建筑与装饰工程造价计算程序（包工包料）（见表 3-7）

建筑与装饰工程造价计算程序（包工包料）　　　　　表 3-7

序号	费用名称		计算公式	备注
一	分部分项工程量清单费用		综合单价×工程量	按《计价表》
	其中	1. 人工费	计价表人工消耗量×人工单价	
		2. 材料费	计价表材料消耗量×材料单价	
		3. 机械费	计价表机械消耗量×机械单价	
		4. 管理费	(1+3)×费率	
		5. 利润	(1+3)×费率	

续表

序号	费用名称		计算公式	备注
二	措施项目清单费用		分部分项工程费×费率或综合单价×工程量	按《计价表》或费用计算规则
三	其他项目费用			双方约定
四	规费			
	其中	1. 工程定额测定费	（一＋二＋三）×费率	按规定计取
		2. 安全生产监督费		按规定计取
		3. 建筑管理费		按规定计取
		4. 劳动保险费		按各市规定计取
五	税金		（一＋二＋三＋四）×费率	按各市规定计取
六	工程造价		一＋二＋三＋四＋五	

注：表中《计价表》指的是《江苏省建筑与装饰工程计价表》，下同。

2. 建筑与装饰工程造价计算程序（包工不包料）（见表3-8）

建筑与装饰工程造价计算程序（包工不包料） 表3-8

序号	费用名称		计算公式	备注
一	分部分项工程量清单人工费		计价表人工消耗量×人工单价	按《计价表》
二	措施项目清单费用		（一）×费率或按《计价表》	按《计价表》或费用计算规则
三	其他项目费用			双方约定
四	规费			
	其中	1. 工程定额测定费	（一＋二＋三）×费率	按规定计取
		2. 安全生产监督费		
		3. 建筑管理费		
五	税金		（一＋二＋三＋四）×费率	按各市规定计取
六	工程造价		一＋二＋三＋四＋五	

3. 安装工程预算造价的计算程序（见表3-9）

安装工程预算造价的计算程序 表3-9

序号	费用名称		计算公式	备注
一	分部分项工程量清单费用		综合单价×工程量	按《计价表》
二	措施项目清单费用		分部分项工程费×费率或综合单价×工程量	按《计价表》或费用计算规则
三	其他项目费用			双方约定
四	规费			
	其中	1. 工程定额测定费	（一＋二＋三）×费率	按规定计取
		2. 安全生产监督费		按规定计取
		3. 建筑管理费		按规定计取
		4. 劳动保险费		按各市规定计取
五	税金		（一＋二＋三＋四）×费率	按各市规定计取
六	工程造价		一＋二＋三＋四＋五	

4. 公路工程预算造价的计算程序（见表3-10）

公路工程建设各项费用计算程序 表3-10

代号	项 目	说 明 及 计 算
一	定额直接费（即定额基价）	指概、预算定额的基价
二	直接费（即工、料、机费）	按编制年工程所在地的预算价格计算
三	其他直接费	（一）×其他直接费综合费率
四	现场经费	（一）×现场经费综合费率
五	定额直接工程费	一＋三＋四
六	直接工程费	二＋三＋四
七	间接费	（五）×间接费综合费率
八	施工技术装备费	（五＋七）×施工技术装备费率
九	计划利润	（五＋七）×计划利润率
十	税金	（六＋七＋九）×综合税率
十一	定额建筑安装工程费	五＋七＋八＋九＋十
十二	建筑安装工程费	六＋七＋八＋九＋十
十三	设备、工具、器具购置费（包括备品备件）	（设备、工具、器具购置数量×单价＋运杂费）×（1＋采购保管费率）
	办公和生活用家具购置费	按有关定额计算
十四	工程建设其他费用	
	土地补偿费和安置补助费	按有关定额计算
	建设单位管理费	（十一）×费率
	工程质量监督费	（十一）×费率
	工程监理费	（十一）×费率
	定额编制管理费	（十一）×费率
	设计文件审查费	（十一）×费率
	研究试验费	按批准的计划编制
	勘察设计费	按有关的规定计算
	施工机构迁移费	按实际算
	供电贴费	按有关规定计算
	大型专用机械设备购置费	按需购置的清单贬值
	固定资产投资方向调节税	按有关规定计算
	建设期贷款利息	按实际贷款数及利率计算
十五	预留费用	包括工程造价增涨预留费和预留费两项
	工程造价增涨预留费	（十二）×$[(1+i)^{n-1}-1]$
	预备费	（十二＋十三＋十四－大型专用机械设备购置费－固定资产投资方向调节税－建设期贷款利息）×费率
	预备费中施工图预算包干系数	（六＋七）×费率
十六	回收金额	预算材料、设备总数量×对应原价
十七	建设项目总费用	十二＋十三＋十四＋十五－十六

3.2 工程预算的审查

3.2.1 审查工程预算造价的意义

通过审查可以提高工程预算的准确性，对合理控制工程造价、节约投资、合理使用人力、物力、财力都起着十分重要的作用，同时也可以防止计算中的高估冒算，避免造价计算的不合理性，帮助企业端正经营思想，提高工程造价人员的业务水平。

通过审查工程预算，核实了预算价值，为积累和分析技术经济指标，提供了准确数据。进而通过有关指标的比较，找出设计中的薄弱环节，以便及时改进，不断提高设计水平。有利于加强固定资产投资管理，节约建设资金。有利于施工承包合同价的合理确定和控制。因为，施工图预算对于招标工程是编制标底的依据，对于不宜于招标的工程是合同价款结算的基础。

3.2.2 审查前的准备

1. 收集并熟悉资料

有关建设项目的合同文件、设计图纸、预算定额或单位估价表、费用定额、材料价格以及待审查的预算文件必须完整，并对每一内容加以熟悉。

2. 必要的审查研究

对某些必备或参考的资料，如市场价格、类似工程技术经济指标或预算资料、现场情况（如交通运输、供水、供电情况、场地大小等）应做一定的调查研究，以利于审查工作全面进行。

3.2.3 审查的方法

审查施工图预算的方法较多，主要有标准预算审查法、全面审查法、对比审查法、分组计算审查法、筛选审查法、重点抽查法、利用手册审查法和分解对比审查法等8种。

1. 标准预算审查法

对于利用标准图纸或通用图纸施工的工程，先集中力量，编制标准预算，以此为标准审查预算的方法。按标准图纸设计或通用图纸施工的工程一般上部结构的做法相同，可集中力量审查一份预算或编制一份预算，作为这种标准图纸的标准预算，或用这种标准图纸的工程量为标准，对照审查，而对局部不同部分作单独审查即可。这种方法的优点是时间短、效果好、好定案；缺点是只适应按标准图纸设计的工程，适用范围小。

2. 全面审查法

全面审查又叫逐项审查法，就是按照设计图纸的要求，结合预算定额、承包合同及有关等价计算的规定和文件，对各个分项逐项进行审查的方法。此方法的优点是全面、细致，经审查的工程预算差错比较少，质量比较高；缺点是工作量大。对于一些工程量比较小、工艺比较简单的工程，编制工程预算的技术力量又比较薄弱，可采用全面审查法。

3. 对比审查法

是用已建成工程的预算或虽未建成但已经审查修正的工程预算对比审查拟建的类似工程预算的一种方法。对比审查法，一般有以下几种情况，应根据工程的不同条件，区别对待。

（1）两个工程设计相同，但建筑面积不同。根据两个工程建筑面积之比与两个工程分部分项工程量之比基本一致的特点，可审查新建工程各分部分项工程的工程量。或者用两个工程每平方米建筑面积造价以及每平方米建筑面积的各分部分项工程量,进行对比审查,如果基本相同时,说明新建工程预算是正确的,反之,说明新建工程预算有问题,找出差错原因,加以更正。

(2) 两个工程采用同一个施工图,但基础部分和现场条件不同。其新建工程基础以上部分可采用对比审查法,基础部分可分别采用相应的审查方法进行审查。

(3) 两个工程的面积相同,但设计图纸不完全相同时,可把相同的部分进行工程量的对比审查,不能对比的分部分项工程按图纸计算。

4. 分组计算审查法

分组计算审查法是把预算中的项目划分为若干组,并把相邻且有一定内在联系的项目编为一组,审查或计算同一组中某个分项工程量,利用工程量间具有相同或相似计算基础的关系,判断同组中其他几个分项工程量计算的准确程度的方法。

5. 筛选审查法

筛选法是统筹法的一种,也是一种对比方法。建筑工程虽然有建筑面积和高度的不同,但是它们的各个分部分项工程的工程量、造价、用工量在每个单位面积上的数值变化不大,把这些数据加以汇集、优选,归纳为工程量、造价(价值)、用工三个单方基本值表,并注明其适用的建筑标准。这些基本值犹如"筛子孔",用来筛选各分部分项工程,筛下去的就不审查了,没有筛下去的就意味着此分部分项的单位建筑面积数值不在基本值范围之内,应对该分部分项工程详细审查。当所审查的预算的建筑面积标准与"基本值"所适用的标准不同,就不要对其进行调整。

筛选法的优点是简单易懂,便于掌握,审查速度快,能及时发现问题。但解决差错分析其原因需继续审查。因此,此法适用于住宅工程或不具备全面审查条件的工程。

6. 重点审查法

重点审查就是抓住工程预算中的重点项目有针对性地进行审查。如对那些工程量大、造价高的项目、对补充单价以及各项费用的计取进行重点审查等。

重点抽查法的优点是重点突出,审查时间短、效果好。

7. 分解对比审查法

是将一个单位工程费用进行分解,然后再把费用按工种和分部工程进行分解,分别与审定的标准预算或地区综合预算指标进行对比分析的方法,叫作分解对比审查法。分解对比审查法的主要优点是一般不需翻阅图纸和重新计算工程量,只需选用一、二种指标即可,工作量小,既快又准确。

8. 利用手册审查法

是把工程中常用的构件、配件事先整理成预算手册,按手册对照审查的方法。如工程常用的预制构配件洗脸池、坐便器、检查井、化粪池、碗柜等,几乎每个工程都有,把这些按标准图集计算出工程量,套上单价,编制成预算手册使用,可大大简化预结算的编审工作。

3.2.4 审查的内容

审查施工图预算的重点,应该放在列项、工程量计算、预算单价套用、设备材料预算价格取定、直接费计算以及取费标准是否正确、各项费用标准是否符合现行规定等方面。

1. 审查列项

工程造价准确与否,首要的一点就是列项要准确,既不能多列项、重列项,也不能漏列项，否则即使其他步骤都正确，预算造价也不正确。因此，审查预算造价时一定要根据设计图纸和定额来重点审查预算的列项。

2. 审查工程量

审查工程量是审查预算造价工作的一项重要内容，对已算出的工程量进行审查，主要是审查工程是否有漏算、多算和错算。审查时要抓住重点部分和容易出错的分项工程进行详细计算和校对，对于其他分项工程可作一般审查，并应注意计算工程量的尺寸数据来源和计算方法等是否正确。

3. 审查预算价格

（1）审查预算书中的单价是否正确。着重审查预算书上所列的工程名称、种类、规格、计量单位，与预算定额或计价表上所列的内容是否一致。

（2）审查换算单价。预算定额规定允许换算部分的分项工程单价，应根据定额中的分部分项说明、附注和有关规定进行换算；预算定额中规定不允许换算的分项工程单价，则不得强调工程特殊或其他原因，任意加以换算。

（3）审查补充单价。对于某些采用新结构、新技术、新材料的工程，定额中缺少这些项目而编制补充单价的，应审查其分项工程的项目和工程量是否属实，补充的单价是否合理、准确，补充单价的工料分析是根据工程测算数据还是估算数据确定的。

4. 审查费用标准

根据各地区费用标准，主要审查以下几点：

（1）审查建筑工程的类别，工程类别是决定取费标准的重要依据。

（2）审查施工企业的经济性质、资质等级，是否按本企业的级别和工程性质、类别计取费用，有无高套取费标准。

（3）审查各项取费标准是否符合定额规定的条件和适用范围。

（4）审查计费基础是否符合规定。

（5）预算外调增的材料差价是否计取了相关费用，分部分项工程费增减后，有关费用是否相应作了调整。

（6）有无巧立名目，乱摊费用现象。

（7）利润和税金的审查，主要审查计费基础和费率是否符合当地有关部门的现行规定，有无多算或重算的现象。

（8）审查施工合同和招标文件，对有些定额外的措施性费用，如包干费、赶工费、特殊技术措施费等，一般都在施工合同或招标文件中加以明确。审查这些费用是否符合合同条款和招标文件，费率、计算基础和计算方法是否符合规定。

5. 审查总造价

（1）审查总造价的计算程序和方法是否有误。

（2）审查各项数据计算是否正确。

3.3　标底、报价与合同价

3.3.1　招标投标概述

建设工程的招标是指招标人在发包建设项目之前，依据法定程序，以公开招标或邀请招标方式，鼓励潜在的投标人依据招标文件参与竞争，通过评定以便从中择优选定得标人的一种经济活动。建筑工程投标，是指具有合法资格和能力的投标人，根据招标条件，在指定期限内填写标书，提出报价，并等候开标，决定能否中标的经济活动。

工程招投标制是我国建筑业和基本建设管理体制改革的主要内容之一。工程招标使建设任务的分配引进了竞争机制，建设单位有条件选择施工单位。使工程造价得到了比较合理的控制，从根本上改变了长期以来先干后算造成投资失控的局面。同时在竞争中推动了施工企业的管理，施工企业为了赢得社会信誉，增强了质量意识，提高了合同履行率，缩短了建设周期，较快地发挥了投资效益。

国家要求招投标不受地区、部门、行业的限制，任何地区、部门、行业不得以任何理由设置障碍，进行封锁。任何单位和个人不得在招投标中弄虚作假，营私舞弊，保证了招投标的公正性。

3.3.2 合同类型

建筑工程施工合同按付款方式进行划分，可分为总价合同、单价合同和成本加酬金合同三类。

1. 总价合同

是指在合同中确定一个完成项目的总价，承包人据此完成项目全部内容的合同。适用于工程量不太大且能精确计算、工期较短、技术不太复杂、风险不大的项目。总价合同又可分为固定总价合同和可调总价合同。

2. 单价合同

是承包人在投标时，按招标文件就分部分项工程所列出的工程量表，确定各分部分项工程费用的合同类型。适用范围比较宽，工程风险可以得到合理的分摊，并能鼓励施工单位通过提高工效等措施从成本节约中提高利润。单价合同成立的关键在于合同双方对单价和工程量计算方法的确认。在履行合同过程中，需要双方对实际工程量给予确认。

3. 成本加酬金合同

是指发包人向承包人支付工程项目的实际成本，并按事先约定的某一种方式支付酬金的合同类型。主要适用于：需要立即开展工作的项目，如震后的救灾工作，新型的工程项目，或对项目工程内容及技术经济指标未确定、风险很大的项目。在这类合同中，发包人需承担项目的全部风险。

3.3.3 工程量清单

1. 工程量清单的概念

工程量清单是表现拟建工程的分部分项工程项目、措施项目、其他项目名称和相应数量的明细清单。招标人或由其委托的代理机构按照招标要求和施工设计图纸规定将拟建招标工程的全部项目和内容，依据《建设工程工程量清单计价规范》中统一的"项目编码、项目名称、计量单位、工程量计算规则"，计算出分部分项工程实物量，列在清单上作为招标文件的组成部分，供投标单位逐项填写单价用于投标报价的明细清单。工程量清单是按统一规定进行编制的，它体现的核心内容为分项工程项目名称及其相应数量，是招标文件的组成部分。

2. 工程量清单的编制

工程量清单应由具有编制招标文件能力的招标人或受其委托具有相应资质的中介机构

依据有关计价办法、招标文件的有关要求、设计文件和施工现场实际情况进行编制。

(1) 分部分项工程量清单的编制

分部分项工程量清单编制应依据《建设工程工程量清单计价规范》、招标文件、设计文件、有关的工程施工规范与工程验收规范及拟采用的施工组织设计和施工技术方案等进行。

分部分项工程量清单应包括项目编码、项目名称、项目特征、计量单位和工程内容。

1) 项目编码：

分部分项工程量清单以五级编码设置，用十二位阿拉伯数字表示。一、二、三、四级编码为全国统一；第五级编码由工程量清单编制人区分工程的清单项目特征而分别编制。各级编码代表的含义如下：

A. 第一级表示工程分类顺序码（分二位）：建筑工程为01、装饰装修工程为02、安装工程为03、市政工程为04、园林绿化工程为05。

B. 第二级表示专业工程顺序码（分二位）。

C. 第三级表示分部工程顺序码（分二位）。

D. 第四级表示分项工程项目顺序码（分三位）。

E. 第五级表示工程量清单项目顺序码（分三位）。

项目编码结构如图所示。

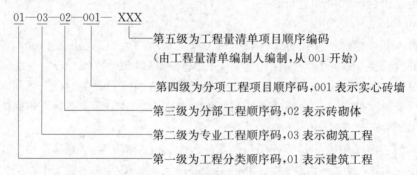

2) 项目名称：《建设工程工程量清单计价规范》附录表中的"项目名称"为分项工程项目名称，是形成分部分项工程量清单项目名称的基础，在此基础上增填相应项目特征，即为清单项目名称。分项工程项目名称一般以工程实体命名，项目名称如有缺项，招标人可按相应的原则进行补充，并报当地工程造价管理部门备案。

3) 项目特征：项目特征是对项目的准确描述，是影响价格的因素，是设置工程量清单项目的依据。项目特征按不同的工程部位、施工工艺或材料品种、规格等分别列项。凡项目特征中未描述到的其他独有特征，由清单编制人视项目具体情况确定，以准确描述清单项目为准。

4) 计量单位：计量单位应采用基本单位，除各专业另有特殊规定外均按以下单位计量。

A. 以长度计算的项目——米（m）。

B. 以面积计算的项目——平方米（m^2）。

C. 以体积计算的项目——立方米（m^3）。

D. 以重量计算的项目——吨或千克（t 或 kg）。

E. 以自然计量单位计算的项目——个、套、块、樘、组、台等。

F. 没有具体数量的项目——宗、项等。

5) 工程内容：是指完成该清单项目可能发生的具体工程，可供招标人确定清单项目和投标人投标报价参考。以建筑工程的场地平整为例，可发生的具体工程挖填、找平、运输等。

凡工程内容中未列全的其他具体工程，由投标人按招标文件或图纸要求编制，以完成清单项目为准，综合考虑到报价中。

(2) 措施项目清单的编制

1) 措施项目清单的编制依据：

措施项目清单的编制以拟建工程的施工组织设计、拟建工程的施工技术方案、与拟建工程相关的工程施工规范与工程验收规范、招标文件和设计文件等为依据。

措施项目清单应根据拟建工程的具体情况参照表 3-11 列项。编制措施项目清单，出现表 3-11 未列的项目，编制人可作补充。

措施项目一览表　　　　　　　　　　　　　　　　　　表 3-11

序号	项 目 名 称	序号	项 目 名 称
1	通用项目	4.4	焦炉施工大棚
1.1	环境保护	4.5	焦炉烘炉、热态工程
1.2	文明施工	4.6	管道安装后的充气保护措施
1.3	安全施工	4.7	隧道内施工的通风、供水、供气、供电、照明及通讯设施
1.4	临时设施		
1.5	夜间施工	4.8	现场施工围栏
1.6	二次搬运	4.9	长输管道临时水工保护设施
1.7	大型机械设备进出场及安拆	4.10	长输管道施工便道
1.8	混凝土、钢筋混凝土模板及支架	4.11	长输管道跨越或穿越施工措施
1.9	脚手架	4.12	长输管道地下穿越地上建筑物的保护措施
1.10	已完工程及设备保护	4.13	长输管道工程施工队伍调遣
1.11	施工排水、降水	4.14	格架式抱杆
2	建筑工程	5	市政工程
2.1	垂直运输机械	5.1	围堰
3	装饰装修工程	5.2	筑岛
3.1	垂直运输机械	5.3	现场施工围栏
3.2	室内空气污染测试	5.4	便道
4	安装工程	5.5	便桥
4.1	组装平台	5.6	洞内施工的通风、供水、供气、供电、照明及通讯设施
4.2	设备、管道施工的安全、防冻和焊接保护措施		
4.3	压力容器和高压管道的检验	5.7	驳岸块石清理

2) 措施项目清单设置的注意要点：首先参考拟建工程的施工组织设计，以确定环境保护、文明安全施工、材料的二次搬运等项目。其次参阅施工技术方案，以确定夜间施工、大型机具进出场及安拆、混凝土模板与支架、脚手架、施工排水降水、垂直运输机

械、组装平台等项目。参阅相关的施工规范与工程验收规范,以确定施工技术方案没有表述的,但是为了实现施工规范与工程验收规范要求而必须发生的技术措施。确定招标文件中提出的某些必须通过一定的技术措施才能实现的要求。确定设计文件中一些不足以写进技术方案的,但是要通过一定的技术措施才能实现的内容。

3) 措施项目一览表中通用项目的列项条件见表 3-12。

通用措施项目的列项条件表　　　　　表 3-12

序号	项目名称	列项条件
1	环境保护	正常情况下都要发生
2	文明施工	
3	安全施工	
4	临时设施	
5	夜间施工	拟建工程有必须连续施工的要求,或工期紧张有夜间施工的倾向
6	二次搬运	正常情况下都要发生
7	大型机械设备进出场及安拆	施工方案中有大型机具的使用方案,拟建工程必须使用大型机械
8	混凝土、钢筋混凝土模板及支架	拟建工程中有混凝土及钢筋混凝土工程
9	脚手架	正常情况下都要发生
10	已完工程及设备保护	正常情况下都要发生
11	施工排水、降水	依据水文地质资料,拟建工程的地下施工深度低于地下水位

(3) 其他项目清单的编制

根据拟建工程的具体情况,其他项目清单由招标人部分、投标人部分等两部分组成,其中招标人部分包括预留金、材料购置费;投标人部分包括总承包服务费、零星工作项目费等。

预留金,主要是为可能发生的工程量变更而预留的金额。材料购置费,是指在招标文件中规定的,由招标人采购的拟建工程材料的购置费。这两项费用均应由清单编制人根据业主意图和拟建工程实际情况计算出金额并填制表格。

零星工作项目表应根据拟建工程的具体情况,详细列出人工、材料、机械的名称、计量单位和相应数量,并随工程量清单发至投标人。零星工作项目中的工、料、机计量,要根据工程的复杂程度、工程设计质量的优劣,以及工程项目设计的成熟程度等因素来确定其数量。

3. 工程量清单格式

(1) 工程量清单应采用统一格式

1) 封面;

2) 填表须知;

3) 总说明;

4) 分部分项工程量清单;

5) 措施项目清单;

6) 其他项目清单;

7）零星工作项目表。

（2）工程量清单格式的填写规定

1）工程量清单应由招标人填写。

2）填表须知除规范内容外，招标人可根据具体情况进行补充。

3）总说明应按下列内容填写：

A. 工程概况：建设规模、工程特征、计划工期、施工现场实际情况、交通运输情况、自然地理条件、环境保护要求等；

B. 工程招标和分包范围；

C. 工程量清单编制依据；

D. 工程质量、材料、施工等的特殊要求；

E. 招标人自行采购材料的名称、规格型号、数量等；

F. 预留金、自行采购材料的金额数量；

G. 其他需说明的问题。

4. 工程量清单计价

工程量清单计价包括编制招标标底、投标报价、合同价款的确定与调整和办理工程结算等。

（1）招标工程如设标底，标底应根据招标文件中的工程量清单和有关要求、施工现场实际情况、合理的施工方法以及按照建设行政主管部门制定的有关工程造价计价办法进行编制。

（2）投标报价应根据招标文件中的工程量清单和有关要求、施工现场实际情况及拟定的施工方案或施工组织设计，应根据企业定额和市场信息，并参照建设行政主管部门发布的现行消耗量定额进行编制。

（3）工程量清单计价其价款应包括按招标文件规定，完成工程量清单所列项目的全部费用，通常由分部分项工程费、措施项目费、其他项目费和规费、税金组成。

1）分部分项工程费是指按规定的费用项目组成，为完成招标人提供的分部分项工程量清单所列项目所需的费用。

2）措施项目费是指按规定的费用项目组成，为完成该工程项目施工，发生于该工程施工前和施工过程中技术、生活、文明、安全等方面的非工程实体项目所需的费用。

3）其他项目费是指分部分项工程费和措施项目费以外，由于招标人的特殊要求而发生的与拟建工程有关的其他费用。

分部分项工程费、措施项目费和其他项目费采用综合单价计价，综合单价由完成规定计量单位工程量清单项目所需的人工费、材料费、机械使用费、管理费、利润等费用组成，综合单价应考虑风险因素。

5. 工程量清单计价格式

工程量清单计价应采用统一的格式。工程量清单计价格式应随招标文件发至投标人，由投标人填写。工程量清单计价格式应由下列内容组成：

（1）封面；

（2）投标总价；

（3）工程项目总价表；

(4) 单项工程费汇总表；
(5) 单位工程费汇总表；
(6) 分部分项工程量清单计价表；
(7) 措施项目清单计价表；
(8) 其他项目清单计价表；
(9) 零星工作项目计价表；
(10) 分部分项工程量清单综合单价分析表；
(11) 措施项目费分析表；
(12) 主要材料价格表。

工程量清单计价的示例参见本教材附录。

3.3.4 标底

1. 标底的概念及作用

标底是招标人根据招标项目的具体情况编制的完成招标项目所需的全部费用，是根据国家规定的计价依据和计价办法计算出来的工程造价。标底是招标工程的预期价格，是建设单位对招标工程所需费用的自我测算和控制，也是判断投标报价合理性的依据，制定标底是工程招标的一项重要准备工作。

只有经过审定后的标底，才能保证其合理性、准确性和公正性。

我国的《招标投标法》没有明确规定招标工程是否必须设置标底价格，招标人可根据工程的实际情况自己决定是否需要编制标底。如设标底，标底价格是招标人控制建设工程投资、确定工程合同价格的参考依据，是衡量、评审投标人投标报价是否合理的尺度和依据。

因此，标底必须以严肃认真的态度和科学合理的方法进行编制，应当实事求是，综合考虑和体现发包方和承包方的利益，编制切实可行的标底。

2. 编制标底的依据和原则

(1) 标底的编制依据

1) 招标文件的商务条款；
2) 工程施工图纸、施工说明及设计交底；
3) 施工现场地质、水文、地上情况的有关资料；
4) 施工方案或施工组织设计；
5) 现行预算定额、工程量计算规则、工期定额、取费标准、国家或地方有关价格调整文件规定等。

(2) 标底造价的编制原则

1) 根据设计图纸及有关资料，招标文件、参照国家规定的技术、经济标准定额及规范，确定工程量和编制标底；
2) 标底的计价内容、计价依据应与招标文件的规定完全一致；
3) 标底造价作为建设单位的期望价格，应力求与市场的实际变化吻合，要有利于竞争和保证工程质量；
4) 标底造价应由成本、利润、税金等组成，一般应控制在批准的总概算（或修正概算）的限额内；

5）标底应考虑人工、材料、机械台班等变化因素，还应包括不可预见费、预算包干费、措施费等，工程要求优良的还应增加相应的费用；

6）一个工程只能编制一个标底。

3. 标底的编制方法

标底的编制方法基本上与施工图预算的编制方法相同，所不同的是，它比预算更为具体确切，主要表现在以下几个方面：

（1）要根据不同的承包方式，考虑不同的包干系数及风险系数；

（2）要根据不同的施工工期及现场具体情况，考虑必要的技术措施费；

（3）对于甲方提供的暂估的但可按实调整的设备、材料，要提供数量和价格清单；

（4）对于钢筋用量，凡有条件者应在标底中在定额用量的基础上加以调整等，以上内容，在编制预算中一般不加考虑。

目前，我国建设工程施工招标标底的编制方法主要采用定额计价和工程量清单计价。

（1）以定额计价法编制标底

定额计价法编制标底的方法与概预算的编制方法基本相同，通常是根据施工图纸及技术说明，按照预算定额规定的分部分项子目，逐项计算出工程量，再套用定额单价确定直接工程费，然后按规定的费率标准估计出措施费，得到相应的直接费，再按规定的费用定额确定间接费、利润和税金，加上材料调价系数和适当的不可预见费，汇总后即为标底的基础。

虽然标底的编制在方法上没有特殊性，但由于标底具有力求与市场的实际变化相吻合的特点，所以标底应考虑人工、材料、设备、机械台班等价格变化因素，还应包括不可预见费（特殊情况）、预算包干费、现场因素费用、保险以及采用固定价格的工程的风险金等。工程要求优良的还应增加相应的费用。

（2）工程量清单计价法编制标底

1）工程量清单标底的编制。工程量清单下的标底价必须严格按照"规范"进行编制，以工程量清单给出的工程数量和综合的工程内容，按市场价格计价。对工程量清单开列的工程数量和综合的工程内容不得随意更改、增减，必须保持与各投标单位计价口径的统一。

2）编制工程量清单标底应注意的问题。

无论采用何种计价方式，都应当遵循的招标投标法中规定的程序是基本保持不变的，不同的是招标过程中计价方式和招标文件的组成及相应的评定标办法等有所变化。只有正确理解了清单招标的实质，才能真正体现出工程量清单计价的优势，才能使工程量清单招标顺利得以推行。

若编制工程量清单与编制招标标底不是同一单位，应注意发放招标文件中的工程量清单与编制标底的工程量清单在格式、内容、描述等各方面保持一致，避免由此而造成招标失败或评标的不公正。

仔细区分清单中分部分项工程清单费、措施项目清单费、其他项目清单费和规费、税金等各项费用的组成，避免重复计算。

（3）编制标底价格需考虑的因素

编制一个合理的标底价格还必须考虑以下因素：

1) 标底必须适应目标工期的要求,对提前工期因素有所反映。应将目标工期对照工期定额,按提前天数给出必要的赶工费和奖励,并列入标底。

2) 标底必须适应招标方的质量要求,对高于国家验收规范的质量因素有所反映。

3) 标底必须适应建筑材料采购渠道和市场价格的变化,考虑材料差价因素,并将差价列入标底。

4) 标底必须合理考虑招标工程的自然地理条件和招标工程范围等因素。

5) 标底价格应根据招标文件或合同条件的规定,按规定的工程发承包模式,确定相应的计价方式,考虑相应的风险费用。

3.3.5 投标报价

1. 投标报价的概念

投标报价是指施工企业根据招标文件及有关计算工程造价的资料,计算工程预算造价,在工程预算总造价的基础上,再考虑投标策略以及各种影响工程造价的因素,然后提出投标报价。投标报价又称为标价。标价是工程施工投标的关键。

报价并非仅仅是报一个价格,而是包括一系列的文件资料,标书的具体内容,应符合招标文件所提出的要求。

2. 投标报价的原则

投标报价的编制主要是投标人对承建招标工程所要发生的各种费用的计算。在进行投标计算时,有必要根据招标文件进行工程量复核或计算。作为投标计算的必要条件,应预先确定施工方案和施工进度,此外,投标计算还必须与采用的合同形式相协调。报价是投标的关键性工作,报价是否合理直接关系到投标的成败。

(1) 以招标文件中设定的发承包双方责任划分,作为考虑投标报价费用项目和费用计算的基础;根据工程发承包模式考虑投标报价的费用内容和计算深度。

(2) 以施工方案、技术措施等作为投标报价文件的基本条件。

(3) 以反映企业技术和管理水平的企业定额作为计算人工、材料、机械台班消耗量的基本依据。

(4) 充分利用现场考察、调研成果,市场价格信息和行情资料,编制基价,确定调价方法。

(5) 报价计算方法要科学严谨,简明适用。

3. 投标报价的编制方法

与标底的编制类似,投标报价的编制方法也可以分为以定额计价模式投标报价和以工程量清单模式投标报价。

(1) 以定额模式投标报价,但应以招标人要求的编制方法进行。一般是采用预算定额来编制,即按照定额规定的分部分项工程子目逐项计算工程量,套用定额基价或根据市场价格确定直接工程费,然后再按规定的费用定额计取各项费用,最后汇总形成标价。

(2) 以工程量清单计价模式投标报价。采取工程量清单综合单价计算投标报价时,投标人填入工程量清单中的单价是综合单价,应包括人工费、材料费、机械费、管理费、利润以及风险金等全部费用,将工程量与该单价相乘得出合价,将全部合价汇总后得出投标总报价。分部分项工程费、措施项目费和其他项目费均采用综合单价计价。工程量清单计价的投标报价由分部分项工程费、措施项目费和其他项目费用构成。

4. 投标报价的编制程序

不论采用何种投标报价方法,一般计算过程是:

(1) 复核或计算工程量

工程招标文件中若提供有工程量清单,投标价格计算之前,要对工程量进行复核。若招标文件中没有提供工程量清单,则必须根据图纸计算全部工程量。如招标文件对工程量的计算方法有规定,应按照规定的方法进行计算。

(2) 确定单价,计算合价

在投标报价中,复核或计算各个分部分项工程的工程量以后,就需要确定每一个分部分项工程的单价,并按照招标文件中工程量表的格式填写报价,一般是按照分部分项工程量内容和项目名称填写单价和合价。一般来说,投标人应建立自己的标准价格数据库,并据此计算工程的投标价格。在应用单价数据库针对某一具体工程进行投标报价时,需要对选用的单价进行审核评价与调整,使之符合拟投标工程的实际情况,反映市场价格的变化。

(3) 确定分包工程费

来自分包人的工程分包费用是投标价格的一个重要组成部分,有时总承包人投标价格中的相当部分来自于分包工程费。因此,在编制投标价格时需要有一个合适的价格来衡量分包人的价格,需要熟悉分包工程的范围,对分包人的能力进行评估。

(4) 确定利润

利润指的是投标人的预期利润,确定利润取值的目标是考虑既可以获得最大的可能利润,又要保证投标价格具有一定的竞争性。投标报价时投标人应根据市场竞争情况确定在该工程上的利润。

(5) 确定风险费

风险费对投标人来说是一个未知数,如果预计的风险没有全部发生,则可能预计的风险费有剩余,这部分剩余和预期利润加在一起就是盈余;如果风险费估计不足,则由利润来补贴。在投标时应该根据工程规模及工程所在地的实际情况,由有经验的专业人员对可能的风险因素进行逐项分析后确定一个比较合理的费用比率。

(6) 确定投标价格

如前所述,将所有的分部分项工程的合价汇总后就可以得到工程的总价,但是这样计算的工程总价还不能作为投标价格,因为计算出来的价格可能重复也可能会漏算,也有可能某些费用的预估有偏差等等,因而必须对计算出来的工程总价作某些必要的调整。调整投标价格应当建立在对工程盈亏分析的基础上,盈亏预测应用多种方法从多角度进行,找出计算中的问题以及分析通过采取哪些措施降低成本、增加盈利,确定最后的投标报价。

5. 投标策略

投标策略是指投标人在投标竞争中的系统工作部署及其参与投标竞争的方式和手段。投标策略作为投标取胜的方式和手段,贯穿于投标竞争的始终,内容十分丰富。常用的投标策略主要有:

(1) 根据投标项目的不同特点采用不同报价

投标报价时,既要考虑自身的优势和劣势,也要分析招投标项目的特点。按照工程项目的不同特点、类别、施工条件等来选择报价策略。

1) 遇到如下情况报价可高一点：施工条件差的工程；专业要求高，投标人有专长、声望较高的技术密集型工程；港口码头、地下开挖工程等特殊工程；工期紧的工程；总价低的小工程；不愿做、又不方便不投标的工程；投标对手少的工程；支付条件不理想的工程等。

2) 遇到如下情况报价可以低一些：施工条件好的工程；工作简单、工程量大而其他投标人都可以做的工程；竞争激烈的工程；支付条件好的工程；投标人在某地区面临工程结束，机械设备等无工地转移或急于打入某一市场、某一地区时；投标人在附近有工程，本项目又可以利用该工程的设备、劳务，或可以在短期内突击完成的工程；非急需工程等。

(2) 暂定工程量的报价

1) 招标人规定了暂定工程量的分项内容和暂定总价款，并规定所有投标人都必须在总报价中加入这笔固定金额，但由于分项工程量不很准确，允许将来按投标人所报单价和实际完成的工程量付款。这种情况下，由于暂定总价款是固定的，对各投标人的总报价水平竞争力没有任何影响，因此，投标时应当对暂定工程量的单价适当提高。

2) 招标人列出了暂定工程量的项目的数量，但并没有限制这些工程量的估价总价款，要求投标人既列出单价，也应按暂定项目的数量计算总价，当将来结算付款时可按实际完成的工程量和所报单价支付。这种情况下，投标人必须慎重考虑。如果单价定的高了，与其他工程量计价一样，将会增大总报价，影响投标报价的竞争力；如果单价定的低了，将来这类工程量增大，将会影响收益。一般来说，这类工程量可以采用正常价格。如果投标人估计今后实际工程量肯定会增大，则可适当提高单价，使将来可增加额外收益。

3) 只有暂定工程的一笔固定总金额，将来这笔金额做什么用，由招标人确定。这种情况对投标竞争没有实际意义，按招标文件要求将规定的暂定款列入总报价即可。

(3) 不平衡报价法

所谓不平衡报价，就是在投标总报价不变的前提下，将某些分部分项工程的报价报得比正常水平高一些，某些分部分项工程的报价定得比正常水平低一些。这样，承包人能尽早回收垫支的流动资金或尽快得到工程价款，一般可以考虑在以下几个方面采用不平衡报价：

1) 能够早日结账收款的项目（如临时设施、基础工程、土方开挖、桩基等）可以调高单价。

2) 预计今后工程量会增加的项目，单价适当提高，这样在最终结算时可多赢利；将工程量可能减小的项目单价降低，工程结算时损失不大。

3) 设计图纸不明确、估计修改后工程量要增加的，可以提高单价；而工程内容说明不清楚的，则可适当降低一些单价，待澄清后可再要求提高价格。

4) 在开工后再由招标人研究决定是否实施，以及由哪家投标人实施的暂定项目。如果工程不分标，不会另由一家投标人施工，则其中肯定要做的单价可高些，不一定做的则应低些。如果工程分标，该暂定项目也可能由其他投标人施工时，则不宜报高价，以免抬高总报价。

采用不平衡报价一定要建立在对工程量仔细核对分析的基础上，特别是对报低单价的项目，如果工程量执行时增多将造成投标人重大损失；不平衡报价过多和过于明显，可能会引起招标人的反对,甚至废标。

还有无利润报价法、增加建议方案法、分包商报价的采用法、多方案报价法和可供选择的项目的报价法等。

3.3.6 合同价

合同价是指按国家有关规定由甲乙双方在施工合同中约定的工程造价。

1. 合同价的构成

合同价是由成本(直接成本、间接成本)、利润和税金构成。包括:合同价款、追加合同价款和其他款项。

合同价款系指按合同条款约定的完成全部工程内容的价款。

追加合同价款系指在施工过程因设计变更、索赔等增加的合同价款以及按合同条款约定的计算方法计算的材料价差。

其他款项系指在合同价款之外甲方应支付的款项。

2. 定价方式

(1) 实行招投标的工程应当通过工程所在地招标投标监督管理机构采用招投标的方式定价。

(2) 对于不宜采用招投标的工程,可采用审定施工图预算为基础,加以双方商定加工程变更增减价的方式定价。

(3) 一般现有房屋装修工程可采用以综合单价为基础商定。

3. 分类

(1) 固定价格。合同价在实施期间不因价格变化而调整。价格中应考虑价格风险因素并在合同中明确固定价格包括的范围。

(2) 可调价格。合同价在实施期间可随价格变化而调整,调整的范围应在合同条款中约定。

(3) 工程成本加酬金确定的价格。工程成本按现行计价依据以合同约定的办法计算,酬金按工程成本乘以通过竞争确定的费率计算,从而确定工程竣工结算价。

(4) 中标合同金额。指中标函中所认可的工程施工,完工和修补任何缺陷所需的金额,即承包商投标报价,经过评标和合同谈判后确定的一个暂时虚拟工程价格。

(5) 合同价格。指根据实际支付给承包商的最终工程款,包括按照合同所做的调整。

3.4 概算造价

3.4.1 概算造价概述

概算造价是指在初步设计阶段或扩大初步设计阶段,根据设计要求通过编制设计概算概略地计算出工程的价格。

设计概算必须完整地反映工程项目初步设计的内容,严格执行国家有关的方针、政策和制度,实事求是地根据工程所在地的建设条件,依据有关的资料进行编制。

建设项目设计概算,是由建设项目总概算、单项工程综合概算、单位工程概算及其他工程费用概算组成,设计概算的编制内容及相互关系如下图所示:

建设项目总概算 { 单项工程综合概算 { 单位工程概算 / 单位设备及安装工程概算 ; 工程建设其他费用概算; 预备费、投资方向调节税、建设期贷款利息等 }

3.4.2 单位工程概算的编制

单位工程概算是确定单项工程中各单位工程建设费用的文件，是编制单项工程综合概算的依据。单位工程概算分为建筑工程概算和设备及安装工程概算两类。

1. 建筑工程概算的编制

(1) 扩大单价法（也称概算定额编制法）

当初步设计达到一定深度、建筑结构比较明确、图纸的内容较齐全时，可采用这种方法编制概算。采用扩大单价法编制概算是根据当地现行概算定额计价乘以算出的扩大分部分项工程的工程量进行具体计算。其中工程量的计算必须根据概算定额中规定的各个扩大分部分项工程的内容，遵循概算定额中规定的计量单位、工程量计算规则来进行。

利用概算定额编制设计概算的具体步骤和方法与利用预算定额编制施工图预算的步骤和方法基本相同，所不同的是使用的定额不同，而且由于扩大初步设计阶段对一些细节问题尚未全面考虑，致使有些分项工程的工程量难以计算。因此编制概算时，对于一些次要零星工程项目的费用，一般可按所占主要分项工程的定额直接费百分比进行计算。

另外在套用概算定额基价时，如果所在地区的工资标准及材料预算价格与概算定额不一致，则需要重新编制扩大单位估价表或测定系数加以调整。

(2) 概算指标法

当初步设计深度不够、不能准确地计算工程量，但工程采用的技术比较成熟且又有类似概算指标可以利用时，可采用概算指标来编制概算。

概算指标是按一定计量单位规定的，比概算定额更综合扩大的分部工程或单位工程等的劳动、材料和机械台班消耗量标准和造价指标。

编制时，应按照设计的要求和结构特征，如结构类型、檐高、层高、基础、内外墙、楼板、屋面、地面、门窗等用料及做法，与概算指标中的"简要说明"和"结构特征"对照，选择相应的指标进行计算。

当设计的工程项目在结构特征、地质及自然条件上与概算指标基本相同时，可直接套用概算指标编制概算。

当设计的工程项目在结构特征上与概算指标有出入时，则需对该概算指标进行修正。

第一种修正方法是：

单位造价修正指标＝原指标单价－换出结构构件价值＋换入结构构件价值

换出（入）结构单价＝换出（入）结构构件工程量×相应概算定额的地区单价

另一种修正方法是：

从原指标的工料数量中减去与设计工程项目不同的结构构件的工程量，乘以相应的扩大结构定额所得的人工、材料及机械使用费，换上所需结构构件的工程量乘以相应定额中的人工、材料和机械使用费。

(3) 类似工程预算法

当拟建工程项目与已建工程相类似，结构特征基本相同或者概算定额和概算指标不全时，可以采用这种方法编制概算。

类似工程预算是以原有的相似工程的预算为基础，按编制概算指标的方法，求出单位工程的概算指标，再按概算指标法编制工程概算。

作为类似工程预算要注意选择结构上和体积上相类似而又造价合理、质量较好的工程预算。选好后还应考虑工程项目与类似预算的设计在结构与建筑上的差异、地区价格和间接费用在全部价值中所占比重（分别用 r_1、r_2、r_3、r_4 表示），然后分别求出这四种因素的修正系数，最后求出总的修正系数。用总修正系数乘上类似工程预算造价，即得拟建工程的概算造价。

2. 设备及安装工程概算的编制方法

设备及安装工程概算包括设备购置费用概算和设备安装工程费用概算两大部分。

（1）设备购置费概算。设备购置费是根据初步设计的设备清单计算出设备原价，并汇总求出设备总原价，然后按有关规定的设备运杂费率乘以设备总原价，两项相加即为设备购置费概算。

（2）设备安装工程费概算的编制方法。设备安装工程费概算的编制方法是根据初步设计深度和要求明确的程度来确定的。其主要编制方法有：

1）预算单价法。当初步设计较深，有详细的设备清单时，可直接按安装工程预算定额单价编制安装工程概算，编制程序基本与安装单价的编制程序相同。

2）扩大单价法。当初步设计深度不够，设备清单不完备，只有主体设备或仅有成套设备重量时，可采用主体设备、成套设备的综合扩大安装单价来编制概算。

上述两种方法的具体操作与建筑工程概算相类似。

3）设备价值百分比法，又叫安装设备百分比法。当初步设计深度不够，只有设备出厂价而无详细规格、重量时，安装费可按占设备费的百分比计算。其百分比值（即安装费率）由主管部门制定或由设计单位根据已完类似工程确定。该法常用于价格波动不大的定型产品和通用设备产品，数学表达式为：

$$设备安装费 = 设备原价 \times 安装费率（\%）$$

4）综合吨位指标法。当初步设计提供的设备清单有规格和设备重量时，可采用综合吨位指标编制概算，综合吨位指标由主管部门或由设计院根据已完类似工程资料确定。该法常用于设备价格波动较大的非标准设备和引进设备的安装工程概算，数学表达式为：

$$设备安装费 = 设备吨重 \times 每吨设备安装费指标（元/吨）$$

3.4.3 单项工程综合概算

单项工程综合概算是单项工程建设费用的综合。一个单项建筑工程概算，一般包括土建、给排水、电气、采暖、通风、空调工程等单位工程概算。当不编总概算时，除了计算上述各单位工程预算，还应列入其他费用和预备费、主要建筑材料表及编制说明。

单项工程概算的编制方法只是各单位工程概算的汇总。

3.4.4 建设项目总概算

建设项目总概算是设计文件的重要组成部分。它是根据包括的各个单项工程综合概算、工程建设其他费用、建设期贷款利息、预备费、固定资产投资方向调节税和经营性项目的铺底流动资金汇总编制而成。一般主要包括编制说明和总概算表。

3.4.5 概算造价的审查

审查概算造价是确定工程建设投资的一个重要环节，通过审查使概算发挥其应有作用，防止任意扩大投资规模或故意压低概算投资，搞钓鱼项目，最后导致实际造价大幅度地突破概算的现象。

1. 概算造价审查的内容

（1）编制依据的审查

主要审查编制依据的合法性、时效性和适用范围。采用的各种编制依据必须经过国家和授权机关的批准，符合国家的现行编制规定，并在规定的适用范围之内使用。

（2）单位工程设计概算的审查

在审查单位工程设计概算时，首先要熟悉各地区和各部门编制概算的有关规定，重点审查项目划分是否与定额一致，工程量计算是否准确，采用的定额或指标是否合理，材料及设备预算价格取定、各项费用的计取是否正确等。

（3）综合概算和总概算的审查

主要审查概算的编制是否符合国家有关政策的规定，概算文件反映的设计内容是否完整，审查总图的布局是否根据生产和工艺的要求全面规划、紧凑合理、用地节约，审查建设项目的安排是否符合生产工艺流程的要求，审查建设项目投资的经济效果如何，审查建设项目"三废"治理方案是否合理等。

2. 概算造价审查的方法

（1）对比分析法

对比分析法主要是通过建设规模、标准与立项批文对比，工程数量与设计图纸对比，综合范围、内容与编制方法和规定对比，各项取费与规定标准对比，材料、人工单价与市场信息对比，引进设备、技术投资与报价要求对比，技术经济指标与同类工程对比等。

（2）查询核实法

查询核实法是对一些关键设备和设施、重要装置、引进工程图纸不全、难以核算的较大投资进行多方查询核对，逐项落实的方法。

（3）联合会审法

通常在联合会审前，先采取多种形式的分头审查，如：设计单位自审，主管、建设、承包单位初审，工程造价咨询公司评审，邀请同行专家预审，审批部门复审等，然后集中讨论，共同研究定案。

3.5 估算造价

3.5.1 估算造价概述

估算造价是指建设项目在投资决策过程中，依据现有的资料和一定的估算办法，对项目的建设规模、技术方案、设备方案、工程方案及项目实施进度等进行研究并基本确定的基础上，估算项目投入的总资金（包括建设投资和流动资金）。经批准的投资估算造价是建设工程造价的最高限额，是建设项目投资决策的重要依据，也是制定融资方案、进行经济评价、编制初步设计概算的依据。

我国建设项目的投资估算分为项目规划、项目建议书、初步可行性研究、详细可行性研究四个阶段的投资估算。不同阶段所具备的条件和掌握的资料不同,因而投资估算的准确程度不同,所起的作用也不同。

3.5.2 投资估算的编制依据

(1) 专门机构发布的建设工程造价费用构成、估算指标、计算方法,以及其他有关计算工程造价的文件。

(2) 专门机构发布的工程建设其他费用计算办法和费用标准,以及政府部门发布的物价指数。

(3) 拟建项目各单项工程的建设内容及工程量。

3.5.3 投资估算的编制方法

建设项目投资估算的编制方法较多,有些方法适用于整个项目的投资估算,有些适用于一套生产设备的投资估算,有些适用于单个项目的投资估算,而不同的方法其精确度有所不同。为了提高投资估算的科学性和精确性,应按建设项目的性质、内容、范围、技术资料和数据的具体情况,有针对性地选用较为适宜的方法。

(1) 单位工程指标估算法

此方法适用于估算每一单位工程的投资。如土建工程、给水排水工程、采暖工程、照明工程按建筑面积平方米为单位,变配电工程按设备容量以千伏安为单位,锅炉设备安装以每吨时蒸汽为单位等。算法是每一单位技术经济指标乘以所需的面积或容量,即为该单位工程的投资。在使用此方法时,还须注意:

1) 套用的指标与具体工程之间的标准或条件有差异时,应加以必要的局部换算或调整。如土建工程中的地面、屋面、粉刷等。

2) 使用的指标单位应密切结合每个单位工程的特点,能正确反映其设计参数,切勿盲目单纯地套用一种单位指标。

(2) 单元估算法

即工业产品单位生产能力或民用建筑功能或营业能力指标法。这种方法适用于从整体上框算一个项目的全部投资额。

(3) 近似(框算)工程量估算法

这种方法基本上与编制概预算方法相同,即采用框算工程量后,配上概预算定额的单价和取费标准,即为所需造价。这种方法适用于室外道路、围墙、管线等无规律性指标可套的单位工程,也可供换算或调整局部不合适的构配件之用。

在实际工作中常常采用单位指标估算法和近似(框算)工程量估算法时使用,互相配合。

(4) 采用类似工程概、预算编制

当拟建项目的建设规模和结构类型与已建工程相类似,可以直接套用已建工程的概、预算,当局部用料标准或做法不同时要进行换算,对于不同年份所造成的造价水平差异要加以调整。

(5) 采用市场询价加系数办法编制

这种方法主要适用于建筑设备安装工程和专业分包工程,在项目规划或可行性研究中,如对设备系统已有明确选型,可以采用市场询价加运杂费、安装费的方法估算投资。

(6) 生产能力指数法

这种方法是根据已建成的、性质类似的建设项目或装置的生产能力与投资额和拟建项目或装置的生产能力来估算拟建项目的投资额。计算公式如下：

$$\text{拟建项目的投资估算造价} = \text{已建类似项目的投资造价} \times \left(\frac{\text{拟建项目或装置的生产能力}}{\text{已建项目或装置的生产能力}}\right)^n \times f$$

式中　n——生产能力指数，$\leqslant 1$；

f——不同时期、不同地区的定额单价、市场价格等方面的差异系数。

复习思考题

1. 何谓施工图预算？施工图预算有何作用？
2. 施工图预算编制程序和方法是什么？
3. 审查工程预算的主要方法有哪些？
4. 什么是分部分项工程量清单？它包括哪些内容？
5. 什么是"计价规范"要求的"四统一"？
6. 项目编码是如何设置的？
7. 招标工程项目如设标底，其标底应如何编制？
8. 投标报价的一般计算过程是什么？
9. 总概算、综合概算和单位工程概算的关系怎样？

第4章 建筑与装饰工程计价

4.1 工程量计算的一般原则及方法

在工程预算造价工作中,工程量计算是编制预算造价的原始数据,繁杂且量大。工程量计算的精度和快慢,都直接影响着预算造价的编制质量与速度。

4.1.1 工程量计算原则

为了准确计算工程量,防止错算、漏算和重复计算,通常要遵循以下原则:

1. 列项要正确

计算工程量时,按施工图列出的分项工程必须与预算定额中相应分项工程一致。例如:水磨石楼地面分项工程,预算定额中含水泥白石子浆面层、素水泥浆,并分带嵌条与不带嵌条两种,但不含水泥砂浆结合层。计算分项工程量时就应列面层及结合层两项。又如,水磨石楼梯面层,预算定额中已包含水泥砂浆结合层,则计算时就不应再另列项目。

因此,在计算工程量时,除了熟悉施工图纸及工程量计算规则外,还应掌握预算定额中每个分项工程的工作内容和范围,避免重复列项及漏项。

2. 工程量计算规则要一致,避免错算

计算工程量采用的计算规则,必须与本地区现行预算定额计算规则相一致。例如:《全国统一建筑工程预算工程量计算规则》中对有围护结构的阳台,按其围护结构外围水平面积计算建筑面积;而江苏省预算定额工程量计算规则规定,阳台不论有无围护结构,均按其水平投影面积的一半计算其建筑面积。如按《全国统一建筑工程预算工程量计算规则》计算江苏省的建筑面积,就会发生错误。

3. 计量单位要一致

计算工程量时,所列出的各分项工程的计量单位,必须与所使用的预算定额中相应项目的计量单位相一致。

4. 工程量计算精度要统一

工程量的计算结果,除钢材、木材取三位小数外,其余一般取小数点后四位和三位,汇总时取小数点后三位和二位。

4.1.2 工程量计算依据

(1) 设计说明及施工图。
(2) 工程量计算规则和方法。
(3) 现行的标准图集。
(4) 施工组织设计及施工现场情况。

4.1.3 工程量计算方法

1. 计算工程量的顺序

计算顺序是一个重要问题。一幢建筑物的工程项目很多,如不按一定的顺序进行,极易漏算或重复计算。

（1）单位工程的计算顺序

1）按施工顺序计算：即按施工先后来计算。

2）按定额项目顺序计算：即按定额上所列分部分项工程顺序计算。

（2）分项工程的计算顺序

1）按顺时针方向计算：从图纸的左上方一点开始，自左而右的环绕一周后，再回到左上方这一点。这种方法一般适用于计算外墙、地面、楼面面层、顶棚等（见图4-1）。

2）按先横后竖、先上后下、先左后右的顺序计算：这种方法适用于内墙、内墙基础、内墙装饰、隔墙等工程（见图4-2）。

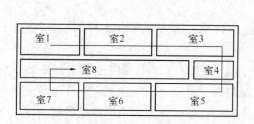

图4-1 按顺时针方向计算

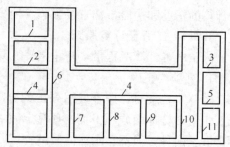

图4-2 先横后竖、先上后下

注：图中序号为计算顺序。

3）按轴线编号顺序计算：这种方法适用于挖地槽、基础、墙体砌筑、墙体装饰等工程。

4）按构件编号顺序计算：这种方法适用于门、窗、混凝土构件、屋架等工程。

2. 计算工程量的注意事项

（1）预算工程量是根据设计图纸进行计算的，因此必须在熟悉图纸、了解工程内容的基础上，严格按照工程量计算规则，以施工图所注尺寸进行计算，不得人为地加大或缩小构件尺寸。

（2）计算要简单明了，按一定顺序排列，并要注明轴线、部位和计算式，以便检查。

（3）数字计算要准确，计算完毕后应进行复核，检查其项目、计算式、计算数字及小数点等有否错误。

（4）计算时要防止漏算和重复计算，可根据图纸按一定顺序计算。

（5）注意各项目尺寸之间的关系，如土方和砖墙基础、墙体与装饰之间相互关系等，尽量减少重复劳动，简化计算过程，加快计算速度。

3. 运用统筹法计算工程量

实践表明，每个分项工程量计算虽有着各自的特点，但都离不开计算"线"、"面"之类的基数，它们在整个工程量计算中常常要反复多次使用。因此，根据这个特性的预算定额的规定，运用统筹法原理，对每个分项工程的工程量进行分析，然后依据计算过程的内在联系，按先主后次，统筹安排计算程序，从而简化了繁琐的计算，形成了统筹计算工程量的计算方法。

（1）统筹程序，合理安排

在工程量计算中，计算程序安排得是否合理，直接关系到计算工程量效率的高低、进度的快慢。计算工程量通常采用的方法是按照施工顺序或定额顺序逐项进行计算。这种计算方法虽然可以避免漏项，但对稍复杂的工程，就显得很繁琐，造成大量的重复计算。

例如：室内地面工程中挖（填）土、垫层、找平层、抹面层等四道工序，如果按施工程序来计算工程量则为图4-3所示。

$$①\frac{挖（填）土（m^3）}{长×宽×深} \quad ②\frac{地面垫层（m^3）}{长×宽×厚} \quad ③\frac{找平层（m^3）}{长×宽×厚} \quad ④\frac{抹面层（m^2）}{长×宽}$$

图4-3 按施工程序计算工程量

显然这种计算方法没有抓住各项工程量计算中的共性问题，结果四个分项工程算了四次"长×宽"，重复计算，浪费时间。

按照统筹法原理，根据工程量计算的规律，抓住计算中的共性因素"长×宽"，先计算抹面层，然后利用它的计算结果供计算其他分项工程使用，即可避免重复计算。将上面的题目改用统筹法计算，程序安排见图4-4所示。

$$①\frac{抹面层（m^2）}{长×宽} \quad ②\frac{挖土（m^3）}{抹面×厚} \quad ③\frac{垫层（m^3）}{抹面×厚} \quad ④\frac{找平层（m^3）}{抹面×厚}$$

图4-4 按统筹法计算工程量

按上图统筹程序计算，能减少重复计算，简化计算式，加快计算速度，保证了数据质量，这就是统筹法的优越性。

（2）利用基数，连续计算

所谓基数就是计算分项工程量时重复利用的数据。在统筹法计算中就是以"线"和"面"为基数，利用连乘或加减，算出与它有关的分项工程量。

"线"是指建筑平面图上所标示的外墙中心线、外墙外边线和内墙净长线。

外墙中心线（用$L_{中}$表示）=外墙外边总长度$L_{外}$－（墙厚×4）

外墙外边线（用$L_{外}$表示）=建筑平面图的外围周长

内墙净长线（用$L_{内}$表示）=建筑平面图中所有内墙长度之和

根据分项工程量计算的不同情况，以这三条线为基数，可计算出的有关项目有：

外墙中心线——外墙基挖地槽、基础垫层、基础砌筑、墙基防潮层、基础梁、圈梁、墙身砌筑等分项工程。

外墙外边线——勒脚、腰线、勾缝、抹灰、散水等分项工程。

内墙净长线——内墙基挖地槽、基础垫层、基础砌筑、墙基防潮层、基础梁、圈梁、墙身砌筑、墙身抹灰等分项工程。

"面"是指建筑平面图上所标示的底层建筑面积。用S表示，计算时要结合建筑物的造型而定。即：

底层建筑面积S=建筑物底层平面勒脚以上外围水平投影面积

与"面"有关的计算项目有：平整场地、地面、楼面、屋面、顶棚等分项工程。

一般土建工程量计算，都离不开三"线"和一"面"这些基数。利用这些基数，把与它有关的许多项目串起来，使前边的计算项目为后边的计算项目提供依据，这样彼此衔接，可以减少很多重复劳动，加快计算速度，提高工程量计算的质量。

(3) 一次计算，多次使用

在工程量计算的过程中，往往还有一些不能用"线"、"面"基数进行连续计算的项目，如常用的定型钢筋混凝土构件、洗脸槽、各种水槽、煤气台、炉灶、楼梯扶手、栏杆等分项工程，可按它们的数量单位，预先组织力量一次计算出工程量编入手册。另外，也要把那些规律性较明显的如土方放坡系数、砖砌大放脚断面系数、墙垛的折长系数、屋面坡度系数等预先一次算出，编成手册，供预算人员使用。在日常计算工程时，只要根据设计图纸中有关项目的数量，乘上手册上的单位数量和系数，就可以计算出所需的分项工程量，从而减少了过去那种按图纸逐项计算的繁琐过程，大大简化了工程量的计算工作。

必须注意的是，一次计算多次应用的数据，必须符合国家和地方的现行规定，满足简化计算工程量的需要。

(4) 结合实际，灵活机动

由于每项建筑工程的结构和造型不同，它的基础断面、墙厚、砂浆强度等级、各楼层面积等都有可能不同，这就不能只用一个"线"、"面"、"册"基数进行连续计算，而必须结合设计的实际，采用灵活机动的方法来计算，常用的方法有：分段计算法、分层法、分块法、补减计算法、平衡法和近似法等。

总之，工程量计算方法多种多样，在实际工作中，造价人员可根据自己的经验、习惯，采取各种形式和方法，做到计算准确，不漏项、错项即可。

4. 计算示例

【例 4-1】 已知外墙为 370mm 厚，内墙为 240mm 厚，轴线关系见图 4-5，利用"三线一面"，计算外墙面面积、内墙面面积、外墙砌砖量。

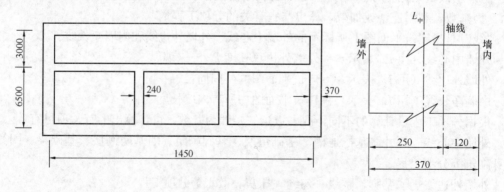

图 4-5 例 4-1 图

【解】 $L_中$ 是墙的中心线，不是轴线，图纸上均标注的是轴线间尺寸

$L_外=[14.5+0.25×2+6.5+3+0.25×2]×2=50(m)$

$L_内=[14.5-0.12×2+6.5+3-0.12×2]×2=47.04(m)$

$L_中=L_外-4×墙厚=50-0.37×4=48.25(m)$

建筑面积 $S=(14.5+0.25×2)×(3+6.5+0.25×2)=150(m^2)$

外墙面面积 $S=L_外×H-\Sigma(门+窗+洞口面积)$

内墙面面积 $S=L_内×H-\Sigma(门+窗+洞口面积)$

外墙砌砖量 $S=L_中×外墙高×厚度-\Sigma(门+窗+洞口面积)×厚度$

4.2 建筑面积计算规范

建筑面积是指房屋建筑的水平展开面积。建筑面积是表示建筑技术效果的重要依据，同时也是计算某些分项工程量的依据。

建筑面积的组成包括使用面积、辅助面积和结构面积。其中，使用面积是指建筑物各层平面布置中可直接为生产或生活使用的净面积总和。辅助面积是指建筑物各层平面布置中为辅助生产或生活所占净面积的总和。结构面积，是指建筑物各平层平面布置中的墙体、柱等结构所占面积的总和。

4.2.1 建筑面积计算规范简介

随着我国建筑市场的发展，建筑的新结构、新材料、新技术、新的施工方法层出不穷，为了解决建筑技术的发展产生的面积计算问题，使建筑面积的计算更加科学合理，完善和统一建筑面积的计算范围和计算方法，对建筑市场发挥更大的作用，因此，对原《建筑面积计算规则》予以修订。将修订的《建筑面积计算规则》改为《建筑工程建筑面积计算规范》(GB/T 50353—2005)。

《建筑工程建筑面积计算规范》(GB/T 50353—2005)的适用范围是新建、扩建、改建的工业与民用建筑工程的建筑面积的计算，包括工业厂房、仓库，公共建筑、居住建筑，农业生产使用的房屋、粮种仓库，地铁车站等的建筑面积的计算。

4.2.2 计算建筑面积的范围

(1) 单层建筑物的建筑面积，应按其外墙勒脚以上结构外围水平面积计算。单层建筑物高度在 2.20m 及以上者应计算全面积；高度不足 2.20m 者应计算1/2面积。利用坡屋顶内空间时净高超过 2.10m 的部位应计算全面积；净高在 1.20~2.10m 的部位应计算 1/2 面积；净高不足 1.20m 的部位不应计算面积。

(2) 单层建筑物内设有局部楼层者，局部楼层的二层及以上楼层，有围护结构的应按其围护结构外围水平面积计算，无围护结构的应按其结构底板水平面积计算。层高 2.20m 及以上者应计算全面积；层高不足 2.20m 者应计算 1/2 面积。

(3) 多层建筑物首层应按其外墙勒脚以上结构外围水平面积计算；二层及以上楼层应按其外墙结构外围水平面积计算。层高在 2.20m 及以上者应计算全面积；层高不足 2.20m 者应计算 1/2 面积。

(4) 多层建筑坡屋顶内和场馆看台下，当设计加以利用时净高超过 2.10m 的部位应计算全面积；净高在 1.20m 至 2.10m 的部位应计算 1/2 面积；当设计不利用或室内净高不足 1.20m 时不应计算面积。

(5) 地下室、半地下室（车间、商店、车站、车库、仓库等），包括相应的有永久性顶盖的出入口，应按其外墙上口（不包括采光井、外墙防潮层及其保护墙）外边线所围水平面积计算。层高在 2.20m 及以上者应计算全面积；层高不足 2.20m 者应计算 1/2 面积。

(6) 坡地的建筑物吊脚架空层、深基础架空层，设计加以利用并有围护结构的，层高在 2.20m 及以上的部位应计算全面积；层高不足 2.20m 的部位应计算 1/2 面积。设计加以利用、无围护结构的建筑吊脚架空层，应按其利用部位水平面积的 1/2 计算；设计不利用的深基础架空层、坡地吊脚架空层、多层建筑坡屋顶内、场馆看台下的空间不应计算面积。

（7）建筑物的门厅、大厅按一层计算建筑面积。门厅、大厅内设有回廊时，应按其结构底板水平面积计算。层高在2.20m及以上者应计算全面积；层高不足2.20m者应计算1/2面积。

（8）建筑物间有围护结构的架空走廊，应按其围护结构外围水平面积计算。层高在2.20m及以上者应计算全面积；层高不足2.20m者应计算1/2面积。有永久性顶盖无围护结构的应按其结构底板水平面积的1/2计算。

（9）立体书库、立体仓库、立体车库，无结构层的应按一层计算，有结构层的应按其结构层面积分别计算。层高在2.20m及以上者应计算全面积；层高不足2.20m者应计算1/2面积。

（10）有围护结构的舞台灯光控制室，应按其围护结构外围水平面积计算。层高在2.20m及以上者应计算全面积；层高不足2.20m者应计算1/2面积。

（11）建筑物外有围护结构的落地橱窗、门斗、挑廊、走廊、檐廊，应按其围护结构外围水平面积计算。层高在2.20m及以上者应计算全面积；层高不足2.20m者应计算1/2面积。有永久性顶盖无围护结构的应按其结构底板水平面积的1/2计算。

（12）有永久性顶盖无围护结构的场馆看台应按其顶盖水平投影面积的1/2计算。

（13）建筑物顶部有围护结构的楼梯间、水箱间、电梯机房等，层高在2.20m及以上者应计算全面积；层高不足2.20m者应计算1/2面积。

（14）设有围护结构不垂直于水平面而超出底板外沿的建筑物，应按其底板面的外围水平面积计算。层高在2.20m及以上者应计算全面积；层高不足2.20m者应计算1/2面积。

（15）建筑物内的室内楼梯间、电梯井、观光电梯井、提物井、管道井、通风排气竖井、垃圾道、附墙烟囱应按建筑物的自然层计算。

电梯井面积＝电梯井长×电梯井宽×楼层数

（16）雨篷结构的外边线至外墙结构外边线的宽度超过2.10m者，应按雨篷结构板的水平投影面积的1/2计算。

（17）有永久性顶盖的室外楼梯，应按建筑物的水平投影面积的1/2计算。

（18）建筑物的阳台，不论凹阳台、凸阳台，均应按其水平投影面积的1/2计算。

（19）有永久性顶盖无围护结构的车棚、货棚、站台、加油站、收费站等，应按其顶盖水平投影面积的1/2计算。

（20）高低联跨的建筑物，应以高跨结构外边线为界分别计算建筑面积；其高低跨内部连通时，其变形缝应计算在低跨面积内。

当高跨为边跨时，其建筑面积是按勒脚以上两端山墙外表面的水平长度乘以勒脚以上外墙外表面至跨中柱外边线的水平宽度计算。

当高跨为中跨时，其建筑物面积按勒脚以上山墙外表面间的水平长度乘以中柱外边线的水平宽度计算。

（21）以幕墙作为围护结构的建筑物，应按幕墙外边线计算建筑面积。

（22）建筑物外墙外侧有保温隔热层的，应按保温隔热层外边线计算建筑面积。

（23）建筑物内的变形缝，应按其自然层合并在建筑物面积内计算。

4.2.3 不计算建筑面积的范围

（1）建筑物通道（骑楼、过街楼的底层）。
（2）建筑物内的设备管道夹层。
（3）建筑物内分隔的单层房间，舞台及后台悬挂幕布、布景的天桥、挑台等。
（4）屋顶水箱、花架、凉棚、露台、露天游泳池。
（5）建筑物内的操作平台、上料平台、安装箱和罐体的平台。
（6）勒脚、附墙柱、垛、台阶、墙面抹灰、装饰面、镶贴块料面层、装饰性幕墙、空调机外机搁板（箱）、飘窗、构件、配件、宽度在 2.10m 及以内的雨篷以及与建筑物内不相联通的装饰性阳台、挑廊。
（7）无永久性顶盖的架空走廊、室外楼梯和用于检修、消防等的室外钢楼梯、爬梯。
（8）自动扶梯、自动人行道。
（9）独立烟囱、烟道、地沟、油（水）罐、气柜、水塔、贮油（水）池、贮仓、栈桥、地下人防通道、地铁隧道。

4.3 应用计价表计价

在工程量清单计价模式下，各省市都在《全国统一建筑工程预算定额》的基础上，编制了清单工程量《计价表》。《计价表》是编制工程量清单的基础定额。因此需要首先熟悉《计价表》的计算规则，才能正确编制工程量清单。现以《江苏省建筑与装饰工程计价表》（以下简称《计价表》）为例说明计价表的计算规则。

4.3.1 土、石方工程

1. 一般规定

（1）土石方工程包括人工土、石方工程和机械土、石方工程，工程内容主要包括：平整场地、挖土方、原土打夯、填土、运土等项目。

（2）计算土、石方工程量前，应确定土及岩石类别，地下水位标高，土方、沟槽、基坑挖（填）起止标高、施工方法及运距，岩石开凿、爆破方法和石碴清运方法及运距，其他有关资料。

（3）土质规定：预算定额（计价表）规定，土质分为普通土（一、二类土）、坚土（三类土）、砂砾坚土（四类土）等三类。

（4）挖土一律以设计室外地坪标高为起点，深度按图示尺寸计算。按不同的土质类别、挖土深度、干湿土分别计算工程量。在同一槽、坑内或沟内有干、湿土时应分别计算，但使用定额时，按槽、坑或沟的全深计算。

干土与湿土的划分，应以地质勘察资料为准；如无资料时以地下常水位为准，常水位以上为干土，常水位以下为湿土。采用人工降低地下水位时，干、湿土的划分仍以常水位为准。

土、石方的体积除定额中另有规定外，均按天然实体积计算（自然方），填土按夯实后的体积计算。

（5）挖地槽、基坑、土方需放坡时，以施工组织设计规定计算，施工组织设计无明确规定时，放坡高度、比例按一般规定计算。

(6) 工作面：基础施工所需工作面宽度按规定计算。

2. 工程量计算

(1) 平整场地工程量

平整场地是指建筑物场地挖、填土方厚度在±300mm 以内及找平。平整场地工程量按建筑物外墙外边线每边各加 2m，以"m²"计算。

在实际工程中，当自然地坪平均标高高于室外设计地坪 30cm 以上时，高出部分按照三通一平工程另行处理，当自然地坪低于室外设计地坪 30cm 以上时，低出部分应扣减基础挖土项目的土方工程量。

(2) 人工挖土方、挖地槽、挖地坑

1) 沟槽、基坑划分：凡沟槽底宽在 3m 以内，沟槽底长大于 3 倍槽底宽的为地槽；凡土方基坑底面积在 20m² 以内的为基坑；凡沟槽底宽在 3m 以上，基坑底面积在 20m² 以上，平整场地挖填方厚度在±300mm 以上，均按挖土方计算。

2) 挖土方工程量计算：挖土方分为人工挖土方和机械挖土方两种，挖土方均以 1~4 类土为准，按照天然实体积（自然方）计算。挖土方工程量计算公式为：

$$V = \frac{H_1}{6}[a \times b + (a+a_1)(b+b_1) + a_1 b_1] \quad （不考虑工作面）$$

或

$$V = (a+2c+kH)(b+2c+kH) \times H + \frac{1}{3}k^2 H^3 \quad （考虑工作面）$$

式中，a、b、a_1、b_1 分别为上下底的两边宽，H 为沟高，k 为坡度，c 为工作面。

3) 挖地槽工程量计算：挖地槽工程量，应考虑增加工作面、是否带挡土板、放坡和不放坡等情况，采用不同的计算公式计算。

4) 挖地坑工程量计算：挖地坑和挖土方的工程量计算方法基本相同，均以体积计算。

5) 挡土板面积计算：地槽、地坑需支挡土板时，挡土板面积按槽、坑边实际支挡板面积（即：每块挡板的最长边×挡板的最宽边）计算。

6) 管道地槽按图示中心线长度计算，沟底宽度按规定计算。管道地沟、地槽、基坑深度，按图示槽、坑、垫层底面至室外地坪深度计算。

(3) 回填土

回填土区分夯填、松填以"m³"计算。

1) 地槽、地坑回填土体积=挖土体积-设计室外地坪以下埋设的体积（包括基础垫层、柱、墙基础及柱等）。

2) 室内回填土：室内回填土系为形成室内外高差，而在室外设计地面上、地面垫层以下，房心的部位填设的土体。室内回填土体积按主墙间净面积乘填土厚度计算，不扣除附垛及附墙烟囱等体积。工程量计算式为：

V =室内主墙之间的净面积×回填土厚度

　　=（$S_底 - L_中$×外墙厚－$L_内$×内墙厚）×（室内外高差－地面垫层厚－地面面层厚）

3) 管道地槽回填，以挖方体积减去管外径所占体积计算。管外径小于或等于 500mm 时，不扣除管道所占体积。管径超过 500mm 以上时，按规定扣除。

(4) 土方运输

土方运输分为挖填土土方运输和余（方）土土方运输，按不同的运输方法和距离，分别以体积计算。

1) 挖填土土方运输：现场施工时，挖填土土方的运距在预算定额中都有规定，可按本地区预算定额的有关规定进行。

2) 余（方）土运输：

余（方）土运输是指回填土后余（方）土的运输。其工程量计算可按下式表示：

余（方）土体积＝挖土体积－地槽回填土体积－房心回填土体积

结果为正值，表示为余土外运，结果为负值，表示为缺土内运。

3. 计算实例

【例 4-2】 已知工程基础平面图及其剖面图，见图 4-6，计算其挖土及运土工程量。

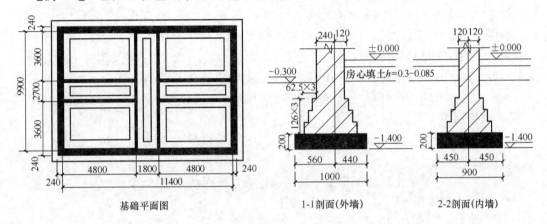

图 4-6 例 4-2 图

【解】 1. 基数计算（三线一面）

底层建筑面积：$S_1 = (11.4 + 0.48) \times (9.9 + 0.48) = 123.31 \text{m}^2$

外墙外边线：$L_{外} = [(11.4 + 0.48) + (9.9 + 0.48)] \times 2 = 44.52 \text{m}$

外墙中心线：$L_{中} = L_{外} - 8c = L_{外} - 8 \times (0.365 \div 2) = L_{外} - 4 \times 0.365 = 43.06 \text{m}$

内墙净长线：$L_{内} = (4.8 - 0.12 \times 2) \times 4 + (9.9 - 0.12 \times 2) \times 2 = 37.56 \text{m}$

内槽净长：$L = (4.8 - 0.44 - 0.45) \times 4 + (9.9 - 0.44 \times 2) \times 2 = 33.68 \text{m}$

2. 工程量的计算

(1) 场地平整

$$S_{场平} = (11.4 + 0.48 + 4) \times (9.9 + 0.48 + 4) = 228.35 \text{m}^2$$

或

$$S_{场平} = S_1 + 2 \times L_{外} + 16 = 228.35 \text{m}^2$$

(2) 挖地槽：普硬土，挖土深度 $h = 1.1 \text{m}$，无需放坡，混凝土垫层，从垫层底面开始放坡。

外槽截面积　$S = (a + 2c) \times h = (1 + 2 \times 0.3) \times 1.1 = 1.76 \text{m}^2$

内槽截面积　$S' = (a' + 2c) \times h = (0.9 + 2 \times 0.3) \times 1.1 = 1.65 \text{m}^2$

$L_{中} = 43.06 \text{m}$

$L_{内槽净} = 33.68 \text{m}$

$V_{地槽} = S \times L_{中} + S' \times L_{内槽净} = 1.76 \times 43.06 + 1.65 \times 33.68 = 131.36 \text{m}^3$

(3) 地槽回填土

地槽回填土工程量＝地槽挖方量 $V_{地槽}$ －埋设在室外地坪以下的砖基础及垫层体积

1) 埋设在室外地坪以下的砖基础体积 $V_{砖基}$：

$$V_{外砖基} = S_{外砖基} \times L_{中} = (0.365 \times 0.9 + 0.126 \times 0.0625 \times 6 \times 2) \times 43.06$$
$$= 18.214 \mathrm{m}^3$$

$$V_{内砖基} = S_{内砖基} \times L_{内} = (0.24 \times 0.9 + 0.126 \times 0.0625 \times 6 \times 2) \times 37.56$$
$$= 11.662 \mathrm{m}^3$$

所以 $\quad V_{砖基} = V_{外砖基} + V_{内砖基} = 18.214 + 11.662 = 29.876 \mathrm{m}^3$

2) 埋设在室外地坪以下的垫层体积 $V_{垫层}$

$S_{外垫层} = 1 \times 0.2 = 0.2 \mathrm{m}^2$，外墙基础垫层长度按 $L_{中}$ 计。

$S_{内垫层} = 0.9 \times 0.2 = 0.18 \mathrm{m}^2$

$L_{内垫} = (4.8 - 0.44 - 0.45) \times 4 + (9.9 - 0.44 - 0.44) \times 2 = 33.68 \mathrm{m}$

所以 $\quad V_{垫层} = S_{外垫层} \times L_{中} + S_{内垫层} \times L_{内垫} = 0.2 \times 43.06 + 0.18 \times 33.68 = 14.674 \mathrm{m}^3$

说明：内墙基础垫层净长度（第二种方法）$L_{内垫} = L_{内} - \Sigma(NT \times (B_{基} - B_{墙})/2)$

式中 NT 表示内墙与外墙的 T 形接脚以及内墙与内墙的 T 形接脚。

$$L_{内垫} = 37.56 - ((1 - 0.36)/2 \times 8 + (0.9 - 0.24)/2 \times 4) = 33.68 \mathrm{m}$$

3) 地槽回填土 $V_{地槽回填}$：

$$V_{地槽回填} = V_{地槽} - V_{砖基} - V_{垫层} = 131.36 - 29.876 - 14.674 = 86.81 \mathrm{m}^3$$

（4）余土外运

余土外运工程量＝地槽总挖方量－回填土总体积

1) 回填土总体积＝$V_{地槽回填}$＋房心回填土

$$V_{房心回填} = S_{净} \times h_{房心回填} = [S_1 - (S_{外墙} + S_{内墙})] \times (0.3 - 0.085)$$
$$= [123.31 - (0.365 \times L_{中} + 0.24 \times L_{内})] \times 0.215 = 21.19 \mathrm{m}^3$$

所以 $\quad V_{回填土} = 86.81 + 21.19 = 108.00 \mathrm{m}^3$

2) 余土外运：

$$V_{余土外运} = V_{地槽} - V_{回填土} = 131.36 - 108.00 = 23.36 \mathrm{m}^3$$

4.3.2 打桩及基础垫层

1. 工程量计算

计算打桩工程量前应确定土质级别、施工方法、工艺流程、采用机型，桩、泥浆运距等情况。

（1）打桩

预制钢筋混凝土桩的体积，按设计桩长（包括桩尖）乘以桩截面面积以"m³"计算；管桩的空心体积应扣除，管桩的空心部分设计要求灌注混凝土或其他填充材料时，应另行计算。

接桩，按每个接头计算。送桩，以送桩长度（自桩顶面至自然地坪另加 500mm）乘桩截面面积以"m³"计算。凿灌注混凝土桩头按"m³"计算，凿、截断预制方（管）桩均以"根"计算。

灌注混凝土、砂、碎石桩使用活瓣桩尖时，单打、复打桩体积均按设计桩长（包括桩尖）另加 250mm（或按设计要求计算）乘以标准管外径以"m³"计算。使用预制钢筋混凝土桩尖时，单打、复打桩体积均按设计桩长（不包括预制桩尖）另加 250mm 乘以标准管外径以"m³"计算。

打孔、沉管灌注桩空沉管部分，按空沉管的实体积计算。

夯扩桩体积分别按每次设计夯扩前投料长度（不包括预制桩尖）乘以标准管内径体积计算，最后管内灌注混凝土按设计桩长另加250mm乘以标准管外径体积计算。

打孔灌注桩、夯扩桩使用预制钢筋混凝土桩尖的，桩尖个数另列项目计算，单打、复打的桩尖按单打、复打次数之和计算。

泥浆护壁钻孔灌注桩的钻土孔与钻岩石孔工程量应分别计算。钻土孔自自然地面至岩石表面之深度乘设计桩截面积以"m³"计算。

泥浆护壁钻孔灌注桩的混凝土灌入量以设计桩长（含桩尖长）另加一个直径（或按设计要求计算）乘桩截面积以"m³"计算；地下室基础超灌高度按现场具体情况另行计算。

泥浆外运的体积等于钻孔的体积以"m³"计算。

深层搅拌桩、粉喷桩加固地基，按设计长度另加500mm（设计有规定，按设计要求）乘以设计截面积以"m³"计算（双轴的工程量不得重复计算），群桩间的搭接不扣除。

(2) 基础垫层

1) 基础垫层是指砖、石、混凝土、钢筋混凝土等基础下的垫层，按图示尺寸以"m³"计算。

2) 外墙基础垫层长度按外墙中心线长度计算，内墙基础垫层长度按内墙基础垫层净长计算。

2. 计价表应用注意要点

(1) 计价表中土的级别已综合考虑，执行中不换算。打桩机的类别、规格执行中也不换算。

(2) 定额以打直桩为准，如打斜桩，定额项目人工、机械需调整。

(3) 定额已考虑灌注桩的充盈量及损耗量和灌注砂石桩的级配密实系数。

(4) 每个单位工程的打（灌注）桩工程量较小时，其人工、机械（包括送桩）需调整。

(5) 各种灌注桩中的材料用量已考虑充盈系数和操作损耗，结算时充盈系数按打桩记录灌入量进行调整，操作损耗不变。

(6) 混凝土垫层厚度以15cm内为准，厚度在15cm以上的应按混凝土基础的相应项目执行。

3. 计算实例

【例4-3】 某建筑物基础打预制钢筋混凝土管桩135根，桩身截面尺寸250mm×250mm，单桩设计全长（包括桩尖）为9.5m。见图4-7，试计算：

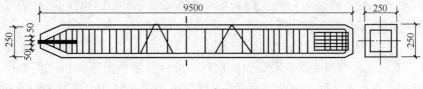

图4-7 例4-3图

(1) 打桩的工程量；
(2) 将桩送桩至地下0.6m，求送桩工程量。

【解】
打桩工程量：$V=0.25\times0.25\times9.5\times135=80.16$（$m^3$）
送桩工程量：送桩长度＝打桩架底至桩顶面的高度＝桩顶面至自然地坪面＋0.5＝0.6＋0.5＝1.10（m）
$V=0.25\times0.25\times1.10\times135=9.28$（$m^3$）

4.3.3 砌筑工程

砌筑工程主要包括：砖砌体、砌块砌体和石砌体的基础、墙体、柱及烟道、水塔、挡土墙、护坡等。

1. 工程量计算

（1）基础与墙身的划分

1）砖墙：

A. 基础与墙身使用同一种材料时，以设计室内地坪为界（有地下室者以地下室设计室内地坪为界），以下为基础，以上为墙身。

B. 基础、墙身使用不同材料时，如两种材料分界处距室内设计地坪在±30cm以内，以不同材料分界处为分界线。如两种材料分界处距室内设计地坪超过±30cm以上，以室内设计地坪为分界线。

2）石墙：外墙以设计室外地坪，内墙以设计室内地坪为界，以下为基础，以上为墙身。

3）砖石围墙以设计室外地坪为分界线，以下为基础，以上为墙身。

（2）砌体厚度计算规定

标准砖以240mm×115mm×53mm为准，其砌体计算厚度按砖模数计算。

使用非标准砖时，其砌体厚度应按实际规格和设计厚度计算。

（3）墙体工程量计算

1）墙身长度的确定：外墙按外墙中心线，内墙按内墙净长线计算。弧形墙按其弧形墙中心线部分的体积计算。

2）墙身高度的确定：设计有明确高度时以设计高度计算，未明确时按下列规定计算。

A. 外墙计算规定：坡（斜）屋面无檐口顶棚者，算至墙中心线屋面板底；无屋面板，算至椽子顶面；有屋架且室内外均有顶棚者，算至屋架下弦底面另加200mm，无顶棚，算至屋架下弦另加300mm；有现浇钢筋混凝土平板楼层者，应算至平板底面；有女儿墙应自外墙梁（板）顶面算至图示女儿墙顶面；有混凝土压顶者，算至压顶底面，分别以不同厚度按外墙定额执行。

B. 内墙计算规定：内墙位于屋架下，其高度算至屋架底，无屋架，算至顶棚底另加120mm；有钢筋混凝土隔层者，算至钢筋混凝土板底，有框架梁时，算至梁底面；同一墙上板厚不同时，按平均高度计算。

C. 山墙：内外山墙均按其平均高度计算。

D. 女儿墙：女儿墙高度，有混凝土压顶时，按自外墙顶面至压顶底面高度为准，无混凝土压顶时，按楼板顶面至女儿墙顶面高度为准。女儿墙体积，按其中心线长度乘墙厚再乘以墙高度计算。按不同墙厚以"m^3"为单位计算，并入外墙体积。

3）确定应扣除体积。

A. 应扣除门窗洞口、过人洞、空圈、嵌入墙身的钢筋混凝土柱、梁、过梁、圈梁、挑梁、混凝土墙基防潮层和暖气包、壁龛的体积。

　　B. 不扣除梁头、梁垫、外墙预制板头、檩条头、垫木、木楞头、沿椽木、木砖、门窗走头、砖砌体内的加固钢筋、木筋、铁件、钢管及每个面积在 $0.3m^2$ 以下的孔洞等所占的体积。

　　C. 突出墙面的窗台虎头砖、压顶线、山墙泛水、烟囱根、门窗套及三皮砖以内的腰线、挑檐等体积亦不增加。

　　4) 确定应并入体积。

　　A. 突出墙面三皮砖以上的挑檐和腰线。

　　B. 断面在半砖乘半砖以上的竖向装饰线。

　　C. 单（双）面突出的附墙砖柱等体积，均应并入所依附墙体积内计算。

　　D. 附墙垛可以折合成相应墙厚的砖墙长度，查表计算。

　　5) 附墙烟囱、通风道、垃圾道按其外形体积并入所依附的墙体积内合并计算，不扣除每个横截面在 $0.1m^2$ 以内的孔洞体积，但孔洞内抹灰工料亦不增加，如果每个孔洞面积超过 $0.1m^2$ 时，应扣除相应孔洞面积，孔洞内的抹灰亦应另列项目计算。

　　附墙烟囱项目，如带有缸瓦管和除灰门，或垃圾道、通风道和烟道带有道门，垃圾斗、通风百叶窗、铁篦子以及钢筋混凝土顶盖等项目，均应另列项目计算。

　　6) 砖砌地下室墙身及基础按设计图示以"m^3"计算，内、外墙身工程量合并计算按相应内墙定额执行。墙身外侧面砌贴砖按设计厚度以"m^3"计算。

　　(4) 砖石基础的计算

　　1) 砖柱基、柱身不分断面均以设计体积计算，柱身、柱基工程量合并套"砖柱"定额。柱基与柱身砌体品种不同时，应分开计算并分别套用相应定额。

　　2) 基础长度确定：

　　A. 外墙墙基按外墙中心线长度计算。

　　B. 内墙墙基按内墙基最上一步净长度计算。基础大放脚T形接头处重叠部分以及嵌入基础的钢筋、铁件、管道、基础防水砂浆防潮层、通过基础单个面积在 $0.3m^2$ 以内孔洞所占的体积不扣除，但靠墙暖气沟的挑檐亦不增加。附墙垛基础宽出部分体积，并入所依附的基础工程量内。

　　3) 砖石基础断面积计算：带形砖基础通常有等高式和不等高式两种大放脚砌筑方法。可采用折加高度计算法或增加断面积计算法计算基础断面积。

　　4) 砖石基础工程量，通常按下面两个公式计算：

$$外墙基础体积＝外墙中心线长度×基础断面积$$
$$内墙基础体积＝内墙净长线长度×基础断面积$$

　　5) 砖柱工程量，不分柱身和基础，以"m^3"为单位合并计算，按不同形式砖柱定额项目执行。砖砌四边大放脚的砖柱基础形式有等高和不等高两种。砖柱及基础工程量，可按下式计算：

$$砖柱体积＝柱断面积×（全柱高度＋折加高度）$$

　　全柱高度是指包括基础高度在内的全柱总高度，柱断面积等于柱断面长度乘以宽度，折加高度等于柱大放脚体积除以砖柱断面积，柱断面积和折加高度，可查表计算。

　　(5) 空斗墙、空花墙、围墙等的计算

1) 空花墙工程量，按空花部分的外型体积，以"m³"计算，空花部分虚体积不扣除；与空花墙连接的附墙柱和实砌墙，其实砌部分应以"m³"计算，选套相应墙厚外墙定额。

2) 空斗墙工程量，按其外形体积以"m³"为单位计算，应扣除门窗洞口和钢筋混凝土构件等所占体积，在墙转角、内外墙交接处、门窗洞口立边，砖拱，钢筋砖过梁，窗台砖和屋檐处等实砌体积，已包括定额项目内，不再另行计算，但基础以上实砌砖墙和柱项目，应另列项目分别计算。

3) 多孔砖、空心砖墙按图示墙厚以"m³"计算，不扣除砖孔空心部分体积。其镶砌普通砖部分，已综合在定额项目内，不另行计算。

4) 填充墙按外形体积以"m³"计算，其实砌部分及填充料已包括在定额内，不另计算。

5) 加气混凝土、硅酸盐砌块、小型空心砌块墙按图示尺寸以"m³"计算，砌块本身空心体积不予扣除。砌体中设计钢筋砖过梁时，应另行计算，套"小型砌体"定额。

6) 毛石墙、方整石墙按图示尺寸以"m³"计算。方整石墙单面出垛并入墙身工程量内，双面出墙垛按柱计算。标准砖镶砌门、窗口立边、窗台虎头砖、钢筋砖过梁等按实砌砖体积另列项目计算，套"小型砌体"定额。

7) 围墙：砖砌围墙按设计图示尺寸以"m³"计算，其围墙附垛及砖压顶应并入墙身工程量内。

(6) 其他

墙基防潮层按墙基顶面水平宽度乘以长度以"m²"计算，有附垛时将附垛面积并入墙基内。砖砌台阶按水平投影面积以"m²"计算。毛石、方整石台阶均以图示尺寸按"m³"计算，毛石台阶按毛石基础定额执行。墙面、柱、底座、台阶的剁斧以设计展开面积计算；窗台、腰线以"10延长米"计算。砖砌地沟沟底与沟壁工程量合并以"m³"计算。毛石砌体打荒、錾凿、剁斧按砌体裸露外表面积计算（錾凿包括打荒，剁斧包括打荒、錾凿，打荒、錾凿、剁斧不能同时列入）。

(7) 构筑物计算

1) 烟囱。砖烟囱基础与砖筒身的划分以基础大放脚的扩大顶面为界，以上为筒身，以下为基础。

烟囱筒身不分方形、圆形均按"m³"计算，应扣除孔洞及钢筋混凝土过梁、圈梁所占体积。筒身体积应以筒壁平均中心线长度乘厚度。

砖烟囱筒身原浆勾缝和烟囱帽抹灰，已包括在定额内，不另计算。

2) 水塔。水塔各种基础均以实体积计算（包括基础底板和筒座），筒座以上为塔身，以下为基础。

砖砌水塔塔身不分厚度、直径均以实体积计算，并扣除门窗洞口和钢筋混凝土构件所占体积。砖胎板工、料已包括在定额内，不另计算。

水槽内、外壁以实体积计算。

2. 计价表应用注意要点

(1) 标准砖墙不分清、混水墙及艺术形式复杂程度。砖、砖过梁、砖圈梁、腰线、砖垛、砖挑檐、附墙烟囱等因素已综合在定额内，不得另立项目计算。阳台砖隔断按相应内墙定额执行。

(2) 除标准砖墙外，其他品种砖弧形墙其弧形部分每立方米砌体按相应项目人工、砖用量增加，其他不变。

(3) 砌砖、块定额中已包括了门、窗框与砌体的原浆勾缝在内，砌筑砂浆强度等级按设计规定应分别套用。

(4) 砖砌体内的钢筋加固及转角、内外墙的搭接钢筋以"t"计算，按"砌体、板缝内加固钢筋"定额执行。

3. 计算实例

【例4-4】 某砖柱断面尺寸为490mm×365mm，砖柱全高为3.25m，基础为五层大放脚砖基础，当分别采用等高和不等高两种大放脚砌筑法时，试求相应砖柱体积。

【解】 由表查得，砖柱断面积为$0.1789m^2$，若五层等高大放脚时，折加高度为1.7348m，五层不等高大放脚时，折加高度为1.3989m，由此便得：

等高大放脚砖柱体积为：$0.1789×(3.25+1.7348)=0.1789×4.9848=0.892(m^3)$

不等高大放脚砖柱体积为：$0.1789×(3.25+1.3989)=0.1789×4.6489=0.832(m^3)$

4.3.4 钢筋工程

编制预算时，钢筋工程量可暂按构件体积（或水平投影面积、外围面积、延长米）乘以钢筋含量计算。结算时按设计要求进行调整。

1. 钢筋计算的一般规则

(1) 一般构件中的钢筋

钢筋工程应区别现浇构件、预制构件、加工厂预制构件、预应力构件、点焊网片等以及不同规格分别按设计展开长度（展开长度、保护层、搭接长度应符合规范规定）乘理论重量以"t"计算。

计算钢筋工程量时，搭接长度按规范规定计算。当梁、板（包括整板基础）$\phi 8$以上的通筋未设计搭接位置时，预算书暂按8m一个双面电焊接头考虑，结算时应按钢筋实际定尺长度调整搭接个数，搭接方式按已审定的施工组织设计确定。

电渣压力焊、锥螺纹、套管挤压等接头以"个"计算。预算书中，底板、梁暂按8m长一个接头的50%计算；柱按自然层每根钢筋1个接头计算。结算时应按钢筋实际接头个数计算。

在加工厂制作的铁件（包括半成品铁件）、已弯曲成型钢筋的场外运输按"t"计算。各种砌体内的钢筋加固分绑扎、不绑扎按"t"计算。

(2) 预应力构件中的钢筋

先张法预应力构件中的预应力和非预应力钢筋工程量应合并按设计长度计算，按预应力钢筋定额执行。后张法预应力钢筋与非预应力钢筋分别计算，预应力钢筋按设计图规定的预应力钢筋预留孔道长度，区别不同锚具类型分别按下列规定计算：

1) 低合金钢筋两端采用螺杆锚具时，预应力钢筋按预留孔道长度减350mm，螺杆另行计算。

2) 低合金钢筋一端采用墩头插片，另一端采用螺杆锚具时，预应力钢筋长度按预留孔道长度计算。

3) 低合金钢筋一端采用墩头插片，另一端采用帮条锚具时，预应力钢筋增加

150mm，两端均用帮条锚具时，预应力钢筋共增加 300mm 计算。

4）低合金钢筋采用后张混凝土自锚时，预应力钢筋长度增加 350mm 计算。

后张法预应力钢丝束、钢绞线束按设计图纸预应力筋的结构长度（即孔道长度）加操作长度之和乘钢材理论重量计算（无粘结钢绞线封油包塑的重量不计算），其操作长度按下列规定计算：

1）钢丝束采用镦头锚具时，不论一端张拉或两端张拉均不增加操作长度（即：结构长度等于计算长度）。

2）钢丝束采用锥形锚具时，一端张拉为 1.0m，两端张拉为 1.6m。

3）有粘结钢绞线采用多根夹片锚具时，一端张拉为 0.9m，两端张拉为 1.5m。

4）无粘结预应力钢绞线采用单根夹片锚具时，一端张拉为 0.6m，两端张拉为 0.8m。

5）用转角器张拉及特殊张拉的预应力筋，其操作长度应按实计算。

当曲线张拉时，后张法预应力钢丝束、钢绞线计算长度可按直线长度乘下列系数确定：梁高1.50m内，乘1.015；梁高在1.50m以上，乘1.025；10m以内跨度的梁，当矢高650mm以上时，乘1.02。

后张法预应力钢丝束、钢绞线锚具，按设计规定所穿钢丝或钢绞线的孔数计算（每孔均包括了张拉端和固定端的锚具），波纹管按设计图示以"延长米"计算。

(3) 钢筋直（弯）、弯钩、圆柱、柱螺旋箍筋及其他长度的计算（按表 4-1 计算）

钢筋长度计算表 表 4-1

序号	钢筋名称	钢筋形状及数据规定	钢筋计算公式
1	直钢筋		$A-2c$
2	直钢筋，Ⅰ级带弯钩		$A-2c+12.5d$
3	直钢筋，带直钩		$A-2c+B$
4	弯起钢筋 $\theta=30°$		$A-2c+2\times 0.268C$
5	弯起钢筋 $\theta=45°$		$A-2c+2\times 0.414C$
6	弯起钢筋 $\theta=60°$		$A-2c+2\times 0.577C$
7	弯起钢筋 $\theta=30°$，Ⅰ级带弯钩		$A-2c+2\times 0.268C+12.5d$
8	弯起钢筋 $\theta=45°$，Ⅰ级带弯钩		$A-2c+2\times 0.414C+12.5d$
9	弯起钢筋 $\theta=60°$，Ⅰ级带弯钩		$A-2c+2\times 0.577C+12.5d$
10	弯起钢筋 $\theta=30°$，两端带直钩		$A-2c+2D+2\times 0.268C$
11	弯起钢筋 $\theta=45°$，两端带直钩		$A-2c+2D+2\times 0.414C$
12	弯起钢筋 $\theta=60°$，两端带直钩		$A-2c+2D+2\times 0.268C$
13	弯起钢筋 $\theta=30°$，两端带直钩，Ⅰ级带弯钩		$A-2c+2D+2\times 0.268C+12.5d$
14	弯起钢筋 $\theta=45°$，两端带直钩，Ⅰ级带弯钩		$A-2c+2D+2\times 0.414C+12.5d$
15	弯起钢筋 $\theta=60°$，两端带直钩，Ⅰ级带弯钩		$A-2c+2D+2\times 0.268C+12.5d$

续表

序号	钢筋名称	钢筋形状及数据规定	钢筋计算公式
16	箍筋，末端135°弯钩，平直部分5d		$(A-2c+2d)\times2+$ $(B-2c+2d)\times2+14d$
17	箍筋，末端135°弯钩，抗震要求，平直部分10d		$(A-2c+2d)\times2+$ $(B-2c+2d)\times2+24d$

说明：1. d 为钢筋直径，c 为混凝土保护厚度。

2. 弯起钢筋终弯点外应留有锚固长度，在受拉区不应小于 $20d$；在受压区不应小于 $10d$。

3. 箍筋、板筋排列根数 $=(L-100)/$设计间距$+1$，但在加密区的根数按设计另增。

其中 L 为柱、梁、板净长。柱梁净长计算方法同混凝土，其中柱不扣板厚。板净长指主（次）梁与主（次）梁之间的净长。计算中有小数时，向上舍入（如：4.1取5）。

4. 圆桩、柱螺旋箍筋长度计算：$L=\sqrt{[(D-2C+2d)\pi]^2+h^2}\times n$

式中：D 为圆桩、柱直径，C 为主筋保护层厚度，d 为箍筋直径，h 为箍筋间距，n 为箍筋道数，$n=$柱、桩中箍筋配置长度$\div h+1$。

2. 计价表应用注意要点

(1) 钢筋搭接所耗用的电焊条、电焊机、铅丝和钢筋余头损耗已包括在定额内，设计图纸注明的钢筋接头长度以及未注明的钢筋接头按规范的搭接长度应计入设计钢筋用量中。

(2) 先张法预应力构件中的预应力、非预应力钢筋工程量应合并计算，按预应力钢筋相应项目执行；后张法预应力构件中的预应力钢筋、非预应力钢筋应分别套用定额。

(3) 预制构件点焊钢筋网片已综合考虑了不同直径点焊在一起的因素，如点焊钢筋直径粗细比在两倍以上时，其定额工日进行调整，其他不变。

(4) 粗钢筋接头采用电渣压力焊、套管接头、锥螺纹等接头者，应分别执行钢筋接头定额。计算了钢筋接头不能再计算钢筋搭接长度。

(5) 非预应力钢筋不包括冷加工，设计要求冷加工时，应另行处理。预应力钢筋设计要求人工时效处理时，应另行计算。

(6) 钢筋、铁件在加工厂制作时，由加工厂至现场的运输费应另列项目计算。在现场制作的不计算此项费用。

(7) 对构筑物工程，应调整定额中人工和机械用量。

4.3.5 混凝土工程

混凝土工程主要包括：自拌、混凝土泵送、商品混凝土非泵送三种类型的现浇构件、现场预制、加工厂预制及构筑物混凝土工程。

1. 工程量计算

(1) 现浇混凝土工程量计算

1) 混凝土工程量除另有规定者外，均按图示尺寸实体积以"m³"计算。不扣除构件内钢筋、支架、螺栓孔、螺栓、预埋铁件及墙、板中 $0.3m^2$ 内的孔洞所占体积。留洞所增加工、料不再另增费用。

2) 基础：

A. 有梁带形混凝土基础，其梁高与梁宽之比在 $4:1$ 以内的，按有梁式带形基础计算（带形基础梁高是指梁底部到上部的高度）。超过 $4:1$ 时，其基础底按无梁式带形基础计算，上部按墙计算。

　　B. 满堂（板式）基础有梁式（包括反梁）、无梁式应分别计算，仅带有边肋者，按无梁式满堂基础套用子目。

　　C. 设备基础除块体以外，其他类型设备基础分别按基础、梁、柱、板、墙等有关规定计算，套相应的项目。

　　D. 独立柱基、桩承台：按图示尺寸实体积以"m^3"算至基础扩大顶面。

　　E. 杯形基础套用独立柱基项目。杯口外壁高度大于杯口外长边的杯形基础，套"高颈杯形基础"项目。

　　3) 柱：按图示断面尺寸乘柱高以"m^3"计算。柱高按下列规定确定：

　　A. 有梁板的柱高自柱基上表面（或楼板上表面）算至楼板下表面处（如一根柱的部分断面与板相交，柱高应算至板顶面，但与板重叠部分应扣除）。

　　B. 无梁板的柱高，自柱基上表面（或楼板上表面）至柱帽下表面的高度计算。

　　C. 有预制板的框架柱柱高自柱基上表面算至柱顶高度。

　　D. 构造柱按全高计算，应扣除与现浇板、梁相交部分的体积，与砖墙嵌接部分的混凝土体积并入柱身体积内计算。

　　E. 依附柱上的牛腿，并入相应柱身体积内计算。

　　4) 梁：按图示断面尺寸乘梁长以"m^3"计算，梁长按下列规定确定：

　　A. 梁与柱连接时，梁长算至柱侧面。

　　B. 主梁与次梁连接时，次梁长算至主梁侧面。伸入砖墙内的梁头、梁垫体积并入梁体积内。

　　C. 圈梁、过梁应分别计算，过梁长度按图示尺寸，图纸无明确表示时，按门窗洞口外围宽另加 500mm 计算。平板与砖墙上混凝土圈梁相交时，圈梁高应算至板底面。

　　D. 依附于梁（包括阳台梁、圈过梁）上的混凝土线条（包括弧形线条）按延长米另行计算，梁宽算至线条内侧。

　　E. 现浇挑梁按挑梁计算，其压入墙身部分按圈梁计算；挑梁与单、框架梁连接时，其挑梁应并入相应梁内计算。

　　F. 花篮梁二次浇捣部分执行圈梁子目。

　　5) 板：按图示面积乘板厚以"m^3"计算（梁板交接处不得重复计算）。其中：

　　A. 有梁板按梁（包括主、次梁）、板体积之和计算，有后浇板带时，后浇板带（包括主、次梁）应扣除。

　　B. 无梁板按板和柱帽之和计算。

　　C. 平板按实体积计算。

　　D. 现浇挑檐、天沟与板（包括屋面板、楼板）连接时，以外墙面为分界线，与圈梁（包括其他梁）连接时，以梁外边线为分界线。外墙边线以外或梁外边线以外为挑檐、天沟。

　　E. 各类板伸入墙内的板头并入板体积内计算。

　　F. 预制板缝宽度在 100mm 以上的现浇板缝按平板计算。

　　G. 后浇墙、板带（包括主、次梁）按设计图纸以"m^3"计算。

　　6) 墙：外墙按图示中心线（内墙按净长）乘墙高、墙厚以"m^3"计算，应扣除门、窗洞口及 0.3m² 外的孔洞体积。单面墙垛其突出部分并入墙体体积内计算，双面墙垛（包括墙）按柱计算。弧形墙按弧线长度乘墙高、墙厚计算，地下室墙有后浇墙带时，后浇墙带应扣除。梯形断面墙按上口与下口的平均宽度计算。

墙与梁平行重叠，墙高算至梁顶面；当设计梁宽超过墙宽时，梁、墙分别按相应项目计算。墙与板相交，墙高算至板底面。

7) 整体楼梯包括休息平台、平台梁、斜梁及楼梯梁，按水平投影面积计算，不扣除宽度小于 200mm 的楼梯井，伸入墙内部分不另增加，楼梯与楼板连接时，楼梯算至楼梯梁外侧面。圆弧形楼梯包括圆弧形梯段、圆弧形边梁及与楼板连接的平台，按楼梯的水平投影面积计算。

8) 阳台、雨篷，按伸出墙外的板底水平投影面积计算，伸出墙外的牛腿不另计算。水平、竖向悬挑板按 "m³" 计算。

9) 阳台、沿廊栏杆的轴线柱、下嵌、扶手以扶手的长度按 "延长米" 计算。混凝土栏板、竖向挑板以 "m³" 计算。栏板的斜长如图纸无规定时，按水平长度乘系数 1.18 计算。

10) 预制钢筋混凝土框架的梁、柱现浇接头，按设计断面以 "m³" 计算，套用 "柱接柱接头" 子目。

11) 台阶按水平投影面积以 "m²" 计算，平台与台阶的分界线以最上层台阶的外口减 300mm 宽度为准，台阶宽以外部分并入地面工程量计算。

(2) 现场、加工厂预制混凝土工程量计算

混凝土工程量均按图示尺寸实体积以 "m³" 计算，扣除圆孔板内圆孔体积，不扣除构件内钢筋、铁件、后张法预应力钢筋灌浆孔及板内小于 0.3m² 孔洞面积所占的体积。

混凝土与钢杆件组合的构件，混凝土按构件实体积以 "m³" 计算，钢拉杆按 "金属结构" 相应子目执行。

镂空混凝土花格窗、花格芯按外形面积以 "m²" 计算。

天窗架、端壁、桁条、支撑、楼梯、板类及厚度在 50mm 以内的薄型构件按设计图纸加定额规定的场外运输、安装损耗以 "m³" 计算。

(3) 构筑物工程量计算

1) 烟囱。砖烟囱基础以下的钢筋混凝土或混凝土底板基础，按本节烟囱基础相应子目执行。钢筋混凝土烟囱基础，包括基础底板及筒座，筒座以上为筒身，按实体积计算。混凝土烟囱筒身不分方形、圆形均按 "m³" 计算，应扣除孔洞所占体积，筒身体积应以筒壁平均中心线长度乘厚度。混凝土烟道中的钢筋混凝土构件，应按现浇构件分部相应子目计算。钢筋混凝土烟道，可按本分部地沟子目计算，但架空烟道不能套用。

2) 水塔。各种水塔基础均以实体积计算（包括基础底板和筒座），筒座以上为塔身，以下为基础。

钢筋混凝土筒式塔身以筒座上表面或基础底板上表面为分界线；柱式塔身以柱脚与基础底板或梁交界处为分界线，与基础底板相连接的梁并入基础内计算。

钢筋混凝土筒式塔身与水箱的分界是以水箱底部的圈梁为界，圈梁底以下为筒式塔身。水箱的槽底（包括圈梁）、塔顶、水箱（槽）壁工程量均应分别按实体积计算。

钢筋混凝土筒式塔身以实体积计算。应扣除门窗洞口体积，依附于筒身的过梁、雨篷、挑檐等工程量并入筒壁体积内按筒式塔身计算；柱式塔身不分斜柱、直柱和梁，均按实体积合并计算按柱式塔身子目执行。

钢筋混凝土、砖塔身内设置的钢筋混凝土平台、回廊以实体积计算。

钢筋混凝土塔顶及槽底的工程量合并计算。塔顶包括顶板和圈梁；槽底包括底板、挑出斜壁和圈梁。回廊及平台另行计算。

3）地沟及支架。地沟及支架适用于室外的方形（封闭式）、槽形（开口式）、阶梯形（变截面式）的地沟。底、壁、顶应分别按"m^3"计算。

沟壁与底的分界，以底板上表面为界。沟壁与顶的分界以顶板下表面为界。上薄下厚的壁按平均厚度计算；阶梯形的壁按加权平均厚度计算；八字角部分的数量并入沟壁工程量内。

地沟预制顶板，按预制结构分部相应子目计算。

支架均以实体积计算（包括支架各组成部分），框架形或A字形支架应将柱、梁的体积合并计算；支架带操作平台者，其支架与操作台的体积亦合并计算。

支架基础应按现浇构件结构分部的相应子目计算。

2. 计价表应用注意的要点

（1）室内净高超过8m的现浇柱、梁、墙、板（各种板）的人工工日数需调整。

（2）现场预制构件，如在加工厂制作，混凝土配合比按加工厂配合比计算；加工厂构件及商品混凝土改在现场制作，混凝土配合比按现场配合比计算；其工料、机械台班不调整。

（3）加工厂预制构件其他材料费中已综合考虑了掺入早强剂的费用，现浇构件和现场预制构件未考虑早强剂费用，设计需使用或建设单位认可时，其费用可按定额规定增加。

（4）构筑物中混凝土、抗渗混凝土已按常用的强度等级列入基价，设计与子目取定不符单价调整。

（5）泵送混凝土子目中已综合考虑了输送泵车台班，布拆管及清洗人工、泵管摊销费、冲洗费。

3. 计算实例

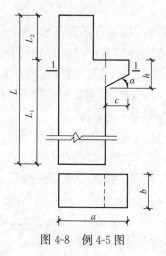

图4-8 例4-5图

【例4-5】 某工程用带牛腿的钢筋混凝土柱20根，见图4-8，下柱：$L_1=6.5m$，断面尺寸 600mm×500mm 上柱：$L_2=2.5m$，断面尺寸 400mm×500mm

牛腿参数：$h=700mm$，$c=200mm$，$\alpha=56°$，试计算该柱工程量。

【解】 计算单根柱工程：

下柱体积：$V_1=0.6×0.5×6.5=1.950$（m^3）

上柱体积：$V_2=0.4×0.5×2.5=0.500$（m^3）

牛腿体积：$V_3=(0.7-0.5×0.2×\tan56°)×0.2×0.5$
$=0.055(m^3)$

柱体积$=(V_1+V_2+V_3)×20=50.1(m^3)$

4.3.6 金属结构工程

1. 工程量计算

金属结构工程主要包括钢柱、实腹柱、钢梁、吊车梁、H型钢、T形钢构件、天窗挡风架、钢平台、走道、钢屋架等。

（1）金属结构制作

按图示钢材尺寸以"t"计算，不扣除孔眼、切肢、切角、切边的重量，电焊条重量已包括在定额内，不另计算。在计算不规则或多边形钢板重量时均以矩形面积计算。

（2）柱、梁、板

实腹柱、钢梁、吊车梁、H型钢、T形钢构件按图示尺寸计算，其中钢梁、吊车梁腹板及翼板宽度按图示尺寸每边增加8mm计算。

钢柱制作工程量包括依附于柱上的牛腿及悬臂梁重量；制动梁的制作工程量包括制动梁、制动桁架、制动板重量；墙架的制作工程量包括墙架柱、墙架梁及连接柱杆重量。

（3）其他构件

天窗挡风架、柱侧挡风板、挡雨板支架制作工程量均按挡风架定额执行。

栏杆是指平台、阳台、走廊和楼梯的单独栏杆。

钢平台、走道应包括楼梯、平台、栏杆合并计算，钢梯子应包括踏步、栏杆合并计算。

钢漏斗制作工程量，矩形按图示分片，圆形按图示展开尺寸，并依钢板宽度分段计算，每段均以其上口长度（圆形以分段展开上口长度）与钢板宽度，按矩形计算，依附漏斗的型钢并入漏斗重量内计算。

晒衣架和钢盖板项目中已包括安装费在内，但未包括场外运输。

轻钢檩条、拉杆以设计型号、规格按"t"计算（重量＝设计长度×理论重量）。

预埋铁件按设计的形体面积、长度乘理论重量计算。

2. 计价表应用注意的要点

（1）金属构件不论在附属企业加工厂或现场制作均执行本定额。各种钢材数量均以型钢表示。实际不论使用何种型材，钢材总数量和其他工料均不变。

（2）除注明者外，均包括现场内（工厂内）的材料运输、下料、加工、组装及成品堆放等全部工序。加工点至安装点的构件运输，应另按构件运输定额相应项目计算。

（3）构件制作项目中，均已包括刷一遍防锈漆工料。

（4）金属结构制作定额中的钢材品种系按普通钢材为准，如用锰钢等低合金钢者，其制作人工调整。

（5）定额各子目均未包括焊缝无损探伤，亦未包括探伤固定支架制作和被检工件的退磁。

3. 计算实例

【例4-6】 某金属构件如图4-9所示，底边长1520mm，顶边长1260mm，另一边长840mm，底边垂直最大宽度为800mm，求该钢板工程量。

【解】 如左图所示，该构件最大长度尺寸足以包容垂直方向尺寸，以最大长度与其最大宽度之积求得：

$$钢板面积＝1.52×0.8＝1.216（m^2）$$

如果最长尺寸不能包容构件，见图 4-9 所示，则钢板工程量需加大。
则：钢板面积＝1.58×0.8＝1.264（m²）

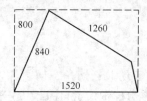 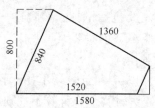

图 4-9　例 4-6 图

4.3.7　构件运输及安装工程

1. 构件分类

构件运输包括混凝土构件、金属构件及门窗运输，运输距离应由构件堆放地（或构件加工厂）至施工现场的实际距离确定。构件运输类别划分详见表 4-2。

预制混凝土构件分类　　表 4-2

类别	项目
Ⅰ类	各类屋架、桁架、托架、梁、柱、桩、薄腹梁、风道梁
Ⅱ类	大型屋面板、槽形板、肋形板、天沟板、空心板、平板、楼梯、檩条、阳台、门窗过梁、小型构件
Ⅲ类	天窗架、端壁架、挡风架、侧板、上下档、各种支撑
Ⅳ类	全装配式内外墙板、楼顶板、大型墙板

金属构件分类　　表 4-3

类别	项目
Ⅰ类	钢柱、钢梁、屋架、托架梁、防风桁架
Ⅱ类	吊车梁、制动梁、型（轻）钢檩条、钢拉杆、钢栏杆、盖板、垃圾出灰门、笼子、爬梯、平台、扶梯、烟囱紧固箍
Ⅲ类	墙架、挡风架、天窗架、组合檩条、钢支撑、上下挡、轻型屋架、滚动支架、悬挂支架、管道支架、零星金属构件

2. 工程量计算

构件运输、安装工程量计算方法与构件制作工程量计算方法相同（即：运输、安装工程量＝制作工程量）。但表 4-4 内构件由于在运输、安装过程中易发生损耗（损耗率见下表），工程量按下列规定计算：

制作、场外运输工程量＝设计工程量×1.018
安装工程量＝设计工程量×1.01

预制钢筋混凝土构件场内、外运输、安装损耗率（％）　　表 4-4

名称	场外运输	场内运输	安装
天窗架、端壁、桁条、支撑、踏步板、板类及厚度在 50mm 内薄型构件	0.8	0.5	0.5

木门窗运输按门窗洞口的面积（包括框、扇在内）以 100m² 计算，带纱扇另增洞口面积的按 40％计算。

预制构件安装后接头灌缝工程量均按预制钢筋混凝土构件实体积计算，柱与柱基的接头灌缝按单根柱的体积计算。

组合屋架安装，以混凝土实际体积计算，钢拉杆部分不另计算。

3. 计价表应用注意要点

（1）定额已包括混凝土构件、金属构件及门窗运输，运输距离应由构件堆放地（或构件加工厂）至施工现场距离确定。金属构件安装未包括场内运输费，如发生另计。

（2）综合已考虑了城镇、现场运输道路等级、上下坡等各种因素，不得因道路条件不同而调整定额。构件运输过程中，如遇道路、桥梁限载而发生的加固、拓宽和公安交通管理部门的保安护送以及沿途发生的过路、过桥等费用，应另行处理。

（3）现场预制构件已包括了机械回转半径 15m 以内的翻身就位。如受现场条件限制，混凝土构件不能就位预制，其费用应作调整。加工厂预制构件安装，定额中已考虑运距在 500m 以内的场内运输。场内运距如超过时，应扣去上列费用，另按 1km 以内的构件运输定额执行。

（4）定额子目中不含塔式起重机台班，其费用已包括在垂直运输机械费章节中。

（5）定额均不包括为安装工作需要所搭设的脚手架，若发生应按脚手架工程章节规定计算。

4. 计算实例

【例 4-7】 某工程从预制构件厂运输大型屋面板（6m×1m）100m³，8t 汽车，运输 9km，求屋面板运费及安装费（该工程为二类工程）。

【解】 1. 根据《2004 年江苏省计价表》规定，本工程大型屋面板为Ⅱ类构件。

2. 计算工程量：屋面板运输工程量＝100×1.018＝101.8（m³）

屋面板安装工程量＝100×1.01＝101.0（m³）

3. 套《计价表》表 7-9，单价换算：三类工程取费换算为二类工程取费

（6.24＋2.5＋70.89）＋（6.24＋70.89）×（30％＋12％）＝112.02（元/m³）

4. 套子目 7-82，单价换算：三类工程取费换算为二类工程取费

（11.96＋40.45＋27.4）＋（11.96＋27.4）×（30％＋12％）＝96.34（元/m³）

5. 计算费用

屋面板运输费＝100×1.018×112.02＝11403.64（元）

屋面板安装费＝100×1.01×96.34＝9730.34（元）

6. 列表，计算合价（见表 4-5）。

套价计算表　　　　　表 4-5

计价表编号	项目名称	工程量（m³）	单价（元）	合价（元）
7-9 换	屋面板运输费	101.8	112.02	11403.64
7-82 换	屋面板安装费	101.0	96.34	9730.34
合计				21133.98

4.3.8 木结构工程

木结构工程主要包括：木门、木窗、木屋架、檩条、屋面木基层、木楼梯及木柱、木梁等的制作、安装工程量计算。

1. 工程量计算

(1) 门、窗

门、窗制作、安装工程量按洞口面积计算。无框库房大门、特种门按设计门扇外围面积计算。

(2) 屋架

木屋架不论圆、方木,其制作安装均按设计断面以"m^3"计算,分别套相应子目,其后备长度及配制损耗已包括在子目内不另外计算(游沿木、风撑、剪刀撑、水平撑、夹板、垫木等木料并入相应屋架体积内)。

圆木屋架刨光时,圆木按直径增加 5mm 计算,附属于屋架的夹板、垫木等已并入相应的屋架制作项目中,不另计算;与屋架连接的挑檐木、支撑等工程量并入屋架体积内计算。圆木屋架连接的挑檐木、支撑等为方木时,方木部分按矩形檩木计算。

(3) 屋面木基层

屋面木基层,按屋面斜面积计算,不扣除附墙烟囱、风道、风帽底座和屋顶小气窗所占面积,小气窗出檐与木基层重叠部分亦不增加,气楼屋面的屋檐突出部分的面积并入计算。

檩木按"m^3"计算,简支檩木长度按设计图示中距增加 200mm 计算,如两端出山,檩条长度算至搏风板。连续檩条的长度按设计长度计算,接头长度按全部连续檩木的总体积的 5% 计算。檩条托木已包括在子目内,不另计算。

封檐板按图示檐口外围长度计算,搏风板按水平投影长度乘屋面坡度系数 C 后,单坡加 300mm,双坡加 500mm 计算。

(4) 木楼梯、木柱、木梁

木楼梯(包括休息平台和靠墙踢脚板)按水平投影面积计算,不扣除宽度小于 200mm 的楼梯井,伸入墙内部分的面积亦不另计算。

木柱、木梁制作安装均按设计断面竣工木料以"m^3"计算,其后备长度及配置损耗已包括在子目内。

2. 计价表应用注意要点

(1) 定额中木材均以一、二类木种为准,如采用三、四类木种,木门制作人工和机械费乘系数 1.3,木门安装人工乘系数 1.15,其他项目人工和机械费乘系数 1.35。

(2) 定额是按已成型的两个切断面规格料编制的,两个切断面以前的锯缝损耗按规定应另外计算。

(3) 定额中注明的木材断面或厚度均以毛料为准,如设计图纸注明的断面或厚度为净料时,应增加断面刨光损耗:一面刨光加 3mm,两面刨光加 5mm,圆木按直径增加 5mm。

(4) 木材是以自然干燥条件下的木材编制的,需要烘干时,其烘干费用及损耗另计。

3. 计算实例

【例 4-8】 已知某工程企口平开木板门共 20 樘,洞口尺寸 2.4m×2.6m;折叠式钢大门共 5 樘,洞口尺寸为 3.0m×2.6m;冷藏库门 2 樘,保温层厚 150mm,洞口尺寸为 3.0m×2.8m;请根据《2004 年江苏省计价表》计算该工程门窗价格(三类工程)。

【解】 1. 计算工程量如下。

企口木板大门制作、安装　2.4×2.6×20/10＝12.48（10m²）
折叠式钢大门制作、安装　3.0×2.6×5/10＝3.90（10m²）
冷藏库门樘、扇制作、安装（保温150mm）（3.0×2.8×2/10＝1.68（10m²）
2. 列表进行套价计算（见表4-6）。

套价计算表　　　　　　　　　　　　　　表4-6

计价表编号	项目名称	工程量（10m²）	单价（元）	合价（元）
8-1	企口木板大门制作	12.48	1087.87	13576.62
8-2	企口木板大门安装	12.48	554.35	6918.29
8-13	折叠式钢大门制作	3.90	1854.31	7231.81
8-14	折叠式钢大门安装	3.90	414.17	1615.26
8-17	冷藏库门樘制作、安装（150mm）	1.68	1312.11	2204.34
8-18	冷藏库门扇制作、安装（150mm）	1.68	3151.90	5295.19
合计				36841.51

4.3.9　防水及保温隔热工程

1. 工程量计算

（1）瓦屋面工程量

瓦屋面按图示尺寸的水平投影面积乘以屋面坡度延长系数 C 以"m²"计算（瓦出线已包括在内），不扣除房上烟囱、风帽底座、风道、屋面小气窗、斜沟等所占面积，屋面小气窗的出檐部分也不增加。

瓦屋面的屋脊、蝴蝶瓦的檐口花边、滴水应另列项目按"延长米"计算，四坡屋面斜脊长度按图 4-10 中的"B"乘以隅延长系数 D 以"延长米"计算。

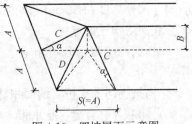

图 4-10　四坡屋面示意图

屋面坡度系数也称为屋面延尺系数，是指屋面放坡时，斜长与水平长度的比值。两坡水和四坡水屋面计算方法不太一致。

1）两坡水屋面坡度系数——k

$$k = \frac{C}{A} = \frac{\sqrt{A^2+B^2}}{A} = \sqrt{1+\left(\frac{B}{A}\right)^2} = \sqrt{1+i^2}$$

屋面斜面积：

$$S = L \times C \times 2 = L \times k \times A \times 2 = k \times 水平投影面积$$

2）四坡水屋面坡度系数——隅延长系数

屋面斜面积：

$$S = 隅延长系数 \times 屋面坡度系数$$

（2）复合板屋面工程量

彩钢夹芯板、彩钢复合板屋面按实铺面积以"m²"计算，支架、槽铝、角铝等均包含在定额内。

彩板屋脊、天沟、泛水、包角、山头按设计长度以"延长米"计算，堵头已包含在定额内。

（3）卷材屋面防水工程量

卷材屋面按图示尺寸的水平投影面积乘以规定的坡度系数以"m²"计算，但不扣除房上烟囱、风帽底座、风道所占面积。女儿墙、伸缩缝、天窗等处的弯起高度按图示尺寸计算并入屋面工程量内；如图纸无规定时，伸缩缝、女儿墙的弯起高度按250mm计算，天窗弯起高度按500mm计算并入屋面工程量内；檐沟、天沟按展开面积并入屋面工程量内。

油毡屋面均不包括附加层在内，附加层按设计尺寸和层数另行计算。

其他卷材屋面已包括附加层在内，不另行计算；收头、接缝材料已列入定额内。

刚性屋面、涂膜屋面工程量计算同卷材屋面。

(4) 平、立面防水工程量

涂刷油类防水按设计涂刷面积计算。

防水砂浆防水按设计抹灰面积计算，扣除凸出地面的构筑物、设备基础及室内铁道所占的面积。不扣除附墙垛、柱、间壁墙、附墙烟囱及0.3m²以内孔洞所占面积。

粘贴卷材、布类：

1) 平面：按主墙（承重墙）间净面积以"m²"计算，扣除凸出地面的构筑物、柱、设备基础等所占面积，不扣除附墙垛、间壁墙、附墙烟囱及0.3m²以内孔洞所占面积。与墙间连接处高度在500mm以内者，按展开面积计算并入平面工程量内，超过500mm时，按立面防水层计算。

2) 立面：按图示尺寸扣除立面孔洞所占面积（0.3m²以内孔洞不扣）以"m²"计算。

3) 构筑物防水层按实铺面积计算，不扣除0.3m²内孔洞面积。

(5) 伸缩缝、盖缝、止水带

按"延长米"计算，外墙伸缩缝在墙内、外双面填缝者，工程量应按双面计算。

(6) 屋面排水工程量

1) 铁皮排水项目：水落管按檐口滴水处算至设计室外地坪的高度以"延长米"计算，檐口处伸长部分（即马腿弯伸长）、勒脚和泄水口的弯起均不增加，但水落管遇到外墙腰线（需弯起的）按每条腰线增加长度25cm计算。檐沟、天沟均以图示"延长米"计算。白铁斜沟、泛水长度可按水平长度乘以延长系数或隅延长系数计算。水斗以"个"计算。

水落管长＝檐口标高＋室内外高差－0.2m（规范要求水落管离地0.2m）

2) 玻璃钢、PVC、铸铁水落管、檐沟均按图示尺寸以"延长米"计算。水斗，女儿墙弯头，铸铁落水口（带罩）均按"只"计算。

3) 阳台PVC管通水落管按只计算。每只阳台出水口至水落管中心线斜长按"1m"计。

(7) 保温隔热工程量

保温隔热层，按隔热材料净厚度以实铺面积按"m²"计算。

地面隔热层，按围护结构墙体内净面积计算，不扣除0.3m²以内孔洞所占的面积。

软木、聚苯乙烯泡沫板铺贴平顶，以图示"长×宽×厚"的体积以"m³"计算。

屋面架空隔热板、顶棚保温（沥青贴软木除外）层，按图示尺寸以实铺面积计算。在预算时，一般按女儿墙内墙内退240mm计算估计面积。

墙体隔热：外墙按隔热层中心线，内墙按隔热层净长，乘图示尺寸的高度及厚度，以

"m³"计算,应扣除冷藏门洞口和管道穿墙洞口所占的体积。

门口周围的隔热部分,按图示部位,分别套用墙体或地坪的相应定额,以"m³"计算。

2. 计价表应用注意要点

(1) 瓦材的规格与定额不同时,瓦的数量应换算,其他不变。

(2) 油毡卷材屋面包括刷冷底子油一遍,但不包括天沟、泛水、屋脊、檐口等处的附加层在内,其附加层应另行计算。其他卷材屋面均包括附加层。

(3) 高聚物、高分子防水卷材使用的粘结剂品种与定额不同时,粘结剂综合单价可以调整,其他不变。

(4) 伸缩缝项目中,除已注明规格可调整外,其余项目均不调整。

3. 计算实例

【例 4-9】 某办公楼屋面轴线尺寸为 12m×50m,建筑主体为 24 墙,屋顶设有女儿墙,平屋面构造见图 4-11 所示,试计算屋面工程量,并按《江苏省计价表》(2004)计算综合费用。

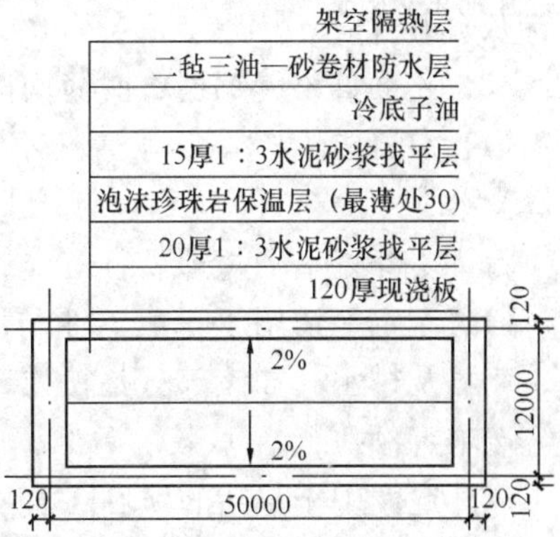

图 4-11 例 4-9 图

【解】 1. 计算各项系数

屋面坡度系数:$k = \sqrt{1 + 0.02^2} = 1.0002$

屋面水平投影面积:$S = (50 - 0.24) \times (12 - 0.24) = 49.76 \times 11.76 = 585.18 (m^2)$

2. 计算工程量

20mm 厚 1:3 水泥砂浆找平层:$S = 585.18 \times 1.0002 = 585.29$ (m²)

泡沫珍珠岩保温层:$V = 585.15 \times (0.03 + 2\% \times 11.76 \div 2 \div 2) = 51.96$ (m³)

15mm 厚 1:3 水泥砂浆找平层:$S = 585.29$ (m²)

二毡三油一砂卷材屋面:$S = 585.29 + (49.76 + 11.76) \times 2 \times 0.25 = 616.05$ (m²)

架空隔热层:$S = (49.76 - 0.24 \times 2) \times (11.76 - 0.24 \times 2) = 555.88$ (m²)

4.3.10 防腐耐酸工程

1. 工程量计算

(1) 防腐工程项目应区分防腐材料种类及厚度,按设计实铺面积以"m²"计算,扣除凸出地面的构筑物、设备基础所占的面积。

(2) 踢脚板按实铺长度乘以高度按"m²"计算,应扣除门洞所占面积并相应增加侧壁展开面积。

(3) 防腐卷材接缝附加层收头等工料,已计入定额中,不另行计算。

(4) 烟囱内表面涂抹隔离层,按筒身内壁的面积计算,并扣除孔洞面积。

2. 计价表应用注意的要点

(1) 整体面层和平面砌块料面层,适用于楼地面、平台的防腐面层。整体面层厚度,砌块料面层的规格,结合层厚度,灰缝宽度,各种胶泥、砂浆、混凝土的配合比,设计与定额不同应换算,但人工、机械不变。

(2) 块料面层以平面砌为准,立面砌时按平面砌的相应子目人工调整,其他不变。

4.3.11 厂区道路及排水工程

1. 工程量计算

(1) 整理路床、路肩和道路垫层、面层均按设计规定以"m²"计算。路牙（沿）以"延长米"计算。

(2) 钢筋混凝土井（池）底、壁、顶和砖砌井（池）壁不分厚度以实体积计算，池壁与排水管连接的壁上孔洞其排水管径在 300mm 以内所占的壁体积不予扣除；超过 300mm 时，应予扣除。所有井（池）壁孔洞上部砖，已包括在定额内，不另计算。井（池）底、壁抹灰合并计算。

(3) 路面伸缩缝锯缝、嵌缝均按"延长米"计算。

(4) 混凝土、PVC 排水管按不同管径分别按"延长米"计算，长度按两井间净长度计算。

2. 计价表应用注意要点

(1) 本定额适用于一般工业与民用建筑物（构筑物）所在的厂区或住宅小区内的道路、广场及排水。如该部分是按市政工程标准设计的，执行市政定额，设计图纸未注明时，按本定额执行。

(2) 定额中未包括的项目（如：土方、垫层、面层和管道基础等），应按本定额其他分部的相应项目执行。

4.3.12 楼地面装修工程

1. 主要项目工程量计算

(1) 地面垫层，按室内主墙间净面积乘以设计厚度以"m³"计算。应扣除凸出地面的构筑物、设备基础、室内铁道、地沟等所占体积；不扣除柱、垛、间壁墙、附墙烟囱及面积在 0.3m² 以内孔洞所占体积；但门洞、空圈、暖气包槽、壁龛的开口部分亦不增加。

(2) 整体面层、找平层，均按主墙间净空面积以"m²"计算。应扣除凸出地面建筑物、设备基础、地沟等所占面积；不扣除柱、垛、间壁墙、附墙烟囱及面积在 0.3m² 以内的孔洞所占面积；但门洞、空圈、暖气包槽、壁龛的开口部分亦不增加。看台台阶、阶梯教室地面整体面层按展开后的净面积计算。

(3) 地板及块料面层，按图示尺寸实铺面积以"m²"计算。应扣除凸出地面的构筑物、设备基础、柱、间壁墙等不做面层的部分；不扣除 0.3m² 以内的孔洞面积。门洞、空圈、暖气包槽、壁龛的开口部分的工程量另增，并入相应的面层内计算。

(4) 楼梯、台阶整体面层按楼梯的水平投影面积计算，块料面层亵展开实铺面积以"m²"计算。楼梯包括踏步板、踢脚板、休息平台、踢脚线。堵头工程量，楼梯间与走廊连接的应算至楼梯梁外侧，台阶工程量包括踏步及最上一步踏步口外延 300mm。

(5) 多色简单、复杂图案镶贴花岗岩、大理石，按镶贴图案的矩形面积计算；成品拼花石材铺贴按设计图案的面积计算。计算简单、复杂图案之外的面积，扣除简单、复杂图案面积时，也按矩形面积扣除。

(6) 水泥砂浆和水磨石踢脚板按延长米计算，洞口、空圈长度不予扣除，但洞口、空圈、垛、附墙烟囱等侧壁长亦不增加，块料面层踢脚板，应按实贴延长米计算，门洞扣除，侧壁增加。

2. 计价表应用注意要点

(1) 各种混凝土、砂浆强度等级、抹灰厚度,设计与定额规定不同时,可以换算。

(2) 整体面层子目中均包括基层与装饰面层。找平层砂浆设计厚度不同,按每增、减5mm找平层调整。粘结层砂浆厚度与定额不符时,按设计厚度调整。

(3) 整体面层、块料面层中的楼地面项目,均不包括踢脚线工料;水泥砂浆、水磨石楼梯包括踏步、踢脚板、踢脚线、平台、堵头,不包括楼梯底抹灰。

(4) 踢脚线高度是按150mm编制的,如设计高度与定额高度不同时,整体面层不调整,块料面层(不包括粘贴砂浆材料)按比例调整,其他不变。

(5) 花岗岩、大理石板局部切除并分色镶贴成折线图案者称"简单图案镶贴"。切除分色镶贴成弧线形图案者称"复杂图案镶贴",该两种图案镶贴应分别套用定额。凡市场供应的拼花石材成品铺贴,按拼花石材定额执行。

(6) 大理石、花岗岩板镶贴及切割费用已包括在定额内,但石材磨边未包括在内。

(7) 扶手、栏杆、栏板适用于楼梯、走廊及其他装饰性栏杆、栏板、扶手,栏杆定额项目中包括了弯头的制作、安装。设计栏杆、栏板的材料、规格、用量与定额不同,可以调整。定额中栏杆、栏板与楼梯踏步的连接是按预埋件焊接考虑的,设计用膨胀螺栓连接时,人工、材料费另行增加。

(8) 斜坡、散水、明沟按苏J9508图编制的,均包括挖(填)土、垫层、砌筑、抹面。采用其他图集时,材料含量可以调整,其他不变。

4.3.13 墙柱面装修工程

1. 主要项目工程量计算

(1) 内墙面抹灰:内墙面抹灰长度,以主墙间的图示净长计算,不扣除间壁所占的面积。其高度确定:不论有无踢脚线,其高度均自室内地坪面或楼面至顶棚底面。内墙面抹灰面积应扣除门窗洞口和空圈所占的面积,不扣除踢脚线、挂镜线、$0.3m^2$以内的孔洞和墙与构件交接处的面积。

(2) 外墙面抹灰面积按外墙面的垂直投影面积计算,应扣除门窗洞口和空圈所占的面积,不扣除$0.3m^2$以内孔洞面积,但门窗洞口和空圈的侧壁、顶面及垛等抹灰,应按结构展开面积并入墙面抹灰中计算。

(3) 阳台、雨篷抹灰按水平投影面积计算。定额中已包括顶面、底面、侧面及牛腿的全部抹灰面积。阳台栏杆、栏板、垂直遮阳板抹灰另列项目计算。栏板以单面垂直投影面积乘系数2.1。

(4) 镶贴块料面层及花岗岩(大理石)板挂贴:均按块料面层的建筑尺寸以展开面积计算(包括干挂空间、砂浆厚度、板厚等)。

(5) 内墙、柱面装饰:木装饰龙骨、衬板、面层及粘贴切片板按净面积计算,并扣除门、窗洞口及$0.3m^2$以上的孔洞所占面积,附墙及门、窗侧壁并入墙面工程量计算。单独门、窗套按第十七章的相应项目计算。

(6) 幕墙以框外围面积计算。幕墙与建筑顶端、两端的封边按图示尺寸以"m^2"计算,自然层的水平隔离与建筑物的连接按延长米计算(连接层包括上、下镀锌钢板在内)。

(7) 贴花岗岩或大理石板材的圆柱定额,分一个独立柱4拼或6拼贴两个子目,其工程量按贴好后的石材面外围周长乘柱高计算(有柱帽、柱脚时,柱高应扣除),石材柱墩、柱帽的工程量应按其结构的直径加10mm后的周长乘其柱墩、帽的高度计算,圆柱腰线按石材柱面的周长计算。柱身、柱墩、帽及柱腰线均应分别列子目计算。

2．计价表应用注意要点

（1）本节按中级抹灰考虑，设计砂浆品种、饰面材料规格如与定额取定不同时，应按设计调整，但人工数量不变。

（2）内外墙贴面砖的规格与定额取定规格不符，数量应进行调整。

（3）设计木墙裙的龙骨与定额间距、规格不同时，应按比例换算。

（4）混凝土墙、柱、梁面的抹灰底层已包括刷一道素水泥浆在内。木饰面子目的木基层均未含防火材料，设计要求刷防火漆，按相应定额执行。

（5）装饰面层中均未包括墙裙压顶线、压条、踢脚线、门窗贴脸等装饰线，设计有要求时，应按相应章节子目执行、铝合金幕墙龙骨含量、装饰板的品种设计要求与定额不同时应调整，但人工、机械不变。

4.3.14 顶棚装修工程

1．主要项目工程量计算

（1）顶棚饰面按净面积计算，不扣除间壁墙、检修孔、附墙烟囱、柱垛和管道所占面积，但应扣除独立柱、$0.3m^2$ 以上的灯饰面积（石膏板、夹板顶棚面层的灯饰面积不扣除）、与顶棚相连接的窗帘盒面积。

（2）顶棚龙骨按主墙间的水平投影面积计算。顶棚龙骨的吊筋按每 $10m^2$ 龙骨面积套相应子目计算。

（3）顶棚面抹灰按主墙间顶棚水平面积计算，不扣除间壁墙、垛、柱、附墙烟囱、检查洞、通风洞、管道等所占的面积。

密肋梁、井字梁、带梁顶棚抹灰面积，按展开面积计算，并入顶棚抹灰工程量内。斜顶棚抹灰按斜面积计算。

顶棚抹面如抹小圆角者，人工已包括在定额中，材料、机械按附注增加。如带装饰线者，其线分别按三道线以内或五道线以内，以"延长米"计算。

（4）楼梯底面、水平遮阳板底面和檐口顶棚，并入相应的顶棚抹灰工程量内计算。

2．计价表应用注意要点

（1）木龙骨、金属龙骨是按面层龙骨的方格尺寸取定的，其龙骨、断面的取定参考定额规定执行。

（2）顶棚吊筋、龙骨与面层应分开计算，按设计套用相应定额。计价表中，金属吊筋是按膨胀螺栓连接在楼板上考虑的，每付吊筋的规格、长度、配件及调整办法详见顶棚吊筋子目，设计吊筋与楼板底面预埋铁件焊接时也执行本定额。

（3）轻钢、铝合金龙骨是按双层编制的，设计为单层龙骨（大、中龙骨均在同一平面上）在套用定额时，应扣除定额中的小（付）龙骨及配件，人工调整，其他不变。

（4）胶合板面层在现场钻吸音孔时，按钻孔板部分的面积，增加人工计算。

（5）木质骨架及面层的上表面，未包括刷防火漆。

（6）顶棚面的抹灰按中级抹灰考虑。设计砂浆品种（纸筋石灰浆除外）厚度与定额不同均应按比例调整，但人工数量不变。

4.3.15 门窗工程

1．主要项目工程量计算

(1) 成品门窗

购入成品的各种铝合金门窗安装，按门窗洞口面积以"m^2"计算，购入成品的木门扇安装，按购入门扇的净面积计算。

(2) 现场制作金属门窗

现场铝合金门窗扇制作、安装按门窗洞口面积以"m^2"计算。

各种卷帘门按洞口高度加 600mm 乘卷帘门实际宽度的面积计算，卷帘门上有小门时，其卷帘门工程量应扣除小门面积。卷帘门上的小门按扇计算，卷帘门上电动提升装置以套计算，手动装置的材料、安装人工已包括在定额内，不另增加。

无框玻璃门按其洞口面积计算。无框玻璃门中，部分为固定门扇、部分为开启门扇时，工程量应分开计算。无框门上带亮子时，其亮子与固定门扇合并计算。

(3) 现场制作木门、窗框、扇制作、安装

各类木门窗（包括纱门、纱窗）制作、安装工程量均按门窗洞口面积以"m^2"计算。连门窗的工程量应分别计算，套用相应门、窗定额，窗的宽度算至门框外侧。

普通窗上部带有半圆窗的工程量应按普通窗和半圆窗分别计算，其分界线以普通窗和半圆窗之间的横框上边线为分界线。

2. 计价表应用注意要点

(1) 购入构件成品安装门窗单价中，除地弹簧、门夹、管子、拉手等特殊五金外，玻璃及一般五金已包括在相应的成品单价中，一般五金的安装人工已包括在定额内，特殊五金和安装人工应按"门、窗配件安装"的相应子目执行。

(2) 铝合金门窗制作、安装：

1) 铝合金门窗制作、安装是按在现场制作编制的，如在构件厂制作，也按本定额执行，但构件厂至现场的运输费用应按当地交通部门的规定运费执行（运费不进入取费基价）。

2) 铝合金门窗制作型材颜色分为古铜、银白色两种，应按设计分别套用定额，除银白色以外的其他颜色均按古铜色定额执行。各种铝合金型材规格、含量的取定详见计价表的附表"铝合金门窗用料表"，表中加括号的用量即为定额的取定含量。设计型材的规格与定额不符，应按附表的规格或设计用量另加损耗进行调整。

3) 门窗框与墙或柱的连接是按镀锌铁脚、膨胀螺栓连接考虑的，设计不同，定额中的铁脚、螺栓应扣除，其他连接件另外增加。

(3) 木门、窗制作安装：

1) 一般木门窗制作、安装及成品木门框扇的安装、制作是按机械和手工操作综合编制的。以一、二类木种为准，如采用三、四类木种，需进行系数调整。

2) 木材规格是按已成型的两个切断面规格编制的，两个切断面以前的锯缝损耗按总说明规定应另外计算。计价表中注明的木材断面或厚度均以毛料为准。

(4) 门窗制作安装的五金、铁件配件按"门窗五金配件安装"相应项目执行，安装人工已包括在相应定额内。设计门、窗玻璃品种、厚度与定额不符，单价应调整，数量不变。

4.3.16 油漆、涂料、裱糊工程

1. 主要项目工程量计算

（1）顶棚、墙、柱、梁面的喷（刷）涂料和抹灰面乳胶漆，工程量按实喷（刷）面积计算，但不扣除 0.3m² 以内的孔洞面积。

（2）各种木材面、金属面的油漆工程量均按构件的工程量乘相应系数计算。

2. 计价表应用注意要点

（1）涂料、油漆工程均采用手工操作，喷塑、喷涂、喷油采用机械喷枪操作，实际施工操作方法不同时，均按本定额执行。

（2）抹灰面乳胶漆裱糊墙纸饰面是根据现行工艺，将墙面封油刮腻子、清油封底、乳胶漆涂刷及墙纸裱糊分列子目，本定额乳胶漆、裱糊墙纸子目已包括再次找补腻子在内。

（3）涂料定额是按常规品种编制的，设计用的品种与定额不符，单价可以换算，其余不变。

4.3.17 其他零星工程

1. 主要项目工程量计算

（1）招牌

1）平面型招牌基层按正立面投影面积计算，箱体式钢结构招牌基层按外围体积计算。灯箱的面层按展开面积以"m²"计算。

2）沿雨篷、檐口或阳台走向的立式招牌基层，按平面招牌复杂型执行时，按展开面积计算。

3）招牌字按每个字面积划分子目，安装不论安装在何种墙面或其他部位均按字的个数计算。

（2）防潮层按实铺面积计算。台阶、楼梯按水平投影面积计算。

（3）大理石洗漱台板工程量按"m²"计算。浴帘杆、浴缸拉手及毛巾架以每付计算。镜面玻璃带框，按框的外围面积计算，不带框的镜面玻璃按玻璃面积计算。

（4）货架、柜橱类均以正立面的高（包括脚的高度在内）乘以宽以"m²"计算。收银台以"个"计算，其他以"延长米"为单位计算。

2. 计价表应用注意要点

（1）除铁件、钢骨架已包括刷防锈漆一遍外，其余均未包括涂刷油漆、防火漆的工料。

（2）字体安装均以成品安装为准，不分字体均执行本定额。

（3）装饰线条安装为线条成品安装，定额均以安装在墙面上为准。设计安装在顶棚面层时，需乘相应系数。设计装饰线条成品规格与定额不同应换算，但含量不变。

（4）石材装饰线条均以成品安装为准。石材装饰线条磨边、磨圆边均包括在成品的单价中，不再另计。

4.3.18 建筑物超高增加费用

在工程量清单计价模式下，建筑物超高增加费用，脚手架，模板工程，施工排水、降水、深基坑支护等以下各节均属于措施项目费用。

1. 工程量计算

（1）建筑物超高增加费以超过 20m 部分的建筑面积计算。

（2）单独装饰工程超高部分人工降效以超过 20m 部分的人工费分段计算。

2. 计价表应用注意要点

(1) 建筑物设计室外地面至檐口的高度(不包括女儿墙、屋顶水箱、突出屋面的电梯间、楼梯间等的高度)超过20m时,应计算超高费。超高费内容包括:人工降效、高压水泵摊销、临时垃圾管道等所需费用。超高费包干使用,不论实际发生多少,均按本定额执行,不调整。

(2) 超高费按下列规定计算:

1) 檐高超过20m部分的建筑物应按其超过部分的建筑面积计算。

2) 层高超过3.6m时,以每增高1m(不足0.1m按0.1m计算)按相应子目的20%计算,并随高度变化按比例递增。

3) 建筑物檐高高度超过20m,但其最高一层或其中一层楼面未超过20m时,则该楼层在20m以上部分仅能计算每增高1m的层高超高费。

4) 同一建筑物中有2个或2个以上的不同檐口高度时,应分别按不同高度竖向切面的建筑面积套用定额。

5) 单层建筑物(无楼隔层者)高度超过20m,其超过部分除构件安装按定额规定另行执行外,另再按本章相应项目计算每增高1m的层高超高费。

(3) 单独装饰工程超高人工降效"高度"和"层高",只要其中一个指标达到规定,即可套用该项目。

4.3.19 脚手架工程

工业与民用建筑工程在施工中需搭设的脚手架,应计算工程量,脚手架材料是周转材料,在预算定额中规定的材料消耗量是使用一次应摊销的材料数量。

1. 砌筑脚手架工程量计算

(1) 外墙脚手架按外墙外边线长度(如外墙有挑阳台,则每只阳台计算一个侧面宽度,计入外墙面长度内)乘以外墙高度以"m^2"计算。

(2) 内墙脚手架以内墙净长乘以内墙净高计算。有山尖者算至山尖1/2处的高度;有地下室时,自地下室室内地坪算至墙顶面高度。

(3) 砌体高度在3.60m以内者,套用里脚手架;高度超过3.60m者,套用外脚手架。

(4) 山墙自设计室外地坪至山尖1/2处高度超过3.60m时,该整个外山墙按相应外脚手架计算,内山墙按单排外架子计算。

(5) 独立砖(石)柱高度在3.60m以内者,脚手架以柱的结构外围周长乘以柱高计算,执行砌墙脚手架里架子;柱高超过3.60m者,以柱的结构外围周长加3.60m乘以柱高计算,执行砌墙脚手架外架子(单排)。

(6) 砖基础自设计室外地坪至垫层(或混凝土基础)上表面的深度超过1.50m时,按相应砌墙脚手架执行。

2. 现浇钢筋混凝土脚手架工程量计算

(1) 钢筋混凝土基础自设计室外地坪至垫层上表面的深度超过1.50m,同时带形基础底宽超过3.0m,独立基础、满堂基础、大型设备基础的底面积超过$16m^2$的混凝土浇捣脚手架,应按槽、坑土方规定放工作面后的底面积计算,按满堂脚手架相应定额乘以0.3系数计算脚手架费用。

(2) 现浇钢筋混凝土独立柱、单梁、墙高度超过3.60m应计算浇捣脚手架。柱的浇捣脚手架以柱的结构周长加 3.60m 乘以柱高计算；梁的浇捣脚手架按梁的净长乘以地面（或楼面）至梁顶面的高度计算；墙的浇捣脚手架以墙的净长乘以墙高计算。套柱、梁、墙混凝土浇捣脚手架。

（3）层高超过 3.60m 的钢筋混凝土框架柱、墙（楼板、屋面板为现浇板）所增加的混凝土浇捣脚手架费用，以每 10m^2 框架轴线水平投影面积，按满堂脚手架相应子目乘以 0.3 系数执行；层高超过 3.60m 的钢筋混凝土框架柱、梁、墙（楼板、屋面板为预制空心板）所增加的混凝土浇捣脚手架费用，以每 10m^2 框架轴线水平投影面积，按满堂脚手架相应子目乘以 0.4 系数执行。

3. 抹灰脚手架、满堂脚手架工程量计算

（1）抹灰脚手架

1）钢筋混凝土单梁、柱、墙脚手架：

A. 单梁：以梁净长乘以地坪（或楼面）至梁顶面高度计算；

B. 柱：以柱结构外围周长加 3.60m 乘以柱高计算；

C. 墙：以墙净长乘以地坪（或楼面）至板底高度计算。

2）墙面抹灰：以墙净长乘以净高计算。

3）如有满堂脚手架可以利用时，不再计算墙、柱、梁面抹灰脚手架。

4）顶棚抹灰高度在 3.60m 以内，按顶棚抹灰面（不扣除柱、梁所占的面积）以"m^2"计算。

（2）满堂脚手架

顶棚抹灰高度超过 3.60m，按室内净面积计算满堂脚手架，不扣除柱、垛、附墙烟囱所占面积。

1）基本层：高度在 8m 以内计算基本层；

2）增加层：高度超过 8m，每增加 2m，计算一层增加层，计算式如下：

余数在 0.6m 以内，不计算增加层，超过 0.6m，按增加一层计算。

3）满堂脚手架高度以室内地坪面（或楼面）至顶棚面或屋面板的底面为准（斜的顶棚或屋面板按平均高度计算）。室内挑台栏板外侧共享空间的装饰如无满堂脚手架利用时，按地面（或楼面）至顶层栏板顶面高度乘以栏板长度以"m^2"计算，套相应抹灰脚手架定额。

4. 计价表应用注意要点

（1）脚手架工程适用于檐高在 20m 以内的建筑物。檐高在 20m 以上的建筑物脚手架除按定额计算外，其超过部分所需增加的脚手架加固措施等费用，均按超高脚手架材料增加费子目执行。

（2）定额已按扣件钢管脚手架与竹脚手架综合编制，实际施工中不论使用何种脚手架材料，均按定额执行。

（3）高度在 3.60m 以内的墙面、顶棚、柱、梁抹灰（包括钉间壁、钉顶棚）用的脚手架费用套用 3.60m 以内的抹灰脚手架。如室内（包括地下室）净高超过 3.60m 时，顶棚需抹灰（包括钉顶棚）应按满堂脚手架计算，但其内墙抹灰不再计算脚手架。高度在 3.60m 以上的内墙面抹灰，如无满堂脚手架可以利用时，可按墙面垂直投影面积计算抹灰脚手架。

(4) 建筑物室内净高超过 3.60m 的钉板间壁以其净长乘以高度可计算一次脚手架（按抹灰脚手架定额执行），顶棚吊筋与面层按其水平投影面积计算一次满堂脚手架。

(5) 顶棚面层高度在 3.60m 内，吊筋与楼层的连接点高度超过 3.60m，应按满堂脚手架相应项目基价乘以 0.60 计算。

(6) 室内顶棚面层净高 3.60m 以内的钉顶棚、钉间壁的脚手架与其抹灰的脚手架合并计算一次脚手架，套用 3.60m 以内的抹灰脚手架。单独顶棚抹灰计算一次脚手架，按满堂脚架相应项目乘以系数。

(7) 室内顶棚面层净高超过 3.60m 的钉顶棚、钉间壁的脚手架与其抹灰的脚手架合并计算一次满堂脚手架。室内顶棚净高超过 3.60m 的板下勾缝、刷浆、油漆可另行计算一次脚手架费用，按满堂脚手架相应项目乘以系数；墙、柱梁面刷浆、油漆的脚手架按抹灰脚手架相应项目乘以系数。

(8) 超高脚手架材料增加费：

1) 檐高超过 20m 部分的建筑物应按其超过部分的建筑面积计算。

2) 层高超过 3.6m 每增高 0.1m 按增高 1m 的比例换算（不足 0.1m 按 0.1m 计算），按相应项目执行。

3) 建筑物檐高高度超过 20m，但其最高一层或其中一层楼面未超过 20m 时，则该楼层在 20m 以上部分仅能计算每增高 1m 的增加费。

4) 同一建筑物中有 2 个或 2 个以上的不同檐口高度时，应分别按不同高度竖向切面的建筑面积套用相应子目。

5) 单层建筑物（无楼隔层者）高度超过 20m，其超过部分除构件安装按第七章的规定执行外，另再按本章相应项目计算每增高 1m 的脚手架材料增加费。

5. 计算实例

【例 4-10】 某独立砖柱 20 个，柱断面尺寸为 490mm×490mm，柱顶面高度为 2.8m，计算该柱砌筑脚手架工程量。

【解】 根据工程量计算规则，本工程柱顶高度为 2.8m，小于定额规定的 3.6m

该柱的砌筑脚手架工程量为：柱结构外围周长×柱高，即：

$$(0.49 \times 4) \times 2.8 \times 20 = 109.76 (m^2)$$

【例 4-11】 某单层建筑物，一砖外墙，轴线尺寸：纵墙长 20m，横墙宽 8m，室内顶棚净高 9.2m，求顶棚抹灰脚手架工程量，并按《江苏省计价表》(2004)（三类工程）计算费用。

【解】 该工程需套用满堂脚手架定额。

计价表规定，基本层高度为 8m，本工程顶高为 9.2m，需计算增加层。

增加层按每增加高度计算一层增加层，余数超过 0.6m，按增加一层计算，本工程超过 0.6m，计算一层增加层。

满堂脚手架工程量定额规定按室内净面积计算，该工程顶棚抹灰脚手架工程量为：

$$基本层 = (20-0.24) \times (8-0.24) = 153.34 (m^2)$$

增加层：9.2-8=1.2 (m) 计算 1 个增加层

计价表注规定，单独用于抹灰的满堂脚手架按相应定额子目乘系数 0.7，故该项目需换算。列表计算费用（见表 4-7）。

套价计算表　　　　　　　　　　　　　　　　表4-7

计价表编号	项目名称	工程量（10m²）	单价（元）	合价（元）
19-8	满堂脚手架基本层	15.334	79.12×0.7	849.26
19-9	满堂脚手架增加层	15.334	17.52×0.7	188.06
合计				1037.32

4.3.20 模板工程

1. 现浇混凝土及钢筋混凝土模板工程

（1）现浇混凝土及钢筋混凝土模板工程量除另有规定者外，均按混凝土与模板的接触面积以"m²"计算。

若使用含模量计算模板接触面积者，其工程量计算式为：

$$模板工程量 = 构件体积 \times 相应项目含模量$$

（2）钢筋混凝土墙、板上单孔面积在 0.3m² 以内的孔洞，不予扣除，洞侧壁模板不另增加，但突出墙面的侧壁模板应相应增加。单孔面积在 0.3m² 以外的孔洞，应予扣除，洞侧壁模板面积并入墙、板模板工程量之内计算。

（3）现浇钢筋混凝土框架分别按柱、梁、墙、板有关规定计算，墙上单面附墙柱并入墙内工程量计算，双面附墙柱按柱计算，但后浇墙、板带的工程量不扣除。

（4）预制混凝土板间或边补现浇板缝，缝宽在 100mm 以上者，模板按平板定额计算。

（5）构造柱外露均应按图示外露部分计算面积（锯齿形，则按锯齿形最宽面计算模板宽度），构造柱与墙接触面不计算模板面积。

（6）现浇混凝土雨篷、阳台、水平挑板，按图示挑出墙面以外板底尺寸的水平投影面积计算。挑出墙外的牛腿及板边模板已包括在内。复式雨篷挑口内侧净高超过 250mm 时，其超过部分按挑檐定额计算。竖向挑板 100mm 内按墙定额执行。

（7）楼板后浇带以"延长米"计算（整板基础的后浇带不包括在内）。

（8）栏杆按扶手的"延长米"计算，栏板竖向挑板按模板接触面积以"m²"计算。扶手、栏板的斜长按水平投影长度乘系数 1.18 计算。

（9）砖侧模分别不同厚度，按实砌面积以"m²"计算。

2. 现场预制钢筋混凝土构件模板工程

（1）现场预制构件模板工程量，除另有规定者外，均按模板接触面积以平方米计算。若使用含模量计算模板面积者，其工程量＝构件体积×相应项目的含模量。砖地模费用已包括在定额含量中，不再另行计算。

（2）镂空花格窗、花格芯按外围面积计算。

（3）预制桩不扣除桩尖虚体积。

（4）加工厂预制构件有此项目，而现场预制无此项目，实际在现场预制时模板按加工厂预制模板子目执行。现场预制构件有此项目，加工厂预制构件无此项目，实际在加工厂预制时，其模板按现场预制模板子目执行。

3. 计价表应用注意要点

（1）为便于施工企业快速报价，计价表在附录中列出了混凝土构件的模板含量表，供使用单位参考。按设计图纸计算模板接触面积或使用混凝土含模量折算模板面积，两种方法仅能使用其中一种,相互不得混用。使用含模量者,竣工结算时模板面积不得调整。

(2) 现浇构件模板

1) 现浇构件模板子目按不同构件分别编制了组合钢模板配钢支撑、复合木模板配钢支撑,使用时,任选一种套用。

2) 现浇钢筋混凝土柱、梁、墙、板的支模高度以净高(底层无地下室者高需另加室内外高差)在 3.6m 以内为准。但其脚手架费用另按脚手架工程有关规定执行。

3) 模板项目中,仅列出周转木材而无钢支撑的项目,其支撑量已含在周转木材中,模板与支撑按 7∶3 拆分。

4) 混凝土底板面积在 1000m² 内,有梁式满堂基础的反梁或地下室墙侧面的模板如用砖侧模时,砖侧模的费用应另外增加,同时扣除相应的模板面积(总量不得超过总含模量);超过 1000m² 时,反梁用砖侧模,则砖侧模及边模的组合钢模应分别另列项目计算。

5) 地下室后浇墙带的模板应按施工组织设计另行计算,但混凝土墙体模板含量不扣。

4. 计算示例

【例 4-12】 某工程设有钢筋混凝土柱 20 根,柱下独立基础形式如图 4-12 所示,试计算该工程独立基础模板工程量。

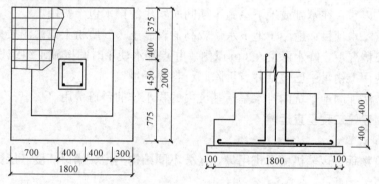

图 4-12 例 4-12 图

【解】 根据上图所示,该独立基础为阶梯形,其模板接触面积应分阶计算如下:
$$S_{上} = (1.2+1.25) \times 2 \times 0.4 = 1.96 (m^2)$$
$$S_{下} = (1.8+2.0) \times 2 \times 0.4 = 3.04 (m^2)$$

独立基础模板工程量:$S = (1.96+3.04) \times 20 = 100 (m^2)$

【例 4-13】 某工程有 20 根现浇钢筋混凝土矩形单梁 L1,其截面和配筋如下图 4-13 所示,试计算该工程现浇单梁模板的工程量。

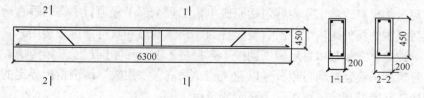

图 4-13 例 4-13 图

【解】 根据图 4-13 所示,计算如下:

梁底模:$6.3 \times 0.2 = 1.26$ (m²)

梁侧模：6.3×0.45×2＝5.67（m²）
模板工程量：（1.26＋5.67）×20＝138.6（m²）

4.3.21 施工排水、降水、深基坑支护

1. 工程量计算

（1）人工土方施工排水不分土质类别、挖土深度，按挖湿土工程量以"m³"计算。

（2）基坑、地下室排水按土方基坑的底面积以"m²"计算。

（3）强夯法加固地基坑内排水，按强夯法加固地基工程量以"m²"计算。

（4）井点降水50根为一套，累计根数不足一套者按一套计算，井点使用定额单位为套天，一天按24小时计算。井管的安装、拆除以"根"计算。

（5）基坑钢管支撑以坑内的钢立柱、支撑、围檩、活络接头、法兰盘、预埋铁件的合并重量按"t"计算。

2. 计价表应用注意要点

（1）人工土方施工排水：是在人工开挖湿土、淤泥、流砂等施工过程中的地下水排放发生的机械排水台班费用。

（2）基坑排水项目：是指地下常水位以下、基坑底面积超过20m²（两个条件同时具备）土方开挖以后，在基础或地下室施工期间所发生的排水包干费用。

（3）井点降水项目：适用于地下水位较高的粉砂土、砂质粉土或淤泥质夹薄层砂性土的地层。一般情况下，降水深度在6m以内。井点降水使用时间按施工组织设计确定。井点降水材料使用摊销量中已包括井点拆除时材料损耗量。

（4）强夯法加固地基坑内排水是指基坑内的积水排抽台班费用。

4.3.22 建筑工程垂直运输

1. 工程量计算

（1）建筑物垂直运输机械台班用量，区分不同结构类型、檐口高度（层数）按国家工期定额以日历天计算。

（2）单独装饰工程垂直运输机械台班，区分不同施工机械、垂直运输高度、层数、按定额工日分别计算。

（3）烟囱、水塔、筒仓垂直运输机械台班，以"座"计算。超过定额规定高度时，按每增高1m定额项目计算。高度不足1m，按1m计算。

（4）施工塔吊、电梯基础，塔吊及电梯与建筑物连接件，按施工塔吊及电梯的不同型号以"台"计算。

2. 计价表应用注意要点

（1）建筑物垂直运输工作内容包括完成单位工程全部工程项目所需的垂直运输机械台班，不包括机械的场外运输、一次安装、拆卸、路基铺垫和轨道铺拆等费用。

（2）单独地下室工程项目定额工期按不含打桩工期，自基础挖土开始考虑。

（3）建筑物垂直运输项目划分是以建筑物"檐高"、"层数"两个指标界定的，只要其中一个指标达到定额规定，即可套用该定额子目。

（4）当建筑物垂直运输机械数量与定额不同时，可按比例调整定额含量。

4.3.23 场内二次搬运

1. 工程量计算

砂子、石子、毛石、块石、炉渣、矿渣、石灰膏按堆积原方计算。混凝土构件及水泥制品按实体积计算。玻璃按标准箱计算。其他材料按表中计量单位计算。

2. 计价表应用注意要点

二次搬运费用，适用于市区沿街建筑在现场堆放材料有困难，汽车不能将材料运入巷内的建筑，材料不能直接运到单位工程周边需再次中转，建设单位不能按正常合理的施工组织设计提供材料，构件堆放场地和临时设施用地的工程而发生的二次搬运费用。

水平运距的计算，分别以取料中心点为起点，以材料堆放中心为终点。超运距增加运距不足整数者，进位取整计算。

4.4 工程量清单项目计价

清单项目的工程量计算规则是以项目实体的净尺寸计算，即工程完工后的实物工程量，这与国际通用做法是一致的。

清单项目的综合单价是完成工程量清单中一个规定计量单位项目所需的人工费、材料费、机械使用费、管理费和利润，并考虑风险因素。在实际计算过程中，招标人一般按《计价表》中给定的数据计算管理费和利润，但投标人就需按实际测算自己的管理费率和管理费水平进行报价。

4.4.1 工程量清单综合单价的确定

"计价规范"规定，单位工程造价由分部分项工程费、措施项目费、其他项目费和规费、税金组成。

分部分项工程费是由各清单项目的工程量乘以清单项目综合单价汇总，即：

$$分部分项工程费=\Sigma（清单项目工程量\times综合单价）$$

清单项目的工程量由工程量清单提供，投标人的投标报价须在工程量清单的基础上先计算出各清单项目的单价，即组价。在提交投标文件的同时，须按招标人的要求提交综合单价分析表，以便于评标。

综合单价确定的主要依据有：招投标文件、合同条件、工程量清单和定额。投标人应按工程量清单中对清单项目名称的表述来确定完成该清单所需的人工费、材料费、机械使用费、管理费和利润，并考虑风险因素。确定方法是采用定额（计价表）组价。

清单综合单价的确定步骤包括：

（1）确定清单项目，核实工程内容，计算清单工程量。

（2）根据设计文件、施工图以及计价表（预算定额）工程量计算规则计算预算工程量。

（3）选套计价表（预算定额）。

（4）计算应计入分部分项工程综合单价内的有关费用。

（5）计算分部分项工程费用合计。

（6）由合计值除以清单工程量，即为该分部分项工程综合单价。

4.4.2 建筑工程分部分项工程量清单计价项目

分部分项工程量清单项目的设置，是以形成工程实体为主，即指形成生产和工艺作用的主要实体部分，对次要或附属部分不设项目，它是计量的前提。根据"建筑工程工程量清单项目及计算规则"所计算的工程量，是指建筑物和构筑物的实体净用量，施工中所发生的材料、成品、半成品的各种制作、运输、安装等的一切损耗，应包括在报价中。

本节按照计价规范的章节顺序进行简要介绍清单项目计价需注意的一些内容，工程量计算规则不再叙述。

1. 土（石）方工程（0101）

（1）概况：本章共分3节10个项目。包括土方工程、石方工程、土（石）方回填。适用于建筑物和构筑物的土石方开挖及回填工程。

（2）应用注意要点：

1）平整场地的工程量"按建筑物首层面积计算"，如施工组织设计规定超面积平整场地时，超出部分应包括在报价内。

2）根据施工方案规定的放坡、操作工作面和机械挖土进出施工工作面的坡道等的增加的施工量，施工增量的弃土运输，都应包括在挖基础土方报价内。

3）深基础的支护结构，如钢板桩、H钢桩、预制钢筋混凝土板桩、钻孔灌注混凝土排桩挡墙、人工挖孔灌注混凝土排桩挡墙、预制钢筋混凝土排桩挡墙、旋喷桩地下连续墙和基坑内的水平钢支撑、水平钢筋混凝土支撑、锚杆拉固、基坑外拉锚、排桩的圈梁、H钢桩之间的木挡土板以及施工降水等，应列入工程量清单措施项目费内。

4）管沟土方工程量不论有无管沟设计，均按长度计算。管沟开挖加宽工作面、放坡和接口处加宽工作面，应包括在管沟土方报价内。

5）"土（石）方回填"项目适用于场地回填、室内回填和基础回填，并包括指定范围内的运输及借土回填的土方开挖。

2. 桩与地基基础工程（0102）

（1）概况：本章共3节12个项目。包括混凝土桩、其他桩、地基与边坡的处理，适用于地基与边坡的处理、加固。

（2）应用注意要点：

1）试桩应按"预制钢筋混凝土桩"项目单独编码列项；试桩与打桩之间间歇时间，机械在现场的停滞时间，应包括在打试桩报价内。

2）预制桩若刷防护材料、场外运输，其费用应包括在报价内。

3）人工挖孔时采用的护壁（如：砖砌护壁、预制钢筋混凝土护壁、现浇钢筋混凝土护壁、钢模周转护壁、竹笼护壁等），应包括在报价内。

4）本章各项目适用于工程实体，如：地下连续墙适用于构成建筑物、构筑物地下结构部分的永久性的复合型地下连续墙。作为深基础支护结构，应列入清单措施项目费，在分部分项工程量清单中不反映其项目。

5）桩的钢筋（如灌注桩的钢筋笼）、地下连续墙的钢筋网、锚杆支护、土钉支护的锚杆及钢筋网、预制桩头钢筋等，应按"混凝土及钢筋混凝土工程"中钢筋项目编码列项。

6）各种桩（除预制钢筋混凝土桩）的充盈量，应包括在报价内。

3. 砌筑工程（0103）

（1）概况：本章共6节25个项目。包括砖基础、砖砌体、砖构筑物、砌块砌体、石砌体、砖散水、地坪、地沟。适用于建筑物、构筑物的砌筑工程。

（2）应用注意要点：

1)基础垫层包括在各类基础项目内、垫层的材料种类、厚度、材料的强度等级、配合比,应在工程量清单内描述。

2)"砖基础"项目适用于各种类型砖基础,包括柱基础、墙基础、烟囱基础、水塔基础、管道基础等。对基础类型应在工程量清单中进行描述。

3)"实心砖墙"项目适用于各种类型实心砖墙,可分为外墙、内墙、围墙、双面混水墙、双面清水墙、单面清水墙、直形墙、弧形墙、以及不同的墙厚,砌筑砂浆分为水泥砂浆、混合砂浆以及不同强度,不同的砖强度等级,加浆勾缝等,应在工程量清单项目中一一进行描述。①女儿墙的砖压顶、围墙的砖压顶突出墙面部分不计算体积,压顶顶面凹进墙面的部分也不扣除。②墙内砖平、砖拱、砖过梁的体积不扣除,应包括在报价内。

4)"实心砖柱"项目适用于各种类型柱、矩形柱、异形柱、圆柱、包柱等。工程量应扣除混凝土及钢筋混凝土梁垫、梁头、板头所占体积。

5)"零星砖砌"项目适用于台阶、台阶挡墙、梯带、锅台、炉灶、蹲台等。①台阶工程量可按水平投影面积计算(不包括梯带或台阶挡墙)。②小型池槽、锅台、炉灶可按个计算,以"长×宽×高"顺序标明外形尺寸。③砖砌小便槽可按长度计算。

6)标准砖墙厚度按表4-8计算(每增加1/2砖,墙厚增加125mm):

标准砖墙厚度　　　　　表4-8

砖数(厚度)	1/4	1/2	3/4	1	1.5	2	2.5	3
计算厚度(mm)	53	115	180	240	365	490	615	740

4.混凝土及钢筋混凝土工程(0104)

(1)概况:本章共17节69个项目。包括现浇混凝土基础、现浇混凝土柱、现浇混凝土梁、现浇混凝土墙、现浇混凝土板、现浇混凝土楼梯、现浇混凝土其他构件、后浇带、预制混凝土柱、预制混凝土梁、预制混凝土屋架、预制混凝土板、预制混凝土楼梯、其他预制构件、混凝土构筑物、钢筋工程、螺栓铁件等。适用于建筑物、构筑物的混凝土工程。

(2)应用注意要点:

1)"设备基础"项目适用于设备的块体基础、框架基础等。但螺栓孔灌浆包括在报价内。

2)"桩承台基础"项目适用于浇筑在组桩(如:梅花桩)上的承台,工程量不扣除浇入承台体积内的桩头所占体积。

3)"矩形柱"、"异形柱"项目适用于各种类型柱,除无梁板柱的高度计算至柱帽下表面,其他柱都计算全高。

4)"直形墙"、"弧形墙"项目也适用于电梯井。

5)现浇构件中固定位置的支撑钢筋、双层钢筋用"铁马"、伸出构件的锚固钢筋、预制构件的吊钩等,应并入钢筋工程量内。钢筋的搭接、弯钩等设计规定长度也应计算在钢筋工程数量内,但钢筋的制作、安装、运输损耗由投标人考虑在报价内。

6)现浇构件中钢筋的连接已采用了电渣压力焊、机械连接的不得再计算钢筋的搭接数量。

7)混凝土板采用浇筑复合高强薄型空心管时,其工程量应扣除管所占体积,复合高强薄型空心管应包括在报价内。采用轻质材料浇筑在有梁板内,轻质材料应包括在报价内。

8)"后浇带"项目适用于梁、墙、板等的后浇带。

9)滑模筒仓按"贮仓"项目编码列项。

10)滑模烟囱按"烟囱"项目编码列项。

11)"电缆沟、地沟""散水、坡道"需抹灰时,应包括在报价内。

12)预制构件的吊装机械(如:履带式起重机、轮胎式起重机、汽车式起重机、塔式起重机等)不包括在项目内,应列入措施项目清单。

13)钢网架在地面组装后的整体提升、倒锥壳水箱在地面就位预制后的提升设备(如:液压千斤顶及操作台等)应列在垂直运输费内。

5. 厂库房大门、特种门、木结构工程(0105)

(1)概况:本章共分3节11个项目。包括厂库房大门、特种门、木屋架、木构件。适用于建筑物、构筑物的特种门和木结构工程。

(2)应用注意要点:

1)"钢木大门"项目适用于厂库房的平开、推拉、单面铺木板、双面铺木板、防风型、保暖型等各类型钢木大门。钢骨架制作、安装及刷防火漆均应包括在报价内。

2)"特种门"项目适用于各种防射线门、密闭门、保温门、隔音门、冷藏库门、冷藏冻结间门等特殊使用功能门。

3)"木楼梯"项目适用于楼梯和爬梯。楼梯的防滑条应包括在报价内。

4)设计规定使用干燥木材时,干燥损耗及干燥费应包括在报价内。

5)木材出材率应包括在报价内。

6. 金属结构工程(0106)

(1)概况:本章共7节24个项目。包括钢屋架、钢网架、钢托架、钢桁架、钢柱、钢梁、压型钢板楼板、墙板、钢构件、金属网。适用于建筑物、构筑物的钢结构工程。

(2)应用注意要点:

1)钢结构的除锈刷漆包括在报价内。

2)钢构件的拼装台的搭拆和材料摊销应列入措施项目费。

3)"钢支撑"项目适用于柱间支撑及屋架支撑。

4)"钢栏杆"项目适用于工业厂房平台栏杆。

5)钢构件需探伤(包括射线探伤、超声波探伤、磁粉探伤、金相探伤、着色探伤、荧光探伤)应包括在报价内。

7. 屋面及防水工程(0107)

(1)概况:本章共3节12个项目。包括瓦、型材屋面、屋面防水墙、地面防水、防潮。适用于建筑物屋面工程。

(2)应用注意要点:

1)"屋面卷材防水"项目适用于利用胶结材料粘贴卷材进行防水的屋面。

A. 基层处理(清理修补、刷基层处理剂)等应包括在报价内。

B. 檐沟、天沟、水落口、泛水收头、变形缝等处的卷材附加层应包括在报价内。

C. 浅色、反射涂料保护层、绿豆砂保护层、细砂、云母及蛭石保护层等应包括在报价内。

  D. 水泥砂浆保护层、细石混凝土保护层应包括在报价内。

 2)"屋面涂膜防水"项目适用于厚质材料、薄质涂料和有加增强材料或无加增强材料的涂膜防水屋面。

  A. 需加强材料的应包括在报价内。

  B. 其余同"屋面卷材防水"项目需注意的内容。

 3)"屋面刚性防水"项目适用于细石混凝土、补偿收缩混凝土、块体混凝土、预应力混凝土和钢纤维混凝土刚性防水屋面。刚性防水屋面的分格缝、泛水、变形缝部位的防水卷材、密封材料、背衬材料、沥青麻丝等均应包括在报价内。

 4)"屋面天沟、沿沟"项目适用于水泥砂浆天沟、细石混凝土天沟、预制混凝土天沟板、卷材天沟、玻璃钢天沟、镀锌薄钢板天沟等；塑料沿沟、镀锌薄钢板沿沟、玻璃钢沿沟等。

 天沟、檐沟固定卡件、支撑件；天沟、檐沟的接缝、嵌缝材料均应包括在报价内。天沟、檐沟表面需刷防护材料时，其价款应计入报价内。

 5)"卷材防水"、"涂膜防水"项目适用于基础、楼地面、墙面等部位的防水。

  A. 抹找平层、刷基层处理剂、刷胶粘剂、胶粘防水卷材应包括在报价内。

  B. 特殊处理部分（如：管道的通道部位）的嵌缝材料、附加卷材衬垫等应包括在报价内。

  C. 永久保护层（如：砖墙、混凝土地坪）应按本章相关项目编码列项。

  D. 工程内容中的"抹找平层"所涉及的定额项目只适用于楼、地面防水工程；墙面防水做找平层时，可参考上述定额项目，其价款计入墙面防水项目报价内。

  E. 在使用消耗量定额报价时，基层处理剂、刷胶粘贴卷材、特殊部位处理等已经包括在相应定额项目内；找平层需另行计算，并入相应项目报价内。

 6)"砂浆防水（潮）"项目适用于地下、基础、楼地面、墙面等部位的防水防潮。

  A. 防水、防潮层的外加剂应包括在报价内。

  B. 设计要求加钢丝网片时，钢丝网片应包括在报价内。

 7)"变形缝"项目适用于基础、墙体、屋面等部位的抗震缝、伸缩缝、沉降缝。

  A. 嵌缝材料填塞、止水带安装、盖板制作、安装包括在报价内。

  B. 表面需刷防护材料时，其价款应计入报价内。

 8)型材屋面表面需刷油漆时，应按"装饰装修工程工程量清单计价方法"中相关项目编码列项。

 9)"膜结构"屋面项目中，支撑柱的钢筋混凝土柱基、锚固的钢筋混凝土基础以及地脚螺栓等按"混凝土及钢筋混凝土"中相关项目编码列项。

 8. 防腐、隔热、保温工程（0108）

 (1) 概况：本章共3节14个项目。包括防腐面层、其他防腐、隔热、保温工程。适用于工业与民用建筑的基础、地面、墙面防腐，楼地面、墙体、屋盖的保温隔热工程。

 (2) 应用注意要点：

 1)防腐工程中需酸化处理时应包括在报价内。

 2)防腐工程中的养护应包括在报价内。

3) 保温的面层应包括在项目内，面层外的装饰面层按附录 B 相关项目编码列项。

4.4.3 装饰装修工程分部分项工程量清单计价项目

1. 楼地面工程（0201）

（1）概况：本章共 9 节 42 个子目。包括整体面层、块料面层、橡塑面层、其他材料面层、踢脚线、楼梯装饰、扶手、栏杆、栏板装饰、台阶装饰、零星装饰等项目。适用于楼地面、楼梯、台阶等装饰工程。

（2）应用注意要点：

1）零星装饰适用于小面积（0.5m^2 以内）少量分散的楼地面装饰，其工程部位或名称应在清单项目中进行描述。

2）楼梯、台阶侧面装饰，可按零星装饰项目编码列项，并在清单项目中进行描述。

3）不扣除间壁墙和面积在 0.3m^2 以内的柱、垛、附墙烟囱及孔洞所占面积。

4）单跑楼梯不论其中间是否有休息平台，其工程量与双跑楼梯同样计算。

5）台阶面层与平台面层是同一种材料时，平台计算面层后，台阶不再计算最上一层踏步面积；如台阶计算最上一层踏步（加 30cm），平台面层中必须扣除该面积。

6）"水磨石构件"需要打蜡抛光时，包括在报价内。

2. 墙、柱面工程（0202）

（1）概况：本章共 10 节 25 个项目。包括墙面抹灰、柱面抹灰、零星抹灰、墙面镶贴块料、柱面镶贴块料、零星镶贴块料，墙饰面、柱（梁）饰面、隔断、幕墙等工程。适用于一般抹灰、装饰抹灰工程。

（2）应用注意要点：

1）零星抹灰和零星镶贴块料面层项目适用于小面积（0.5m^2）以内少量分散的抹灰和块料面层。

2）设置在隔断、幕墙上的门窗，可包括在隔墙、幕墙项目报价内，也可单独编码列项，并在清单项目中进行描述。

3）墙面抹灰不扣除与构件交接处的面积，是指墙与梁的交接处所占面积，不包括墙与楼板的交接。

4）柱的一般抹灰和装饰抹灰及勾缝，以柱断面周长乘以高度计算，柱断面周长是指结构断面周长。

5）装饰板柱（梁）面按设计图示外围饰面尺寸乘以高度（长度）以面积计算。外围饰面尺寸是饰面的表面尺寸。

3. 顶棚工程（0203）

（1）概况：本章共 3 节 9 个项目。包括顶棚抹灰、顶棚吊顶、顶棚其他装饰。适用于顶棚装饰工程。

（2）应用注意要点：

1）顶棚的检查孔、顶棚内的检修走道、灯槽等应包括在报价内。

2）顶棚吊顶的平面、跌级、锯齿形、阶梯形、吊挂式、藻井式以及矩形、弧形、拱形等应在清单项目中进行描述。

3）顶棚抹灰与顶棚吊顶工程量计算规则有所不同：顶棚抹灰不扣除柱垛所占面积；顶棚吊顶不扣除柱垛所占面积，但应扣除独立柱所占面积。柱垛是指与墙体相连的柱而突出墙体部分。

4) 顶棚吊顶应扣除与顶棚吊顶相连的窗帘盒所占的面积。

5) 隔栅吊顶、吊筒吊顶、藤条造型悬挂吊顶、织物软吊顶、网架（装饰）吊顶均按设计图示的吊顶尺寸水平投影面积计算。

6) "抹装饰线条"线角的道数以一个突出的棱角为一道线，应在报价时注意。

4. 门窗工程（0204）

(1) 概况：本章共 9 节 57 个项目。包括木门、金属门、金属卷帘门、其他门，木窗、金属窗、门窗套、窗帘盒、窗帘轨、窗台板。适用于门窗工程。

(2) 应用注意要点：门窗框与洞口之间缝的填塞，应包括在报价内。

5. 油漆、涂料、裱糊工程（0205）

(1) 概况：本章共 9 节 29 个项目。包括门油漆、窗油漆、扶手、板条面、线面条、木材面油漆、金属面油漆、抹灰面油漆、喷刷涂料、裱糊等。适用于门窗油漆、金属、抹灰面油漆工程。

(2) 应用注意要点：

1) 有关项目中已包括油漆、涂料的不再单独按本章列项。

2) 楼梯木扶手工程量按中心线斜长计算，弯头长度应计算在扶手长度内。

3) 木板、纤维板、胶合板油漆，单面油漆按单面面积计算，双面油漆按双面面积计算。

4) 空花格、栏杆刷涂料工程量按外框单面垂直投影面积计算，应注意其展开面积工料消耗应包括在报价内。

5) 墙纸和织锦缎的裱糊，应注意要求对花还是不对花。

6. 其他工程（0206）

(1) 概况：本章共 7 节 48 个项目。包括饰线、雨篷、旗杆、招牌、灯箱、美术字等项目。适用于装饰物件的制作、安装工程。

(2) 应用注意要点：

1) 压条、装饰线项目，已包括在门扇、墙柱面、顶棚等项目内，不再单独列项。

2) 洗漱台现场制作，切割、磨边等人工、机械的费用应包括在报价内。

4.4.4 措施项目清单

(1) 措施项目清单的编制应考虑多种因素，除工程本身的因素外，还涉及水文、气象、环境、安全等和施工企业的实际情况。清单规范中提供"措施项目清单一览表"，可以作为列项的参考。措施项目清单以"项"为计量单位，相应数量为"1"。

(2) 工程量清单编制人可作补充。投标人对措施项目清单中所列项目和内容，也应根据企业自身特点和施工组织设计进行增减。因为投标人要对拟建工程可能发生的措施项目和措施费用应作全面考虑，一般措施项目清单一经报出，即可认为是包括了一个有经验的承包商能预料的所有应该发生的措施项目的全部费用。

应注意：降水、排水、基坑支护等；生产、生活的一次性投入以及大型机械设备的进出场和安拆费、临时设施费；为满足工期和施工工序要求而必须的夜间施工增加费、冬雨期施工增加费；为满足安全、文明、环保而必须投入的文明施工费、安全施工费、环境保护费等，这些费用，一般不予调整。但对于模板摊销费用，因与实体工程量的变化相关，若清单工程量变化超过一定幅度时应考虑调整，可在签合同时明确其调整办法。

(3) 有限制性要求的措施费：

对于文明施工费、环境保护费、安全施工费、临时设施费、安全防护文明等措施费，建设部建办〔2005〕89号文有具体规定要求。虽然是措施费，但作用相当于规费。

复 习 思 考 题

1. 工程量计算的一般原则有哪些？
2. 工程量计算方法有哪些？
3. 什么是建筑面积，建筑面积包括哪些部分？
4. 单层建筑物的建筑面积如何计算，多层建筑物的建筑面积如何计算？
5. 阳台的建筑面积如何计算，雨篷的建筑面积如何计算？
6. 不计算建筑面积的范围有哪些？
7. 人工挖土方、挖地槽、挖地坑有何区别？
8. 砌筑工程中基础与墙身的划分界线是如何规定的？
9. 砌筑工程中内、外墙工程量的计算规定有哪些？
10. 钢筋工程中现浇构件、预制构件、加工厂预制构件、预应力构件的钢筋分别是如何计算的？
11. 混凝土工程中何谓有梁式带形基础，何谓无梁式带形基础？
12. 防水及保温隔热工程中坡屋面的防水工程量如何计算？
13. 楼地面装修工程中整体面层楼地面与块料面层楼地面工程的工程量计算有什么不同？

第5章 安装工程计价

5.1 安装工程计价的特点

安装工程计价在编制原理和编制方法上与土建工程计价的要求是一致的,但在计算规则、计算内容、计费规定等方面不尽相同。

5.1.1 安装工程量的计算特点

1. 工程量计量单位

安装工程量是指以物理计量单位或自然计量单位表示的安装工程各项目的实物量,是计价编制中分项计价的具体内容。

物理计量单位是指法定的计量单位,它包括长度、面积、体积和重量4种计量单位。自然计量单位是指建筑成品表现在自然状态下的简单点数计量。汉语中的自然计量单位,因物而异,称呼不同。台、套、组、个、只、系统、块等,都属于自然计量单位。

土建工程多数是以米、平方米、立方米、重量或者是它们的倍数为工程量计量单位,而安装工程除管线按不同规格、敷设方式,以长度(m)计量外,设备装置多以自然单位计量。如配电柜(盘)、灯具、插座、阀门、卫生洁具、散热器等。只有少数项目才涉及到其他物理计理单位。如通风管路按展开面积(m^2)、管道的保温绝热按体积(m^3)、金属构配件按重量(t)等。

2. 工程量计算数据来源

土建工程的工程量应严格地按规定计量单位和图示大小分部逐项计算。而安装工程施工图中,一般不标注具体尺寸,只表示管线系统联络和设备位置。各种设备、装置等的安装工程量为在施工图上直接点数的自然计量,计数比较简便。以长度计量的管、线敷设,工程量为水平长度与垂直高度之和。管线水平长度可用平面图上的尺寸进行推算,也可用比例尺直接量取;垂直高度一般采用图上标高的高差求得。

安装工程量的计算还可利用材料表或设备清单表内列出的主体设备、材料的规格、数量,从而进一步简化了计算工作。

5.1.2 安装工程计价的编制特点

安装工程计价的编制依据和编制程序与土建工程计价的要求基本相同,只是技术专业和具体资料内容上有所差异,以及取费基数的不同。

1. 不同专业分别计价

专业不同标志为不同的单位工程,单位工程是计价编制的基本单元。不同安装专业,设计图纸不同,使用的计价依据不同,需要分别计算计价。

2. 部分工程费用采用"系数法"计价

在工程量清单计价模式下,属于企业性质的施工方法、措施和人工、材料、机械的消耗量水平、管理费和利润取费等完全由企业自己确定,即企业自主报价。目前各施工企业尚未形成自己的企业定额，消耗在工程实体上实物消耗量的标准仍需要以预算定额规定值为参考依据，因此《全国统一安装工程预算定额》以及各省市为配合《工程量清单计价规范》实施编制的配套使用计价表，如《江苏省安装工程计价表》和配套使用的《江苏省安装工程费用计算规则》等，仍将是安装工程计价的重要依据。

安装预算定额在执行过程中，对工作内容和施工技术要求与定额项目不同的、有一些相同或不便于列入定额单价表中的费用项目，允许换算或调整。安装定额中规定了两类系数，以增减安装费基价。一类是子目系数，指只涉及定额项目自身的局部调整系数，如在定额的各章、节中规定的各种换算系数、超高系数、高层系数、高层建筑增加系数等。另一类是综合系数，指符合条件时，所有项目进行整体调整的系数，如脚手架搭拆系数、采暖系统调整费、通风空调系统调整费、安装与生产同时施工增加费系数、在有害身体健康环境中的施工增加费系数等。子目系数调整值可直接进入预算项目；综合系数调整值应在预算表内单独列项，进入定额直接费。子目系数是综合系数的计算基础，故应先计算子目系数，再计算综合系数。利用两类系数计取的费用中所含的人工费构成了定额人工费，也是计算各种应取费用的基础。

在确定清单项目的综合单价时，对安装预算定额用两类系数确定的费用项目，结合实际需要情况，通过工程所在地区的现行文件规定，采用"系数法"计算，将相关费用计入清单项目的综合单价。

3. 设备与材料的划分

（1）设备与材料划分的目的

1）在供应工作上分清职责，以免安装设备与安装材料发生漏项或重复。设备一般由建设单位供应，安装材料一般由施工单位供应。

2）建设单位、施工单位双方应分清管理范围，便于编制计划进行管理。凡属设备安装价目表以外设备本身所需材料，虽由施工单位供应，但费用系设备费开支。凡属设备安装内的安装耗用材料费，概由施工单位开支，必须明确范围便于管理。

（2）设备与材料划分的原则

1）凡是经过加工制造，由多种材料和部件按各自用途组成独特结构，具有功能、容量及能量传递或转换性能的机械、容器和其他机械、成套装置等，均称为设备。设备分为需要安装和不需要安装的设备，及标准设备和非标准设备。

2）为完成建筑、安装工程所需的经过工业加工的原料和在工艺生产过程中不起单元工艺生产作用的设备本体以外的零配件、附件、成品、半成品等，均称为材料。

5.2 工程量计算的一般原则与方法

定额计价和清单计价都离不开"工程量"这一基本数据，因为每一个具体工程和结构构（配）件制作、安装过程所耗费的费用数额，都是以其工程数量与相应单位价格相乘之积求得的。工程量计算的正确与否，直接影响到各个分项工程直接工程费计算的正确，从而影响到工程造价的准确性。工程量计算在整个工程计价的过程中是极为重要的环节。

5.2.1 工程量计算的一般原则

1. 工程量计算规则必须与《工程量清单计价规范》或定额相吻合

不同的专业的清单项目或定额，其"计算规则"内容不同。执行哪一册定额，则相应执行同一册的工程量计算规则，不得相互串用，除另有规定者外。《工程量清单计价规范》与定额的工程量计算规则有着以下三个方面的区别：

（1）计量单位的变动。工程量清单项目的计量单位一般采用基本计量单位，如"m"、"kg"、"t"等。定额中计量单位则有扩大单位，如1000m^3、100m^2、10m、100kg等。个别项目的计量单位有所不同，如安装工程中净置设备制作，清单工程量以"台"为单位，定额工程量以"t"为计量单位。

（2）计算范围及综合内容的变动。清单工程量计算是按完成完整实体项目所需工作内容列项，其名称是以主体工程名称命名，其计算范围涵盖了主体工程项目及主体工程项目以外的其他工程项目的全部工程内容。而定额工程量计算仅针对单一的工作内容，其组合的仅是单一工作内容的各个工序。如铸铁散热器的安装，清单的工作内容包括：铸铁散热器的安装、散热器除锈、散热器刷油三项工作内容，而定额工作内容仅有铸铁散热器的安装一项。

（3）计算方法的改变。清单项目的工程量是以工程实体的净值为准。而定额工程量的计算有的项目需在净值的基础上，加上人为规定的预留量，这个量随施工方法、措施的不同而不同。主要表现在土方工程和电气设备安装工程上。

2. 工作内容必须与所采用《工程量清单计价规范》或定额中包括的内容和范围一致

计算工程量时要熟悉《工程量清单计价规范》或定额中每个分项工程所包括的内容和范围，以避免重复列项和漏计项目。例如：管道安装项目工作内容不包括留（打）眼和堵洞眼。在计算其工程量时，还要列项计算打眼和堵洞眼的工程量；而电气安装工程的电线管和钢管明配项目，工作内容则包括打埋过墙管洞，并且打眼是以手工和电动操作综合考虑的，因此在计算其工程量时，就不得另列项计算打眼和堵眼的工程量。

3. 计算的精确程度要与《工程量清单计价规范》或定额要求一致

工程量在计算的过程中，一般可保留三位小数。计算结果以"t"为单位，应保留小数点后三位，第四位四舍五入；以"m^3"、"m^2"、"m"为单位，应保留小数点后两位，第三位四舍五入；以"个"、"项"为单位的，应取整数。

5.2.2 工程量计算顺序

工程量计算既要做到迅速，又要做到不漏算和重复计算；为了便于计算和复核，一般安装工程，通常采用下面4种不同顺序：

（1）顺序计算法：从管（线）路某一位置开始，沿介质（水汽流）流动方向到某设备（用器），按顺序计算。

（2）树干式计算法：干支管（线）分别计算，先计算总干管（线），再计算支管进户（室）管（线）。

（3）分部位计算法：按平面图计算各水平部分的管（线），再按系统计算垂直部分管（线）。

（4）编号计算法：按图纸上的编号顺序分类计算。

5.2.3 工程量计算注意要点

（1）熟悉《工程量清单计价规范》或定额分项及其内容，是防止重项与漏项的关键。首先根据施工图内容，对照相应的《工程量清单计价规范》或定额确定计算项目，确定相应编码，然后再逐项计算工程量。

（2）管线部分，一定要看懂系统图和原理图，根据由进至出、从干到支、从低到高、先外后内的顺序，按不同敷设方式，分规格逐段计算其长度。管线计算应按相关规定加入"余量"。

（3）设备及仪器、仪表等，要区分成套或单件，按不同规格型号在施工图上点清数目，与材料表（或设备清单）对照后，最后确定预算工程量。多层建筑要逐层有序地清点，并对照其在系统中的位置。

（4）凡以物理计量单位（m、m^2、m^3、t）确定安装工程量的设备、管道及零部件等，其工程量的计算，有的可查表（重量），有的先定长度再计算（风管要用展开面积"m^2"），有的用几何尺寸和公式计算，这些方法都应以《工程量清单计价规范》或有关定额说明为依据。

安装工程量的计算应列表进行，并有计算式。主要尺寸的来源应标注清楚，管线应标注代号及方向（→、←、↑、↓），以利于检查复核。

5.3 给水排水、采暖、燃气工程计价

常见的管道有输送净水的给水管、泄放污水的排水管、提供热源的供热管、供应燃料的燃气管、改善空气的通风管以及输油管道、化工管道、压缩空气管道等。

以管道为中心的安装工程，因专业分工的不同，划分为给水排水工程、采暖工程、燃气工程、通风空调工程、工艺管道工程、长距离输送管道工程等。

本节主要介绍一般工业与民用建筑工程中，常见的给水排水、采暖、燃气工程的清单项目工程量计算和计价方法。

5.3.1 给排水工程概述

供给符合标准的生产、生活和消防用水的管路系列工程，称为给水（上水）工程，给水工程分室外给水和室内给水两部分。排放生产废水、生活污水和雨（雪）水的管路系列工程，称为排水（下水）工程。排水工程分室外排水和室内排水两部分。

1. 室内给水工程

（1）室内给水系统的组成

室内给水系统基本是由以下几个部分组成：

1）引入管。是室外给水管道与室内给水管网之间的联络管段。其作用是将水从室外给水管网引入到建筑物内部，一般建筑引入管设置一条，对于不允许间断供水的可设两条或两条以上。

2）水表结点。是用水量的计量装置。一般设置在进水管上和室外的水表井内，为了检修水表，水表前后设置阀门，并有符合产品标准规定的直线管段。

3）管网系统。由干管、立管和支管组成。

4）用水设备。由水龙头、卫生器具等设备组成。

5）管道附件。为了便于取用、调节和检修，在供水管路上需要设置各种给水附件，如各种阀门和水龙头等。

6）增压和贮水设备。为确保建筑安全供水和稳定水压的需要，室内给水管网需设置

各种附属设备，如水泵、水箱、水池或气压给水装置等。

（2）室内给水系统的分类

室内给水系统按用途不同分为以下三类：供生活、洗涤用水的生活给水系统，供生产用水的生产给水系统，供扑灭火灾用水的消防给水系统。这三个给水系统不一定单独设置，常常是两者或三者并用的联合系统。

（3）室内给水系统的给水方式

通常取决于建筑物的性质、高度、配水点布置情况，并根据所需用水的压力、流量、水质要求及室外管网流量及水压情况而决定采用何种给水方式。最基本的给水方式有：

1）直接给水方式。适用于外网能满足用水要求的建筑。

2）设水箱的给水方式。适用于室外管网的水压周期性不足时采用。在用水低峰时室外管网水压高，水箱进水；当用水高峰时室外管网水压低，水箱向室内给水系统供水。

3）设水泵的给水方式。在室外给水管网水压经常性不足时采用，这种方式在系统中常增设贮水池。

4）分区、分压给水方式。即在建筑物的垂直方向按层分段，各段为一区，分别组成各自的给水系统。这种方式可以解决低层管道中静水压力过大的问题，从而使各区最低卫生设备或用水设备处的静水压力小于其工作压力，以免配水装置的零件损坏漏水，同时可以提高给水的安全可靠性。

2. 室内排水工程

（1）室内排水系统的组成

1）污（废）水收集器。各种卫生器具、排放生产废水的设备、雨水斗及地漏。

2）存水弯。是连接在卫生器具与排水支管之间的管件，防止排水管内腐臭、有害气体、虫类等通过排水管进入室内。

3）排水管道系统。由排水横支管、排水立管、埋地干管和排出管组成。横支管是将卫生器具或其他设备流来的污水排到立管中去。排水立管是连接各排水支管的垂直总管。埋地干管连接各排水立管。排出管将室内污水排到室外第一个检查井。

4）通气管系。是使室内排水管与大气相通，减少排水管内空气波动，保护存水弯的水封不被破坏。常用的有器具通气管、环形通气管、安全通气管、专用通气管和结合通气管等。

5）清通设备。是疏通排水管道、保障排水畅通的设备。包括检查口、清扫口和室内检查井。

（2）室内排水系统的分类

根据所接纳的污废水类型不同，可分为生活污水管道系统、工业废水管道系统和屋面雨水管道系统三类。生活污水管道系统是收集排除居住建筑、公共建筑及工厂生产间生活污水的管道，可分为粪便污水管道系统和生活废水管道系统。工业废水管道系统公式收集排除生产过程中所排出的污废水，按其污染程度分为生产污水排水系统和生产废水排水系统。屋面雨水管道系统是收集排除建筑屋面上雨、雪水的管道。

雨水的排泄，一般是从屋面至室外下水道，构成独立系统，属土建工程内容。室内生活、生产污水，视具体情况，采用分流或合流制排水系统，属于安装工程内容。各种排水管路的布置及其系统规划，有具体的原则和设计规范，并受到环保条例的制约。

5.3.2 采暖工程概述

采暖是用人工的方法向室内供给热量，保持一定的室内温度，以创造适宜的生活条件或工作条件的技术。采暖系统包括热源、热网和热用户。热源制备热水或蒸汽，由热网输配到各热用户使用。目前最广泛应用的热源是锅炉房和热电厂，也可以利用核能、地热、太阳能、电能、工业余热作为采暖系统的热源。热网是由热源向热用户输送和分配供热介质的管道系统。热用户是指从采暖系统获得热能的用热装置。

1. 采暖系统的组成

室内采暖系统（以热水采暖系统为例）一般由主立管、水平干管、支立管、散热器横支管、散热器、排气装置、阀门等组成。热水由入口经总立管、供水干管、各支立管、散热器供水支管进入散热器，放出热量后经散热器回水支管、立管、回水干管流出系统。排气装置用于排除系统内的空气，阀门起调节和启闭作用。

2. 采暖系统的分类

（1）按热媒种类分类，可分为热水采暖系统、蒸汽采暖系统和热风采暖系统。
（2）按供回水方式分类，可分为上供下回式、上供上回式、下供下回式、中供式等。
（3）按散热器的连接方式分类。可分为垂直式与水平式系统。
（4）按连接散热器的管道数量分类，可分为单管系统和双管系统。
（5）按并联环路水的流程分类，可分为同程式系统与异程式系统。

采暖系统管道通常采用钢管，室外部分采用无缝钢管和钢板卷焊管，室内部分常采用普通焊接钢管或无缝钢管。钢管连接采用焊接、法兰盘连接和丝扣连接。室内管道常借助三通、四通和管接头等配件进行丝扣连接。

5.3.3 燃气工程概述

燃气是可燃气体为主要组分的混合气体燃料，城市燃气是指符合国家规范要求的，供给居民生活、公共建筑和工业企业生产作燃料用的、公用性质的燃气，主要有人工煤气、天然气和液化石油气。城市燃气管网通常包括街道燃气管网和庭院燃气管网两部分。庭院燃气管网是指燃气总阀门井以后至各建筑物前的户外管网。街道燃气管网（高压或中压）经过区域调压站后，进入街道低压管网，再经庭院管网进入用户，临近街道的建筑物也可直接由街道管网引入。

室内燃气管道系统一般由用户引入管、干管、立管、用户支管、燃气计量表、燃气用具连接管组成。从庭院燃气管顶接出引入管应以 0.5％的坡度坡向室外管网。引入管连接多根立管时，应设水平干管。立管是将燃气由引入管（或水平干管）分送到各层的管道，在第一层设置阀门。由立管引向各单独用户计量表及燃气用具的管道称为用户支管，在每层的上部接出，在厨房内的安装高度不低于 1.7m，并由燃气计量表分别坡向立管和燃气用具。燃气表上伸出支管，再接橡皮胶管通向燃气用具。

燃气工程结构比较简单，其管道的布置近似于给水管道，都属于有压输管。但是燃气为气体介质，"跑漏"不易发现，且易造成事故，故对管道的密封要求十分严格。燃气管道材料应根据系统压力和敷设条件选用，一般情况下，煤气、天然气的中、低压管道系统可以采用铸铁管或聚乙烯管和钢管，而高压系统必须采用钢管。液态、气态液化石油气管道均采用钢管。室外主要干管多用无缝钢管，接口以焊接为主；采用上水铸铁管时，需在管座结构、接口工艺上采取措施，埋地管道要进行防腐处理。室内管道采用镀锌钢管。

5.3.4 与其他有关工程的界限划分

1. 室内外管道界限的划分

(1) 给水管道以建筑物外墙皮 1.5m 处为分界点,入口处设有阀门的以阀门处为分界点。

(2) 排水管道以排水管出户后第一个检查井为界。

(3) 采暖管道以建筑物外墙皮 1.5m 为界,入口处设阀门的以阀门为界。

(4) 燃气管道从地下引入室内的以室内第一个阀门为界,从地上引入室内的以墙外三通为界。

2. 与市政管道的界限划分

(1) 给水管道以计量表为界,无计量表的以与市政管道碰头点为界。

(2) 排水管道以室外排水管道最后一个检查井为界,无检查井的以与市政管道碰头点为界。

(3) 由市政管网统一供热的按各供热站为分界线,由室外管网至供热站外墙皮 1.5m 处的主管道为市政工程,由供热站往外送热的管道以外墙皮 1.5m 处分界,分界点以外为采暖工程。

(4) 与锅炉房内的管道界限划分。锅炉房内的生活用给水排水、采暖工程属附录 8 工程内容。锅炉房内锅炉配管、软化水管、锅炉供排水、供气、水泵之间的连接管等属工业管道范围。锅炉房外墙皮以外的给水排水、采暖管道属附录 8 工程范围。

5.3.5 给水排水、采暖、燃气工程清单项目工程量计算与计价方法

《工程量清单计价规范》的附录 C.8 中的给水排水、采暖、燃气工程系指生活用给水排水工程、采暖工程、生活用燃气工程安装,以及管道、附配件安装和小型容器制作等。其中包括管道安装、管道附件安装、管道支架制作安装、器具安装、工程系统调试等项目。

1. 管道安装、管道支架制作安装和管道附件安装 (030801～030803)

工作内容为管道、管件及弯管的制作、安装;管件安装(指铜管管件、不锈钢管管件)套管(包括防水套管)制作、安装;管道除锈、刷油、防腐;管道绝热及保护层安装、除锈、刷油;给水管道消毒、冲洗;水压及泄露试验。

(1) 清单项目设置

管道安装应按安装部位、输送介质、管径、材质、连接形式、接口材料、除锈标准、刷油、防腐、绝热、保护层等不同特征设置清单项目。编制工程量清单时,应明确描述各项特征,以便计(报)价。

1) 安装部位应明确是室内还是室外。

2) 输送介质指给水、排水、热媒体、燃气、雨水。

3) 材质应指明是焊接钢管(镀锌、不镀锌)、无缝钢管、铸铁管(一般铸铁、球墨铸铁)、铜管(T1、T2、T3、H59—96)、不锈钢管、非金属管(PVC、PPC、PPR、PE)等。

4) 连接方式应说明接口形式,如螺纹连接、焊接、承接、卡接、热熔、粘结等。

5) 接口材料指承插连接管道的接口材料,如铅、膨胀水泥、石棉水泥等。

6) 套管形式指铁皮套管、防水套管、一般钢套管。

7) 除锈标准指为管材除锈的要求、如手工除锈、机械除锈、化学除锈、喷砂除锈等。

8) 防腐、刷油、绝热及保护层设计要求指管道刷油种类和遍数、绝热材料及厚度、保护层材料等。

9) 室外管道应指明土质种类（如一类土、四类土）、管沟深度、是否有弃土外运及其运距、土方回填的压实要求等。

(2) 工程量计算

1) 管道安装清单项目工程量按设计图示管道中心线长度以延长米计算，不扣除阀门、管件（包括减压器、疏水器、水表、伸缩器等组成安装）及各种井类所占的长度；方形补偿器以其所占长度按管道安装工程量计算。

2) 管道支架制作工程量按设计图示质量计算。管道附件工程量按设计图示数量计算（包括浮球阀、手动排气阀、不锈钢阀门、煤气减压阀、液相自动转换阀、过滤阀等）。

3) 室外给排水管沟土石方工程量按设计图示以管道中心线长度计算。

(3) 计价方法

根据工程量清单所给的主体项目工程量及其特征描述，分别按所描述的工程内容计算其相应的工程量，然后对每一分部分项工程在综合单价分析表内再做单价分析。承包人报价时，做单价分析的依据首先选用企业定额，没有企业定额时，可以用统一定额或按经验报价。计价时，每段管道的防腐应分别计入各自管道的综合单价内。管道土石方工程量不论有无管沟断面设计，管沟开挖加宽工作面、放坡和接口处加宽的工作面，应包含在管沟土方报价内。采用多管同一管道直埋时，管间距离必须符合有关规范的要求。

室外给排水管道安装，应特别注意地下不可预见因素对工程计价的影响。有条件时应进行现场实地踏勘，核对所给资料的准确性，如地形、地貌、土质、地下水、管道施工对邻近建筑物的影响等，应充分考虑到针对地上、地下的各种不利因素所要采取的措施性支出。

管道安装包括管件、弯管的制作安装、水压试验、冲洗消毒（或闭水试验）等各项工程内容的费用。清单计价时，其管道沟土方的清单工程量是按管长计算，但土方工程量的费用应根据施工组织设计的管沟断面形状所确定的实际开挖量计算，按清单工程量分摊计算综合单价。

2. 卫生器具制作安装 (030804)

(1) 卫生器具分类

1) 便溺用卫器，包括大、小便器和大、小便槽。大便器分为蹲式和坐式，小便器分为挂斗式和立斗式，挂斗式和立斗式又分为普通式和自动冲洗式。

2) 盥洗、淋浴用卫生器具。包括洗脸盆、盥洗槽、浴盆、淋浴器、净身盆等。

3) 洗涤用卫生器具，包括洗涤盆、污水盆等。

4) 其他专用卫生器具，包括饮水器、消毒器、地漏、地面扫除器等。

5) 冲洗设备，包括冲洗箱、冲洗阀和冲洗管等。

(2) 清单项目设置

各类卫生器具应按材质及组装形式、型号、规格、开关种类、连接方式等不同特征编制清单项目。下述特征必须在清单中明确描述，以便计价。即：卫生器具中浴盆的材质（搪瓷、铸铁、玻璃钢、塑料）、规格（1400、1650、1800）、组装形式（冷水、冷热水、冷热水带喷头），洗脸盆的型号（立式、台式、普通）、规格、组装形式（冷水、冷热水）、开关种类（蹲式、坐式、低水箱、高水箱）、开关及冲洗形式（普通冲洗阀冲洗、手压冲洗、脚踏冲洗、自闭式冲洗），小便器规格、型号、（挂斗式、立式），水箱的形状（圆形、方形）、重量等。

（3）工程量计算

各种卫生器具制作安装工程量按设计图示数量计算，由于其计量单位是自然计量单位，故工程量的计算比较简单，只按设计数量统计即可，应注意卫生器具组内所包括的阀门、水龙头、冲洗管等不能再另行计算工程量。

（4）计价方法

卫生器具是按成套（组）计价，在计价时应注意清单描述的工作内容，如卫生器具所附带的冲洗管、阀门、水龙头、角阀等，以便做单价分析时正确计价。

5.3.6　给水排水、采暖、燃气工程计价的相关说明

（1）分部分项工程综合单价应按实际操作的工程量计价，如管道沟土石方工程量，应按施工组织设计所确定的断面形状计算实际开挖量，按体积计算出相应的工程费用后，再按清单工程量（管道长度）分摊，得出单位长度的综合单价。

（2）管道绝热工程施工误差所增加的数量，应根据本企业的技术水平和施工方案确定，计入综合单价。

（3）法兰阀门安装，减压器、疏水器等组成安装应特别注意清单描述，根据清单描述的工程内容计价。

（4）以下费用可根据需要情况选择计入综合单价：

1）高层建筑增加费。

2）安装与生产同时进行增加费。

3）在有害身体健康环境中施工增加费。

4）安装物安装高度超高施工增加费。

5）设置在管道间、管廊内管道施工增加费。

6）现场浇筑的主体结构配合施工增加费。

（5）给水排水、采暖、燃气工程可能发生的措施项目有：临时设施、文明施工、安全施工、二次搬运、已完工程及设备保护费、脚手架搭拆费。措施项目清单应单独编制，并应按措施项目清单编制要求计价。

（6）编制本附录清单项目如涉及到管沟及管沟的土石方、垫层、基础、砌筑抹灰、地沟盖板、土石方回填、土石方运输等工程内容时，按《工程量清单计价规范》附录A的相关项目编制工程量清单。路面开挖及修复、管道支墩、井砌筑等工程内容，按附录D有关项目编制工程量清单。

（7）清单项目如涉及到管道除锈、油漆，支架的除锈、油漆，管道的绝热、防腐等工程量清单项目，可参照《全国统一安装工程预算定额》刷油、防腐蚀、绝热工程册的工料机耗用量计价。

5.4 消防工程计价

5.4.1 消防工程概述

为扑灭工业与民用建筑物内部和居住小区范围内火灾的消防设施及其相关装置,称作消防工程。对于各类火灾,根据构筑物的性质及燃烧物特性,可以使用水、泡沫、干粉、气体(二氧化碳等)作为灭火剂来扑灭火灾。消防工程可分为室外和室内两大系统部分。室内消防系统按其功能的不同,一般分为水灭火系统、气体灭火系统和泡沫灭火系统三类。

1. 水灭火系统

水灭火系统主要包括消火栓给水系统、自动喷洒消防系统、水幕消防系统。

(1) 消火栓给水系统:是设有消火栓、水带、水枪的消防栓箱柜,消防水池、消防水箱,增压设备等组成的固定式灭火系统。室内消火栓是一种内扣式接口的球形阀式龙头,有单出口和双出口两种类型。

(2) 自动喷洒消防系统:是一种能够自动启动喷水灭火,并同时发出火警信号的消防系统。一般设置于火灾危险大、蔓延快的场所或易燃而无人管理的仓库和对消防要求较高的建筑物。由于自动喷洒消防类型不同,其构成部件也不相同。以自动喷水湿式系统为例,该系统主要由闭式喷头、水流指示器、湿式自动报警阀组、控制阀及管路系统组成。

(3) 水幕系统:是将水通过喷头喷洒成幕帘状水流以隔绝火源的一种消防系统。工作原理与雨淋系统基本相同,水幕系统不具备直接灭火的能力,一般情况下与防火卷帘或防火幕配合使用,起到防止火灾蔓延的作用。

2. 气体灭火系统

气体灭火系统是以气体作为灭火介质的灭火系统,以卤代烷和二氧化碳灭火系统为主,还有卤代烷的替代物如三氟甲烷、七氟丙烷、混合气体等灭火系统。

二氧化碳灭火系统是一种物理的、不发生化学反应的气体灭火系统。通过向保护空间喷放二氧化碳灭火剂,稀释氧浓度、窒息燃烧和冷却等物理作用扑灭火灾。主要用于扑救某些液体、气体火灾及固体表面和电器设备火灾。

3. 泡沫灭火系统

泡沫灭火系统是采用泡沫作为灭火剂,主要用于扑救非水溶性可燃液体和一般固体火灾,如商品油库、煤矿、大型飞机库等。按泡沫发泡倍数分类有低、中、高倍数泡沫灭火系统;按泡沫灭火剂的使用特点分类可分为 A 类泡沫灭火剂、B 类泡沫灭火剂、非水溶性泡沫灭火剂、抗溶性泡沫灭火剂等;按设备安装使用方式分类有固定式、半固定式和移动式泡沫灭火系统;按泡沫喷射位置分类有液上喷射和液下喷射泡沫灭火系统。

4. 消防工程施工图的分类

(1) 消防给水配管施工图:其组成与室内给排水施工图一样,由图纸目录、设计说明、基本图(平面图、系统图)、详图等组成。

(2) 消防电气报警施工图:由总平面图、消防控制中心、消防联锁控制系统图,火灾探测器布置系统图,消防联动控制图,火灾应急照明图,火灾事故广播系统图,消防系统供电平面图等组成。

5.4.2 与其他有关工程的界限划分

（1）水消防管道的室内外划分，以建筑物外墙皮1.5m处为界，入口处设有阀门的以阀门处为界；

（2）消防水泵房内的管道为工业管道项目，与消防管道划分以泵房外墙皮或泵房屋顶板为分界点；

（3）消防管道与市政管道的划分，以计量井为界。无计量井的，以市政给水管道的碰头点为界。

5.4.3 消防工程清单项目工程量计算与计价方法

《工程量清单计价规范》的附录C.7中的消防工程内容包括：水灭火系统、气体灭火系统、泡沫灭火系统、管道支架制作安装、火灾自动报警系统及消防系统调试。

1. 水灭火系统（030701）

（1）清单项目及项目特征

水灭火系统中包括消火栓灭火和自动喷淋灭火两部分。其中有管道安装、系统组件安装（喷头、报警装置、水流指示器）、其他组件安装（减压孔板、末端试水装置、集热板）、消火栓（室内外消火栓、水泵结合器）、气压水罐、管道支架等工程。并按安装部位（室内外）、材质、型号、规格、连接方式及除锈、油漆、绝热等不同特征设置清单项目。

项目特征中要求描述的安装部位：管道是指室内、室外；消火栓是指室内、室外、地上、地下；消防结合器是指地上、地下、壁挂等。要求描述的材质：管道是指焊接钢管（镀锌、不镀锌）、无缝钢管（冷拔、热轧）。要求描述的型号、规格：管道是指口径（一般为公称直径，如DN20，无缝钢管应按外径及壁厚表示）；阀门是指阀门的型号，如Z44T-10-65，J11T-16-25；报警装置是指湿式报警、干湿两用报警、电动雨淋报警、预作用报警等；连接方式是指螺纹连接、焊接。除锈是指除轻锈、中锈及重锈；刷油是指刷什么类型的油漆刷几遍。

（2）工程量计算

1）消火栓钢管、水喷淋钢管安装按设计图示管道中心线长度以延长米计算，不扣除阀门、管件及各种组件所占长度；方形补偿器以其所占长度按管道安装工程量计算。工程内容包括管道及管件安装、套管制作安装、管道除锈、刷油防腐、管网水冲洗、无缝钢管镀锌、水压试验等。

2）各种阀门、水表、水箱制作及安装、水流指示器、减压孔板、集热板、隔膜式气压水罐均按设计图示数量计算。

3）水喷头区分有吊顶、无吊顶、材质、型号、规格的不同，按设计图示数量计算。

4）报警装置安装区分不同特征按设计图示数量计算。

其余各分项工程量的计算方法与上述方法基本相同，不再赘述。

（3）清单计价

根据水灭火系统清单项目设置表，对分部分项工程量进行综合单价计算时，应对以下清单项目组合内容进行工程数量的计算。

1）管道安装中套管（包括防水套管）的制作安装按图纸进行计算；除锈、刷油、防腐按设计要求计量。另外应考虑与管网水冲洗的费用量相同。

2）消防水箱制作安装：支架制作、安装及除锈刷油，按图纸给出的型号规格计算支架的重量；其制作、安装、除锈、刷油都以该重量计算。

3) 隔膜式气压水罐：二次灌浆根据图纸及施工规范按设备的灌浆体积计算。

4) 湿式报警阀、水流指示器等安装中的接线盒和压力开关接线等按规范要求进行组合。

(4) 相关说明

1) 工程内容所列项目大多数为计价项目，但也有些项目包括在《全国统一安装工程预算定额》相应项目的工作内容中。如招标人是依据《全国统一安装工程预算定额》工料机耗用量编制招标标底时，应删除《全国统一安装工程预算定额》工作内容中与附录7各项工程内容相同的项目，以免重复计价。

2) 招标人编制工程标底如以《全国统一安装工程预算定额》为计价依据时，以下各工程应按下列规定办理：①消火栓灭火系统的管道安装，按其第八册相关项目的规定计价。②喷淋灭火系统的管道安装、消火栓安装、消防水泵接合器安装，按其第七册相关项目的规定计价。③水灭火系统的阀门。法兰安装、套管制作安装，按其第六册相关项目的规定计价。④水灭火系统的室外管道安装，按其第八册相关项目的规定计价。

3) 无缝钢管法兰连接项目，管件、法兰安装已计入管道安装价格中，但管件、法兰的主材价按成品价另计。

2. 气体灭火系统 (030702)

(1) 清单项目及项目特征

气体灭火系统包括的项目有管道安装、系统组件安装（喷头、选择阀、储存装置）、二氧化碳称重检验装置安装，并按材质、规格、连接方式、除锈要求、油漆种类、压力试验和吹扫等不同特征设置清单项目。

项目特征中要求描述的材质：无缝钢管（冷拔、热轧、钢号要求）、不锈钢管、铜管（纯铜管、黄铜管），规格为公称直径（DN）或外径（外径应按外径乘壁厚表示，如 $\phi 159 \times 4.5$）；连接方式是指螺纹连接和焊接；除锈标准是指采用的除锈方式（手工、化学、喷砂）；压力试验是指采用试压方法（液压、气压、泄漏、真空）；吹扫是指水冲洗、空气吹扫、蒸汽吹扫；防腐刷油是指采用的油漆种类。

(2) 工程量计算与清单计价

管道按设计图示管道中心线长度以延长米计算，不扣除阀门、管件及各种组件所占长度；喷头、选择阀、储存装置、二氧化碳称重检验装置安装均按设计图示数量计算。

根据气体灭火系统清单项目设置表，对分部分项工程量进行综合单价计算时，应对清单项目组合内容进行工程数量的计算。

(3) 相关说明

1) 储存装置安装应包括灭火剂储存器、驱动瓶装置两个系统。储存系统包括灭火气体储存瓶、储存瓶固定架、储存瓶压力指示器、容器阀、单向阀、集流管、集流管与容器阀连接的高压软管，集流管上的安全阀；驱动瓶装置包括驱动气瓶、驱动气瓶支架、驱动气瓶的容器阀、压力指示器等安装，气瓶之间的驱动管道安装应按气体驱动装置管道清单项目列项。

2) 二氧化碳为灭火剂，储存装置安装不需要高纯氮气增压，工程量清单综合单价不计氮气价值。

3. 泡沫灭火系统（030703）

（1）清单项目及项目特征

泡沫灭火系统包括的项目有管道安装、阀门安装、法兰安装及泡沫发生器、混合储存装置安装，并按材质、型号规格、焊接方式、除锈标准、油漆品种等不同特征设置清单项目。编制清单项目时必须明确描述各种特征，以便计价。

（2）工程量计算与清单计价

管道按设计图示管道中心线长度以延长米计算，不扣除阀门、管件及各种组件所占长度；阀门安装、法兰安装及泡沫发生器、混合储存装置等均按设计图示数量计算。

根据泡沫灭火系统清单项目设置表，对分部分项工程量进行综合单价计算时，应对清单项目组合内容进行工程数量的计算。

（3）相关说明

如招标人是以建设行政主管部门发布的现行消耗量定额为依据时，泡沫灭火系统的管道安装、管件安装、法兰安装、阀门安装、管道系统冲洗、强度试验、严密性试验等按照《全国统一安装工程预算定额》第六册的有关项目的工料机耗用量计价。

4. 管道支架制作安装（030704）

管道支架制作适用于各灭火系统项目的支架制作安装，灭火系统的设备支架也使用本项目。支架制作安装工程量清单项目设置及工程量计算规则，应按《工程量清单计价规范》附录表C.7.4的规定执行。

5. 火灾自动报警系统（030705）

（1）清单项目及工程量计算

火灾自动报警系统主要包括探测器、按钮、模块（接口）、报警控制器、联动控制器、报警联动一体机、重复显示器报警装置（指声光报警及警铃报警）、远程控制器等。并按安装方式、控制点数量、控制回路、输出形式、多线制、总线制等不同的特征列项。编制清单项目时必须明确描述各种特征，以便计价。

火灾自动报警系统工程量清单项目设置及工程量计算规则，应遵照《工程量清单计价规范》附录表C.7.5执行。

（2）相关说明

1）火灾自动报警系统分为多线制和总线制两种形式。多线制为系统间信号按各自回路进行传输的布线制式，总线制为系统间信号按无限性两根线进行传输的布线制式。

2）报警控制器、联动控制器和报警联动一体机安装的工程内容的本体安装，应包括消防报警备用电源安装内容。

3）消防通讯项目工程量按《工程量清单计价规范》附录表C.11规定编制工程量清单。

4）火灾事故广播项目工程量清单按《工程量清单计价规范》附录表C.11规定编制工程量清单。

6. 消防系统调试（030706）

消防系统调试内容包括自动报警系统装置调试、水灭火系统控制装置调试、防火控制系统调试、气体灭火系统装置调试，并按点数、类型、名称、试验容器规格等不同特征设置清单项目。编制工程量清单时，必须明确描述各种特征，以便计价。

消防系统调试工程量清单项目设置及工程量计算规则，应遵照《工程量清单计价规范》附录表C.7.6执行。

5.4.4 消防工程计价的相关说明

（1）消防系统调试范围：

1）自动报警系统装置调试为各种探测器、报警按钮、报警控制器，以系统为单位按不同点数编制工程量清单并计价。

2）水灭火系统控制装置调试为水喷头、消火栓、消防水泵接合器、水流指示器、末端试水装置等，以系统为单位按不同点数编制工程量清单并计价。

3）气体灭火控制系统装置调试由驱动瓶起始至气体喷头为止。包括进行模拟喷气试验和储存容器的切换试验。调试按储存容器的规格、容器的容量不同以个为单位计价。

4）防火控制系统装置调试包括电动防火门、防火卷帘门、正压送风门、排压阀、防火阀等装置的调试，并按其特征以处为单位编制工程量清单。

（2）气体灭火控制系统装置调试如需采取安全措施时，应按施工组织设计要求，将安全措施费用按《工程量清单计价规范》表3.3.1安全施工项目编制工程量清单。

（3）以下费用可根据需要情况选择计入综合单价。

1）高层建筑施工增加费。

2）安装与生产同时进行增加费。

3）在有害身体健康环境中施工增加费。

4）安装物安装高度超高施工增加费。

5）设置在管道间、管廊内管道施工增加费。

6）现场浇筑的主体结构配合施工增加费。

7）沟内、地下室内、暗室内、库内无自然采光需人工照明的施工增加费。

（4）编制本附录清单项目如涉及到管沟及管沟的土石方、垫层、基础、砌筑抹灰、地沟盖板、土石方回填、土石方运输等工程内容时，按《工程量清单计价规范》附录A的相关项目编制工程量清单。路面开挖及修复、管道支墩、井砌筑等工程内容，按附录D有关项目编制工程量清单。

（5）清单项目如涉及到管道除锈、油漆，支架的除锈、油漆，管道的绝热、防腐等工程量清单项目，可参照《全国统一安装工程预算定额》刷油、防腐蚀、绝热工程册的工料机耗用量计价。

5.5 通风空调工程计价

5.5.1 通风空调工程概述

1. 通风工程概述

把建筑物内不符合卫生标准的污浊空气排至室外，把新鲜空气或经过净化符合卫生要求的空气送入室内，从而保持建筑物内空气的新鲜和洁净，营造建筑物内舒适、卫生的空气环境和满足生产工艺要求的建筑环境工程称通风工程。按通风的范围分为全面通风和局部通风。按通风动力的不同，可分为自然通风和机械通风。自然通风是利用室外风力或室内、外温差产生的密度差为动力进行通风换气。机械通风依靠机械动力进行有组织通风换气。

通风（空调）系统的主要设备和部件有：通风机、风阀、风口、局部排风罩、除尘器、热回收交换器、消声器、空气幕设备、空气净化设备等。

通风（空调）系统的安装包括通风（空调）系统的风管及部件的制作与安装、通风（空调）设备的制作与安装、通风空调系统试运转及调试。通风安装工程的施工，除了少量定型设备安装外，主要是各种风管、风帽、风口、罩类、调节阀、消声器及其附件等非定型装置的制作与安装。

2. 空调工程概述

使室内空气温度、相对湿度、速度、噪声、压力、洁净度等参数保持在一定范围内的技术称为空气调节。根据建筑物的性质、需要的空调参数及空气处理的方式等不同要求，常用的空调系统有集中、半集中和局部空调三种形式。集中式空调是指空气处理设备和装置集中在专用机房内，对较大范围进行空气调节。局部空调是将所有设备集中装置在一部整机内，实现小范围局部空气调节（如窗式、柜式空调器），半集中式空调是上述二者的结合，以局部调节带动整体，实现空气调节。

空调系统的主要设备和部件有：空气热湿处理设备、空调冷热源、空气洁净设备、空调系统的消声与隔振装置、空调风系统的设备及部件、空调水系统设备等。

空调系统中多采用压缩式制冷原理。压缩式制冷的原理就是使制冷剂在压缩机、冷凝器、膨胀阀及蒸发器等设备中进行压缩、放热、节流、吸热四个主要热力过程，来完成制冷循环的。由此可见，空调安装工程的施工，主要是成套设备的安装，以及相应附件的制作和安装。在集中式空调施工中，应增加风管、风口及一些专用装置的制作和安装。

5.5.2 通风空调工程清单项目工程量计算与计价方法

通风（空调）系统包括的项目有通风空调设备安装、通风管道制作安装、通风管道部件制作安装、通风工程检测、调试等。

1. 通风及空调设备及部件安装（030901）

（1）清单项目设置

工程量清单项目设置以通风及空调设备及部件安装为主项，按设备规格、型号、质量、支架材质、除锈及刷油等设计要求，过滤功效设置清单项目。

项目特征描述要求：风机的形式应描述离心式、轴流式、屋顶式、卫生间通风器等；空调器的安装位置应描述吊顶式、落地式、墙上式、窗式、分段组装式；风机盘管的安装位置；挡水板的制作安装其材质特征应描述材料种类及规格；钢材应描述热轧和冷轧等；过滤器安装应描述初效、中效、高效等；区分特征分别编制。

（2）工程量计算

分段组装式空调器按设计图示质量计算；通风及空调设备安装、密闭门制作安装、过滤器、净化工作台、风淋室、洁净室等均按设计图示数量计算。

2. 通风管道制作安装（030902）

（1）清单项目设置

通风管道制作安装按材质、管道形状、周长或直径、板材厚度、接口形式、风管附件及支架设计要求、除锈标准、刷油防腐、绝热及保护层设计要求设置工程量项目，柔性软风管其组合内容按柔性软风管材质、风管规格、保温套管设计要求设置工程量清单项目。

项目特征描述要求：风管的形状应描述圆形、矩形、渐缩形等；风管的材质（包括板材、绝热层材料、保护层材料）应描述碳钢、塑料、不锈钢、复合材料、铝材等材料类型、材料的规格（如板厚）；风管连接应描述咬口、铆接或焊接形式等。

(2) 工程量计算

清单项目按设计图示以展开面积计算，不扣除检查孔、测定孔、送风口、吸风口等所占面积。风管展开面积不包括风管、管口重叠部分面积；直径和周长按图示尺寸为准展开，渐缩管圆形按平均直径，矩形按平均周长；长度以设计图示中心线长度为准（主管与支管以其中心线交点划分），包括弯头、三通、变径管、天圆地方等管件的长度，但不包括部件所占长度。

3. 通风管道部件制作安装（030903）

(1) 清单项目设置

通风管道部件包括调节阀、风口、风帽、罩类、柔性接口及伸缩节、消声器、静压箱等。项目特征描述要求：调节阀的类型应描述三通调节阀（手柄式、拉杆式）、碟阀（防爆、保温等）、防火阀（圆形、矩形）等；调节阀的周长，圆形管道指直径，矩形管道指边长；风口类型（百叶、矩形、旋转吹、送吸、活动篦、网式、钢百叶窗等）；风口形状（圆形、矩形）；风帽形状（伞形、锥形、筒形等）；风帽的材质（碳钢、不锈钢、塑料、铝材等）；罩类（皮带防护罩、侧吸罩、排气罩、通风罩等）；消声器类型（片式、矿棉管式、聚酯泡沫管式、卡普隆纤维式、弧形流声式等）；静压箱的材质（材料种类和板厚）及其规格（长×宽×高）尺寸等。

(2) 工程量计算

通风管道部件制作安装工程量按设计图示数量计算。调节阀为成品时，制作不再计算。碳钢调节阀制作工程量以质量计量，按设计图示规格型号，采用国标通用部分质量标准。碳钢调节阀安装包括空气加热器上通阀、空气加热器旁通阀、圆形瓣式启动阀、风管碟阀、风管止回阀、密封式斜插板阀、矩形风管三通调节阀、对开多页调节阀、风管防火阀、各类型风罩调节阀制作安装等。

4. 通风工程检测、调试（030904）

通风工程检测、调试的内容有：管道漏光试验，漏风试验，通风管道风量测定，风压测量，温度测量，各系统风口、阀门调整。工程量计算按由通风设备、管道及部件等组成的通风系统计算。

5.5.3 通风空调工程计价的相关说明

(1) 冷冻机组站内的设备安装及管道安装，按附录 C.1 及 C.6 的相应项目编制清单项目；冷冻站外墙皮以外通往通风空调设备的供热、供冷、供水等管道，按附录 C.8 的相应项目编制清单项目。

(2) 通风空调设备安装的地脚螺栓按设备自带考虑。

(3) 通风管道的法兰垫料或封口材料，可按图纸要求的材质计价。

(4) 净化风管的空气清净度按 100000 度标准编制。

(5) 净化风管使用的型钢材料如图纸要求镀锌时，镀锌费另列。

(6) 不锈钢风管制作安装，不论圆形、矩形均按圆形风管计价。

(7) 不锈钢、铝风管的风管厚度，可按图纸要求的厚度列项。厚度不同时只调整板材价,其他不做调整。

(8) 风管法兰、风管加固框、托吊架等的刷油工程量可按风管刷油量乘适当系数计价。

(9) 风管部件油漆工程量按重量计算,可按部件本身重量乘适当系数计价。

(10) 以下费用可根据需要情况选择计入综合单价。

1) 高层建筑施工增加费。

2) 在有害身体健康环境中施工增加费。

3) 工程施工超高增加费。

4) 沟内、地下室内无自然采光需人工照明的施工增加费。

(11) 清单项目如涉及到管道除锈、油漆,支架的除锈、油漆,管道的绝热、防腐等工程量清单项目,可参照《全国统一安装工程预算定额》刷油、防腐蚀、绝热工程分册的工料机耗用量计价。

5.6 电气设备安装工程计价

电气设备安装工程包括由变配电工程、电缆工程、配管配线、照明工程、防雷接地、弱电工程和动力工程等组成。电气设备安装工程计价,应根据施工图设计划分,按系统分类各自独立编制,最后汇总而成。

本节所涉及的电气设备安装工程,是指 10kV 以下的变配电装置、线路工程、控制保护、动力照明等安装项目。

5.6.1 电气设备安装工程概述

1. 变配电工程

发电厂(站)发出的电,要经过一系列升压、降压的变电过程,才能安全有效地输送、分配到用电设备和器具上。通常将 35kV 以上电压的线路称为送电线路,10kV 以下电压的线路称为配电线路。建筑电气是对配电线路系统的应用。

变配电工程是变电、配电工程的总称,变电是采用变压器把 10kV 电压降低为 380V/220V,配电是采用开关、保护电器、线路安全可靠的把电能源进行分配。一般把超过 1kV 的电能称为高压电,1kV 以下的称为低压电,而 36V 以下叫安全电压。

变配电工程的内容主要是安装全部电器设备,包括变压器、各种高压电器和低压电器。

2. 电缆工程

将一根或数根绞合而成的线芯,裹以相应的绝缘层,外面包上密封包皮,这种导线称为电缆线。按用途分为电力电缆、控制电缆、电信电缆、移动软电缆等;按绝缘材料分为油浸纸绝缘、塑料绝缘、橡皮绝缘等;按导电材料分为铜芯和铝芯两种。还可以按股数多少分为多种。

电缆的敷设方式很多,常采用的有直接埋地敷设、电缆沟道托架敷设、沿墙面或支架卡设、电缆桥架敷设、穿管敷设等。

3. 配管配线

配管、配线是指从配电控制设备到用电器具的配电线路和控制线路的线管和导线的敷设。

配管的目的是穿设、保护导线，配管的方式有明配、暗配，采用的管材有钢管、电线管、硬塑料管、PVC阻燃管、半硬难燃塑料管、波纹管等。局部采用金属软管。

常用配线工程有瓷（塑）夹板配线、槽板配线、塑料护套线敷设等。瓷（塑）夹板配线是一种用瓷（塑）夹板将导线固定在墙、梁、柱面以及顶棚面的配线方式。槽板配线是把导线镶入木槽板内的明配线。塑料护套线敷设是指把卡子固定在木、砖和混凝土结构、钢索上，然后把导线裹在卡中并且卡住。

4. 照明工程

电气照明按其装设条件，可分为一般照明和局部照明。一般照明是供整个面积上需要的照明；局部照明是供某一局部工作地点的照明。通常一般照明和局部照明混合使用，故称为混合照明。按用途可分为工作照明和事故照明，工作照明是保证在正常情况下工作的，而事故照明是当工作照明熄灭时，确保工作人员疏散及不能间断工作的工作地点的照明。在通常情况下，工作照明和事故照明可同时投入使用，或者当工作照明发生事故时，事故照明自动投入。工作照明与事故照明应有各自的电源供电。

电气照明基本线路应具有电源、导线、开关及负载四部分。

5. 防雷与接地

由于雷电的放电特性，需在建筑物上设置防雷措施，以有效地防止雷电对建筑物的危害。我国按照建筑物的重要性、使用性质、发生雷击事故的可能性及后果，把防雷等级分为三类。不同防雷等级的建筑物采取不同的防雷措施。

防雷与接地装置由接闪器、避雷引下线、接地体三大部分组成。接闪器部分有避雷针、避雷网、避雷带等；引下线部分有引下线、引下线支持卡子、断接卡子、引下线保护管等组成；接地部分由接地母线、接地极等组成。

5.6.2 电气设备安装工程清单项目工程量计算与计价方法

《工程量清单计价规范》的附录C.2中的电气设备安装工程内容包括：10kV以下的变配电设备、控制设备、低压电器、蓄电池等安装，电机检查接线及调试，防雷及接地装置，10kV以下配电线路架设、动力及照明的配管配线、电缆敷设、照明器具安装等项目。

1. 变压器、配电装置安装（030201～030202）

在交流电路中能将电压升高或降低的一种电器称为变压器。在供电系统中采用一整套高、低压电器、器具、元件、屏、盘、柜、台、母线等组成，并用以接受和分配电能的装置叫做配电装置。

（1）清单项目及工程量计算

各种电力变压器安装工程量应按照设计图示数量，区分不同型号、规格（容量）的不同，分别以"台"计算。工程内容包括基础槽钢制作、安装、本体安装、油过滤、干燥、网门及铁构件制作、安装、刷（喷）油漆等。

配电装置安装工程的内容包括各种断路器、真空接触器、隔离开关、负荷开关、互感器、电抗器、电容器、滤液装置、高压成套配电柜、组合型成套箱式变电站及环钢柜等安装。其工程量应区分不同名称、不同特征和工程内容，分别按设计图示数量以"台"、"组"、"个"为单位计算。

(2) 相关说明

对油断路器项目描述时要说明设备是否带有绝缘油，以便计价时确定是否计入这部分费用。设备安装如有地脚螺栓，清单中应注明是由土建施工预埋还是由安装者浇筑，以便确定是否计算二次灌浆费用。配电装置安装工程量计算规则没有综合绝缘台安装，如果设计有此项要求，其内容一定要表达清楚，以免漏项。

2. 母线安装（030203）

将由电源送来的电流通过隔离开关、断路器等元件首先汇集在一段导体上，然后再从这一导体上引出各条支线的这种一段汇集与分配电流的导体，称作母线。它是变配电工程中主接线的主要组成部分。母线可分为硬母线和软母线两类。

(1) 清单项目及工程量计算

母线工程量清单设置应依据设计图示各项工程实体内容，按项目特征：名称、型号、规格等设置具体项目名称，并按相应的项目编码编好后三位码。母线安装分部工程包括软母线、带形母线、槽形母线、共箱母线、低压封闭插接母线、重型母线安装。母线安装不包括支持绝缘子安装和母线伸缩接头制作安装。

除重型母线外的各项计量单位均为"m"，重型母线的计量单位为"t"。其工程量均按设计图示尺寸以重量计算。

(2) 相关说明

1) 在编制清单项目综合单价时，按设计要求或施工及验收规范的规定长度一并考虑母线预留长度。软、硬母线预留长度见表 5-1 和表 5-2。

软母线安装预留长度（单位：m/根） 表 5-1

项 目	耐 张	跳 线	引下线、设备连接线
预留长度	2.5	0.8	0.6

硬母线安装预留长度（单位：m/根） 表 5-2

序号	项 目	预留长度	说 明
1	带形、槽形母线终端	0.3	从最后一个支持点算起
2	带形、槽形母线与分支线连接	0.5	分支线预留
3	带形母线与设备连接	0.5	从设备端子接口算起
4	多片重型母线与设备连接	1.0	从设备端子接口算起
5	槽形母线与设备连接	0.5	从设备端子接口算起

2) 清单的工程量为实体的净值，其损耗量由报价人根据自身情况而定。招标人或中介机构在做标底时，可参照定额的消耗量，无论是报价还是做标底，参考定额时要注意主要材料及辅助材料的消耗量的有关规定。

3. 控制设备及低压电器安装（030204）

用以控制与电源分配的柜、箱、屏、盘、板等称为控制设备。用来对低压用电设备、器具进行控制和保护的电气设备统称为低压电器。

控制设备及低压电器安装清单项目的设置比较直观，设备的名称就是项目的名称，按其型号和规格就可以确定其具体编码。计量规则均按设计图示数量计算。盘、柜、箱、屏等进出线的预留长度均不作为实物量，但必须在综合单价中体现。可按表 5-3 计算。

盘、柜、箱、屏的外部进出线预留长度（单位：m/根） 表 5-3

序号	项目	预留长度	说明
1	各种箱、柜、盘、板、盒	高+宽	盘面尺寸
2	单独安装的铁壳开关、自动开关、启动器、箱式电阻器、变阻器	0.5	从安装对象中心算起
3	继电器、控制开关、信号灯、按钮、熔断器等小电器	0.3	从安装对象中心算起
4	分支接头	0.2	分支线预留

4. 蓄电池安装、电机检查接线及调试、滑触线装置安装（030205～030207）

蓄电池是储存电能的一种直流电装置。电机是用来驱动其他机械的传动设备。大型工业厂房吊车的电源一般均是通过滑触线供给。

蓄电池安装工程量计算依据图示数量，分别按容量大小以单体蓄电池"个"为计量单位。其工程内容应包括：防震支架安装、本体安装和充放电。

电机检查接线及调试工程量计算，除"电动机组"清单项目按设计图示数量以"组"为计量单位外，其他所有清单项目按设计图示数量均以"台"为计量单位。工程内容包括：检查接线、干燥、调试等。综合单价要注意考虑电机接线是否需焊压接线端子；从管口到电机接线盒间保护软管的材质、规格和长度；接地线的材质和防腐要求等。

滑触线装置分部工程的清单项目特征均为名称、型号、规格、材质。各种滑触线装置安装工程数量均按设计图示以单相长度"m/相"计算。其附加和预留长度均不作为实物量，但必须在综合单价中体现。可按表 5-4 计算。

滑触线安装预留长度（单位：m/根） 表 5-4

序号	项目	预留长度	说明
1	圆钢，铜母线与设备连接	0.2	从设备端子接口起算
2	圆钢，铜母线终端	0.5	从最后一个支持点起算
3	角钢母线终端	1.0	从最后一个支持点起算
4	扁钢母线终端	1.3	从最后一个支持点起算
5	扁钢母线分支	0.5	分支线预留
6	扁钢母线与设备连接	0.5	从设备接线端子接口起算
7	轻轨母线终端	0.8	从设备接线端子接口起算

5. 电缆敷设（030208）

（1）清单项目及工程量计算

电缆敷设清单项目设置应依据设计图示的工程内容（电缆敷设的方式、位置、桥架安装的位置等）对应《工程量清单计价规范》附录 C.2.8 的项目特征，列出清单项目名称、编码。工程量计算均为按设计图示单根尺寸长度以"m"计算，桥架安装按图示中心线长度计算，支架按设计图示质量计算，电缆长度计算按每根电缆由始端到终端视为一根电缆,将每根电缆的水平长度加垂直长度,再加上曲折弯余量长度即为该电缆的全长。同时,还要计算出入建筑物或电杆引上及引下的备用长度。

(2) 相关说明

1) 电缆敷设项目的规格指电缆截面;电缆保护管敷设项目的规格指管径;电缆桥架项目的规格指宽加高的尺寸,同时要表达材质:钢制、玻璃钢制或铝合金制,要描述类型:槽式、梯式、托盘式、组合式等。

2) 电缆沟土方工程量清单按《工程量清单计价规范》附录 A 设置编码。项目表达时,要表明沟的平均深度、土质和铺砂盖砖的要求。

3) 电缆敷设需要综合的项目很多,一定要描述清楚。如工程内容一栏所示:揭(盖)板;电缆敷设;电缆终端头、中间头制作、安装;过路、过基础的保护管;防火墙堵洞、防火隔板安装、电缆防火涂料;电缆保护、防腐、缠石棉绳、刷漆等。

4) 电缆敷设中所有预留量,应按设计要求或规范规定的长度,考虑在综合单价中,而不作为实物量。电缆的预留长度可按表 5-5 计算。

电缆敷设端头的预留长度　　　　　　　表 5-5

序号	项 目 名 称	预留长度	说　明
1	电缆敷设驰度、弯度、交叉	2.5%	按全长计算
2	电缆进入建筑物	2.0m	规范规定最小值
3	电缆进入沟内或吊架时引上余值	1.5m	规范规定最小值
4	变电所进线、出线	1.5m	规范规定最小值
5	电力电缆终端头	1.5m	检修余量
6	电缆中间接头盒	两端各留 2.0m	检修余量
7	电缆进控制及保护屏	高+宽	按盘面尺寸计算
8	高压开关柜及低压动力配电盘	2.0m	盘下进出线控制电缆按 8m 计算
9	电缆至发动机	0.5m	从电机接线盒算起
10	厂用变压器	3.0m	从地坪算起
11	电缆绕过梁、柱等增加长度	按实计算	按被绕物的断面情况计算
12	电梯电缆与电缆架固定点	每处 0.5m	规范规定
13	车间动力箱	1.5m	从地坪算起

6. 防雷及接地装置 (030209)

(1) 清单项目及工程量计算

防雷与接地装置分部工程包括接地装置和避雷装置的安装。接地装置包括生产、生活用的安全接地、防静电接地、保护接地等一切接地装置的安装。避雷装置包括建筑物、构筑物、金属塔器等防雷装置,由受雷体、引下线、接地干线、接地极组成一个系统。

防雷与接地装置分部分项工程计算,除"半导体少长针消雷装置"以"套"为计量单位外,其他各项装置均以"项"为计量单位。接地装置工程量按设计图示尺寸以长度计算;避雷装置按设计图示质量计算。

(2) 相关说明

1) "项"的单价要包括特征和工程内容中所有的各项费用之和。

2) 利用桩基础作接地极时,应描述桩台下桩的根数,每桩几根主筋需焊接。其工程量可在计算柱引下线的工程量中一并计算。

3) 利用柱筋作引下线的,一定要描述是几根柱筋焊接作为引下线。

7. 配管、配线工程 (030212)

(1) 清单项目及工程量计算

电气配管清单项目特征有:名称、材质、规格、配置形式及部位。名称主要反映材料的大类,如电线管、钢管、防爆钢管、可挠金属管、塑料管。材质主要反映材料的小类,如塑料管中又分硬聚氯乙烯管、刚性阻燃管、半硬质阻燃管。在配管清单项目中,名称和材质往往是一体的,如钢管敷设,"钢管"既是名称又代表材质,它就是项目的名称。规格指管的直径。配置方式表示明配或暗配。部位表示敷设位置,如沿砖、混凝土构件上、钢支架上、钢索上、顶棚内或埋于地(楼)面垫层内敷设等。

配管工程量计算:各种配管应区别不同敷设方式、敷设位置、管材材质、规格,以延长米为计量单位,不扣除管路中间的接线盒(箱)、灯位盒、开关盒等所占长度。为防止漏算或重算,通常是从配电箱起按各个回路逐个进行计算,或按建筑物自然层划分计算、或按建筑物平面形状特点及系统图的组成特点分片划块计算,然后汇总。

电气配线清单项目特征有:配线形式、导线型号、材质、敷设部位或线制。在配线清单项目中,名称与配线型式连在一起,因为配线方式决定选用什么样的导线,因此对配线型式的表述要严谨。配线型式有:管内穿线;瓷夹板配线或塑料夹板配线;鼓型、针式、蝶式绝缘子配线;木槽板或塑料槽板配线;塑料护套线敷设;线槽配线。

配线工程量按设计图示尺寸以"单线"延长米计算。所谓"单线"不是以线路延长米计,而是线路长度乘以线制,即两线制乘以2,三线制乘以3。管内穿线也是同样,如穿3根线,则以管道长度乘以3即可。

(2) 相关说明

1) 金属软管敷设不另设清单项目,在相关设备安装或电机检查接线清单项目的综合单价中考虑。

2) 在配线工程中,所有的预留量(指与设备连接)均应依据设计要求或施工及验收规范规定的长度考虑在综合单价中,而不作为实物量计算。配线进入开关箱、柜、板的预留线长度见表5-6。

配线进入开关箱、柜、板的预留线(单位:m/根) 表5-6

序号	项目	预留长度	说明
1	各种开关箱、柜、板	宽+高	盘面尺寸
2	单独安装(无箱、盘)的铁壳开关、闸门开关、启动器、线槽进出线盒等	0.3	从安装对象中心算起
3	由地面管子出口引至动力接线箱	1.0	从管口计算
4	电源与管内导线连接(管内穿线与软、硬母线接头)	1.5	从管口计算
5	出户线	1.5	从管口计算

3）根据配管工艺的需要和计量的连续性，规范的接线箱（盒）、拉线盒、灯位盒综合在配管工程中，关于接线盒、拉线盒的设置按施工及验收规范的规定执行。

8. 照明器具安装（030213）

照明器具安装分部工程内容包括：各种照明灯具、开关、按钮、插座、安全变压器、电铃和电风扇等工程量清单项目。清单项目分为普通吸顶灯及其他灯具、工厂灯及其他灯具、装饰灯具、荧光灯具、医疗专用灯具、一般路灯、广场灯、高杆灯、桥栏杆灯、地道涵洞灯等安装。照明灯具安装各清单项目的计量单位均为"套"，计算规则按设计图示数量计算。

照明工程量根据该项工程电气设计施工图的照明平面图、照明系统图及设备材料表等进行计算。照明线路的工程量按施工图上标明的敷设方式和导线的型号、规格及比例尺量出其长度进行计算。一般按进户线、总配电箱、向各照明分配电箱配线、经各照明配电箱配向灯具和用电器具的顺序逐项进行计算。照明设备、用电器具的安装工程量，是根据施工图上标明的图例、文字符号分别统计出来的。

9. 电梯安装（030107）

电梯安装分部工程内容包括：电梯本体的安装和电梯电气装置的安装。工程量清单项目设置对交流电梯、直流电梯和小型杂货电梯，项目特征描述要求：名称、型号、用途、层数、站数和提升高度，按设计图示数量以部为单位计算。对观光梯和自动扶梯，项目特征描述要求：名称、型号、类别和结构、规格，按设计图示数量以台为单位计算。

5.6.3 电气设备安装工程计价的相关说明

1. 可计入综合单价的内容

对高层建筑施工增加费，安装与生产同时进行的增加费，在有害身体健康环境中施工的增加费，安装物安装高度超高的施工增加费，设置在管道间、管廊内管道施工的增加费，现场浇筑的主体结构配合施工的增加费，地沟内、地下室内、暗室内、库内无自然采光需人工照明的施工增加费等，可根据情况由投标人选择计入综合单价。

如高层建筑增加费的计算：

（1）高层建筑的高度或层高以室外设计正负零至檐口（不包括屋顶水箱间、电梯间、屋顶平台出入口等）高度计算，不包括地下室的高度和层数，半地下室也不计算层数。高层建筑增加费的计取范围有：给水排水、采暖、燃气、电气、消防、通风空调等工程。

（2）高层建筑增加费以人工费为计算基数。

即：高层建筑增加费＝人工费×高层建筑增加费率

《安装工程计价表》规定：安装工程高层建筑增加费包括人工降效和材料等垂直运输增加的机械台班费用，该费用可拆分为人工费和机械费。

（3）在计算高层建筑增加费时，应注意以下几点：

1）计算基数包括6层或20m以下的全部人工费，并且包括定额各章节按规定系数调整的子目中的人工调整部分的费用。

2）同一建筑物有部分高度不同时，可分别不同高度计算高层建筑增加费。

3）单层建筑物超过20m以上时的高层建筑增加费的计算：首先应将自室外设计正负零至檐口的高度除以3.3m（每层高度），计算出相当于多层建筑的层数，然后再按表5-7所列相应层数的费率计算。

《电气设备安装工程》高层建筑增加费　　　　　表 5-7

费率 \ 层数（高度）	9层以下/30m	12层以下/40m	15层以下/50m	18层以下/60m	21层以下/70m	24层以下/80m	27层以下/90m	30层以下/100m	33层以下/110m	36层以下/120m	40层以下
按人工费（%）	6	9	12	15	19	23	26	30	34	37	43
其中人工费占（%）	17	22	33	40	42	43	50	53	56	59	58

　　4）在高层建筑施工中，同时又符合超高施工条件的，可同时计算超高增加费和高层建筑增加费。

　　2. 措施项目清单

　　电气设备安装工程可能发生的措施项目有：临时设施、文明施工、安全施工、二次搬运、已完工程及设备保护费、脚手架搭拆费。措施项目清单应单独编制，并应按措施项目清单编制要求计价。

　　3. 涉及到电缆沟的土石方、垫层、基础、砌筑抹灰、地沟盖板、土石方回填、土石方运输等工程内容时，按《工程量清单计价规范》附录 A 的相关项目编制工程量清单。路面开挖及修复、井砌筑等工程内容，按附录 D 有关项目编制工程量清单。

复 习 思 考 题

1. 何谓安装工程量？安装工程量有哪几种计量单位？
2. 安装工程量的计算原则有哪些？其计算要点是什么？
3. 《工程量清单计价规范》与定额的工程量计算规则有何区别？
4. 试述给水排水工程的分类及其主要安装工程内容。
5. 水、暖、气工程中，室内外管道界限如何划分？
6. 简述燃气系统的构成，其室内、外管道如何划分？
7. 何谓消防系统？试述消防工程的分类及其组成。
8. 一般防雷与接地装置包括哪些内容？
9. 配管、配线的工程量如何计算？

第6章 路桥工程概预算造价

6.1 路桥工程概预算概述

路桥工程建设过程各阶段由于工作深度与要求不同,各阶段的工程造价计算类型也不同。路桥工程现行造价计算类型包括投资估算,初步设计概算、修正概算、施工图预算、竣工结算和竣工决算等,本章仅介绍路桥工程概算造价和施工图预算造价。另外,路桥工程的概算和施工图预算在概念、作用、编制要求等方面与一般土建工程相同,有关这些方面的内容在此不再赘述。

与一般土建工程概预算编制依据基本相同,路桥工程预算造价主要根据设计文件、概预算定额、编制办法及取费标准编制而成。

路桥工程预算文件由封面、目录、概预算编制说明及全部概预算计算表组成。

1. 封面及目录

封面应有建设项目名称、编制单位、编制日期及第几册、共几册等内容。目录应按概预算表的表号顺序编排。

概预算文件按不同的需要分为两组。甲组文件为各项费用计算表;乙组文件为建筑安装工程各项基础数据计算表,只供审批使用。乙组文件表是征得省、自治区、直辖市交通厅(局)同意后,结合实际情况允许变动或增加某些计算的过渡表式。不需要分段汇总的可不编总概预算汇总表。

(1) 甲组文件

甲组文件包括以下内容:

1) 编制说明;
2) 总概预算汇总表;
3) 全概算人工、主要材料、机械台班数量汇总表;
4) 总概预算表;
5) 人工、主要材料、机械台班数量汇总表;
6) 建筑安装工程费用计算表;
7) 其他直接费及间接费综合费率计算表;
8) 设备、工具、器具购置费计算表;
9) 工程建设其他费用及回收金额计算表;
10) 人工、材料、机械台班单价汇总表。

(2) 乙组文件

乙组文件由以下内容组成:

1) 分项工程概预算表;
2) 材料预算单价计算表;

3) 自采材料市场价格计算表；

4) 机械台班单价计算表；

5) 辅助生产工、料、机械台班单位数量表。

2. 概预算编制说明

概预算编制完成以后，应写出编制说明，文字力求简明扼要。编制说明的内容一般有：

（1）建设项目设计资料的依据及有关文号，如建设项目可行性研究报告文号、初步设计和概算批准文号（编修正概预算及预算时），以及根据何时的测设资料及比选方案进行编制的等等。

（2）采用的定额、费用标准，人工、材料、机械台班单价的依据或来源，补充定额及编制依据的详细说明。

（3）与概预算有关的委托书、协议书、会议纪要的主要内容。

（4）总概预算金额，人工、钢材、水泥、木料、沥青的总需要量情况，各设计方案的经济比较以及编制中存在的问题。

（5）其他与概预算有关但不能在表格中反映的事项。

3. 概预算表格

概预算的材料、机械台班单价以及各项费用的计算都需要通过表格反映。表 6-1 为总概预算汇总表格式。限于篇幅，其他表的格式省略。

总概预算汇总表　　　　　　　　　　　　　　　　　表 6-1

建设项目名称：　　　　　　　　　　　　　　　　　第___页 共___页

项次	工程或费用名称	单位	总数量	概（预）算金额（元）			技术经济指标	各项费用比例（％）	备注
						总计			

设计负责人：　　　　　　　　　　　　　　　　　　　　　　　　　　　编制：

6.2 公路工程概预算项目及费用

6.2.1 概预算项目

公路工程概预算项目应按项目表的序列及内容编制，如工程和费用的实际项目与项目表的内容不完全相符时，第一、二、三部分和"项"的序号应保留不变，"目"、"节"可随需要增减，并按项目表的顺序以实际出现的"目"、"节"依次排列，不保留缺少的

"目"、"节"的序号。其目的是使概预算的各个部分及所有项的内容固定不变,避免混乱,便于检查和审核。

公路工程概预算应以一个建设项目(如一条路线或一座独立大、中桥)为单位进行编制,其中独立大(中)桥工程概预算项目主要包括下列内容:

第一部分 建筑安装工程

第一项,桥头引道;第二项,基础;第三项,下部构造;第四项,上部构造;第五项,调治及其他工程;第六项,临时工程;第七项,施工技术装备费;第八项,计划利润;第九项,税金。

第二部分 设备及工具、器具购置费

第三部分 工程建设及其他费用

项目表的详细内容见表 6-2 所示。

独立大(中)桥工程概预算项目表　　　　　　　表 6-2

项	目	节	工程或费用名称	单位	备注
			第一部分 建筑安装工程	桥长米	按土石方分节
			桥头引道	桥长米	
一	1		路基土(石)方	m³	
	2		路　面	m³	
	3		桥梁涵洞	m/座(道)	涵洞为道
	4		……		
			基　础	桥长米	技术复杂大桥按主桥和引桥分节
	1		围堰	m	
二	2		筑岛	m³	
	3		天然基础	座	
	4		桩基础	座	
	5		沉井	座	
			下部构造	桥长米	技术复杂大桥按主桥和引桥分节
三	1		桥台	m³/座	按结构类型分节
	2		桥墩	m³/座	按结构类型分节
	3		…		
			上部构造	桥长米	技术复杂大桥按主桥和引桥分节
			行车道系	m³/m	按结构或跨度分节
	1	1	梁式体系	m³/m	按结构或跨度分节
四		2	拱式体系	m³/m	
		3	悬挂体系	延米	
	2		桥面铺装	m³/m	
	3		人行道系	m³/m	
			调治及其他工程	桥长米	
	1		河床整治	m³	
五	2		导流坝	m³/处	
	3		驳岸	m³/m	
	4		护坡	m³/m	

续表

项	目	节	工程或费用名称	单位	备注
五	5		看桥房及亭岗	m²	
	6		环境保护工程	处	
	7		其他设施	桥长米	参照路线项目分节
	8		清理场地	桥长米	参照路线项目分节
	9		拆迁建筑物、构筑物	桥长米	参照路线项目分节
六			临时工程	桥长米	
	1		临时轨道铺设	km	
	2		便道	km	
	3		便桥	m/座	指汽车便桥
	4		临时电力线路	km	
	5		临时电信线路	km	不包括广播线路
	6		临时码头	座	
七			施工技术装配费	桥长米	
八			计划利润	桥长米	
九			税金	桥长米	
			第二部分 设备及工具、器具购置费	桥长米	
一			设备购置	桥长米	
	1		需安装的设备	桥长米	
	2		不需安装的设备	桥长米	
二			工具、器具购置	桥长米	
三			办公及生活用家具购置	桥长米	
			第三部分 工程建设其他费用	桥长米	
一	1		土地、青苗补偿费和安置补助费	桥长米	
	2		建设单位管理费	桥长米	
二	1		建设单位管理费	桥长米	
	2		工程监理费	桥长米	
	3		定额编制、管理费	桥长米	
三			勘察设计费	桥长米	
四			研究试验费	桥长米	
			施工机构迁移费	桥长米	
			供电贴费	桥长米	
五			第一、二、三部分费用合计	桥长米	
			预留费用	元	
			1. 工程造价增涨预留费	元	
			2. 预备费	元	
六			大型专用机械设备购置费	桥长米	
			固定资产投资方向调节税	桥长米	
			建设期贷款利息	桥长米	
			概预算总金额	元	
			其中：回收金额	元	
			桥梁基本造价	桥长米	

6.2.2 概预算费用组成

公路工程概预算费用总金额由四大部分组成，即：建筑安装工程费；设备、工具、器具及家具购置费；工程建设其他费用；预留费用；大型专用机械设备购置费、固定资产投资方向调节税、建设期贷款利息。具体构成与建筑工程基本相同，在此不再叙述。

公路工程概预算费用的组成和工程可行性研究报告估算费用的组成是一样的，只是在直接费中两者的表现形式有所不同。在估算中，由于其他工程费是以主要工程费为基数按规定的百分率进行计算的，所以在直接费中分主要工程费和其他工程费；而在概预算中，由于其他工程费是按工程预计实际发生的项目按实计列，所以在直接费中就不再分主要工程费和其他工程费了。

6.3 公路工程概预算各类费用的计算

6.3.1 建筑安装工程费

建筑安装工程费是直接形成工程实体所发生的费用，包括直接工程费、间接费、施工技术装备费、计划利润、税金。

1. 直接工程费

直接工程费由直接费、其他直接费、现场经费组成。

（1）直接费

直接费是指施工过程中耗费的构成工程实体和有助于工程形成的各项费用，包括人工费、材料费、施工机械使用费。

1）人工费：

人工费系指列入工程定额、指标的直接从事建筑安装工程施工的生产工人开支的各项费用，包括生产工人的基本工资、辅助工资、工资性津贴、地区生活补贴、职工福利费等。

公路工程人工费以工程定额、指标的人工工日数、每工日人工费单价及相应实物工程量相乘所得的费用。即：人工费＝Σ（实物工程数量×定额、指标人工工日数×人工费单价）

公路工程生产工人每工日人工单价按如下公式计算：

人工费（元/工日）＝[基本工资（元/月）＋地区生活补贴（元/月）
　　　　　　　　＋工资性津贴（元/月）]×（1＋14％）×12月÷225（工日）

2）材料费：

材料费是指列入工程定额、指标的材料、构配件、零件和半成品、成品的用量以及周转材料的摊销量，按工程所在地的材料预算价格计算的费用。即：

材料费＝Σ{实物工程数量×（定额、指标材料用量×材料预算价格＋其他材料费
　　　　＋设备摊销费）}

材料预算价格系指材料从来源地或交货地到达工地仓库或施工地点堆放材料的地点后的综合平均价格，由材料的供应价格、运杂费、场外运输损耗、采购及仓库保管费四部分所组成。

3）施工机械使用费：

施工机械台班预算价格,应按交通部公布的《公路工程机械台班费用定额》计算。

施工机械台班预算价格＝不变费用×调整系数＋可变费用＝不变费用×调整系数＋〔定额人工消耗量×人工单价＋定额燃料、动力消耗量×燃料、动力单价＋运输机械的养路费、车船使用税和保险费〕

其中不变费用部分,除青海、新疆、西藏可按其省、自治区交通厅批准的调整系数进行调整外,其他地区均应以定额规定的数值为准,即调整系数为1;可变费用中人工工日预算价格同生产工人的人工费单价,动力燃料的预算价格,则按材料预算价格计算方法计算。运输机械的养路费、车船使用税和保险费,应按当地政府规定的征收范围和标准计算。

4)直接费及定额直接费:

直接费＝人工费＋材料费＋施工机械使用费

定额直接费是计算其他直接费和现场经费的计算基数。某分部分项工程的定额直接费等于定额、指标中的工程细目的定额"基价"乘以工程数量。即:

定额直接费＝Σ(各分部分项工程数量×工程细目的定额基价)

其中工程细目的定额基价为该工程细目的工、料、机定额消耗量乘以一个统一的人工、材料、施工机械的价格,定额基价是以《公路基本建设工程概算、预算编制办法》附录十一中的工、料、机价格计算的。

(2)其他直接费

1)工程类别划分:由于其他直接费是根据工程项目的定额基价为基数,以规定的费率计算的,而工程项目内容千差万别,无法分别按各具体工程项目来制定费率标准。因此,只能将性质相近的工程项目合并成若干类别来制定费率。工程类别可划分为如表6-3中的12类。

工程类别划分表　　　　　　　　　　　　　　　　表 6-3

工程类别	内　　容
1. 人工土方	系指人工施工的路基、改河等土方工程,以及人工施工的砍树、挖根、除草、平整场地、挖盖山土等工程项目,并适用于无路面的便道工程
2. 机械土方	系指机械施工的路基、改河等土方工程,以及机械施工的砍树、挖根、除草等工程项目
3. 汽车运土	系指汽车、火车、拖拉机、马车运送的路基、改河土(石)方。购买路基填料的费用不作为其他直接费、现场经费和间接费的计算基数
4. 人工石方	系指人工施工的路基、改河等石方工程,以及人工施工的挖盖山石项目
5. 机械石方	系指机械施工的路基、改河等石方工程(机械打眼即属机械施工)
6. 高级路面	系指沥青混凝土路面、厂拌沥青碎石路面和水泥混凝土路面的面层
7. 其他路面	系指次高级、中级、低级路面的面层,各等级路面的基层、底基层、垫层,采用结合料稳定的路基和软土等特殊路基处理等工程,以及有路面的便道工程
8. 构造物Ⅰ	系指无夜间施工的桥梁、涵洞、防护工程及其他工程,沿线设施中的构造物工程,互通式立体交叉工程(包括立交桥、匝道中的路基土石方、路面、防护等工程),以及临时过程中的便桥、电力电信线路、轨道铺设等工程项目
9. 构造物Ⅱ	系指有夜间施工的桥梁工程

续表

工程类别	内　　容
10. 技术复杂大桥	系指单孔跨径在120m以上（含120m）和基础水深在10m以上（含10m）的大桥主桥部分的基础、下部和上部工程
11. 隧道	系指隧道工程的洞门及洞内工程
12. 钢桥上部	系指钢桥及钢吊桥的上部构造，并适用于金属标志牌、防撞钢护栏及设备安装等工程项目

2）地区类别划分：其他直接费取费标准随地区的不同而不同，取费时划分为三类，见下表6-4。

地区类别划分表　　　　　　　　　　　　　　　　　　　　　表6-4

地区类别	省、自治区、直辖市及特区
一类地区	江苏、安徽、浙江、江西、河南、湖南、湖北、广西、陕西、四川、重庆、贵州、云南、山东、河北、山西、辽宁、甘肃、宁夏
二类地区	上海、福建（不包括厦门）、广东（不包括深圳、汕头及珠海）、北京、天津、吉林
三类地区	黑龙江、内蒙古、青海、新疆、西藏、海南、深圳、汕头、珠海、厦门

3）其他直接费的计算：其他直接费系指直接费以外施工过程中发生的直接用于工程的费用。内容包括冬期施工增加费、雨期施工增加费、夜间施工增加费、高原地区施工增加费、沿海地区工程施工增加费、行车干扰工程施工增加费、施工辅助费等七项。公路工程中的水、电费及因场地狭小等特殊情况而发生的材料二次搬运等其他直接费已包括在概、预算定额中，不再另计。

A. 冬期施工增加费

冬期施工增加费系指按照施工及验收规范所规定的冬期施工要求，为保证工程质量和安全生产而增加的其他直接费。内容包括材料费、保温设施费、工效降低和机械作业率降低所增加的费用，以及工地临时取暖费等。

冬期施工增加费取费与工程所在地区的气温有关。在现行《公路基本建设工程概算、预算编制办法》（下简称《编制办法》）附录八中列有"全国冬期施工气温区划分表"。

冬期施工增加费，是以各类工程的定额基价之和为基数，按工程类别和工程所在地的气温区选用表6-5所列费率计算。

冬期施工增加费费率表　　　　　　　　　　表6-5

气温\工程类别	冬季期平均温度（℃）								准一区	准二区
	−1以上		−1～−4		−4～7	−7～10	−10～14	−14～以下		
	冬一区		冬二区		冬三区	冬四区	冬五区	冬六区		
	Ⅰ	Ⅱ	Ⅲ	Ⅳ						
人工土方	0.94	1.46	1.99	2.55	4.83	6.87	10.30	15.45		
机械土方	0.83	1.30	1.79	2.26	4.27	6.08	9.12	13.68		

续表

气温工程类别	冬季期平均温度（℃）								准一区	准二区
	—1以上		—1～—4		—4～—7	—7～—10	—10～—14	—14～以下		
	冬一区		冬二区		冬三区	冬四区	冬五区	冬六区		
	Ⅰ	Ⅱ	Ⅲ	Ⅳ						
汽车运土	0.15	0.23	0.32	0.40	0.76	1.07	1.61	2.42		
人工石方	0.20	0.32	0.42	0.51	1.00	1.46	2.18	3.27		
机械石方	0.18	0.29	0.39	0.47	0.92	1.34	2.01	3.01		
高级路面	0.70	0.98	1.34	1.52	2.76	3.74	5.61	8.41	0.12	0.30
其他路面	0.23	0.42	0.60	0.77	1.28	1.66	2.48	3.72		
构造物Ⅰ	0.68	0.97	1.32	1.50	2.71	3.67	5.51	8.25	0.12	0.30
构造物Ⅱ	0.66	0.93	1.27	1.44	2.61	3.54	5.31	7.96	0.12	0.29
技术复杂大桥	0.69	0.97	1.32	1.50	2.72	3.68	5.52	8.28	0.12	0.30
隧　道	0.20	0.38	0.54	0.69	1.15	1.48	2.22	3.33		
钢桥上部	0.04	0.09	0.12	0.16	0.27	0.35	0.53	0.79		

冬期施工增加费计算时，应注意以下事项：

a. 建设项目不论是否在冬期施工，均按规定标准计列冬期施工增加费。采用全年平均摊销的方法。

b. 一条路线工程，当在穿过两个以上气温区时，可分段计算或按各区的工程量比例求得全线的平均增加率，计算冬期施工增加费。

c. 冬期施工增加费在概、预算表格中不直接出现，而是将其费率纳入另外几项其他直接费费率组成"综合费率"，然后再将"综合费率"乘以定额直接费，共同形成其他直接费。

B. 雨期施工增加费

雨期施工增加费，系指雨期期间施工为保证工程质量和安全生产而增加的其他直接费。内容包括防雨、排水、防潮措施费、材料费、工效降低和机械作业率降低所需增加的费用。在《编制办法》附录九中列有"全国雨期施工雨量区及雨季期划分表"。

雨期施工增加费，以各类工程的定额基价之和为基数，按工程所在地的雨量区、雨期选用表6-6所列费率计算。

雨期施工增加费费率表（%）　　　表6-6

工程类别 \ 雨季期（月数）	1	1.5	2		2.5		3		4		5		6	7
雨量区	Ⅰ	Ⅰ	Ⅰ	Ⅱ	Ⅰ	Ⅱ	Ⅰ	Ⅱ	Ⅰ	Ⅱ	Ⅰ	Ⅱ	Ⅱ	Ⅱ′
人工土方	0.12	0.18	0.24	0.35	0.29	0.44	0.35	0.53	0.47	0.71	0.58	0.88	1.06	1.23
机械土方汽车运土	0.07	0.11	0.14	0.21	0.18	0.26	0.21	0.32	0.28	0.42	0.35	0.53	0.64	0.74
人工石方	0.08	0.13	0.17	0.25	0.21	0.31	0.25	0.38	0.34	0.51	0.42	0.63	0.76	0.88

续表

雨季期（月数）	1	1.5		2		2.5		3		4		5		6	7
雨量区 工程类别	Ⅰ	Ⅰ	Ⅱ	Ⅰ	Ⅱ	Ⅰ	Ⅱ	Ⅰ	Ⅱ	Ⅰ	Ⅱ	Ⅰ	Ⅱ	Ⅱ	Ⅱ′
机械石方	0.07	0.12	0.15	0.23	0.19	0.29	0.23	0.35	0.31	0.46	0.38	0.58	0.69	0.81	
高级路面、其他路面	0.06	0.09	0.11	0.17	0.14	0.22	0.17	0.26	0.23	0.34	0.29	0.43	0.51	0.60	
构造物Ⅰ	0.05	0.07	0.10	0.15	0.12	0.18	0.15	0.22	0.19	0.29	0.24	0.37	0.44	0.51	
构造物Ⅱ	0.05	0.07	0.09	0.14	0.12	0.17	0.14	0.21	0.19	0.28	0.24	0.35	0.42	0.49	
技术复杂大桥	0.05	0.07	0.10	0.15	0.12	0.18	0.15	0.22	0.19	0.29	0.25	0.37	0.44	0.51	
隧道钢桥上部															

雨期施工增加费计算时，应注意以下事项：

a. 不论工程是否在雨期施工，均应计列雨期施工增加费。

b. 一条路线通过几个雨量区或雨季期时，应分别计算雨期施工增加费，或按工程量比例求得平均增加率来计算全线雨期施工增加费。

c. 其费率纳入"综合费率"，然后以综合费率乘定额基价，与另外几种其他直接费一起共同形成工程细目的其他直接费。其计算方法与冬期施工增加费相同。

C. 夜间施工增加费

夜间施工增加费系根据设计、施工的技术要求和合理的施工进度要求，必须在夜间连续施工而发生的工效降低、夜班津贴以及有关照明设施等增加的费用。夜间施工增加费按夜间施工的工程项目的定额基价之和乘以 0.50% 计算。

注意：应按工程实际应该发生的项目定额基价之和来计算。

D. 高原地区施工增加费

高原地区施工增加费，系指在海拔 2000m 以上地区施工，由于受气候、气压影响，致使人工、机械效率降低而增加的费用。该费用以各类工程定额基价之和为基数，按表 6-7 所列费率计算。

高原地区施工增加费费率表（%）　　　　表 6-7

工程类别	海拔高度（m）				工程类别	海拔高度（m）			
	2001~3000	3001~4000	4001~5000	5000以上		2001~3000	3001~4000	4001~5000	5000以上
人工土方Ⅱ	33	55	110		构造物Ⅰ	4	12	19	39
机械土方汽车运土	10	20	39	73	构造物Ⅱ	4	11	18	37
人工石方	10	31	52	104	技术复杂大桥	5	14	24	48
机械石方	10	29	49	97	隧道	5	13	21	42
高级路面	2	6	11	22	钢桥上部	3	5	8	17
其他路面	3	7	12	24					

应注意工程项目所在地的海拔高度是否在 2000m 以上，切勿漏列；对工程细目的工程类别，也要正确地选定。

E. 行车干扰工程施工增加费

行车干扰工程施工增加费，系指由于边施工边维持通车，受行车干扰的影响，致使人工、机械效率降低而增加的费用。该费用以受行车影响部分的工程的定额基价之和为基数，按表6-8所列费率计算。该增加费用也是综合在其他直接费中反映的。

行车干扰工程施工增加费费率表（%） 表6-8

工程类别	施工期间平均每昼夜双向行车次数（汽车兽力车合计）			
	51～100	101～500	501～1000	1000以上
人工土方	5.52	8.29	11.05	13.81
机械土方	2.45	4.89	7.34	9.78
汽车运土	2.63	5.26	7.89	10.53
人工石方	5.24	7.57	10.50	12.80
机械石方	2.45	4.81	7.49	9.63
高级路面、其他路面	1.31	1.97	2.63	3.28
构造物Ⅰ	1.29	1.93	2.58	3.22
构造物Ⅱ	1.24	1.87	2.49	3.11

注：1. 由于该增加费用以"受行车影响部分"工程的定额基价为计算基数，所以如何区分受行车影响部分的工程，是正确计算该费用的核心。特别是对于不设便道的半幅施工半幅通车的工程、在原路线一侧加宽改建扩建工程等等，均应作具体分析，以确定是否可以按局部工程计列该增加费用。

2. 还应考虑到交通流量的分流导致交通流量的降低，这也是在取定费率时应考虑的。

F. 沿海地区工程施工增加费

沿海地区工程施工增加费系指工程项目在沿海地区施工，受海风、海浪和潮汐的影响，致使人工、机械效率降低等所需增加的费用。本项费用由沿海各省、自治区、直辖市交通厅（局）制订具体的适用范围（地区），并抄送部公路工程定额站备案。

沿海地区工程施工增加费以各类工程的定额直接费之和为基数，按表6-9所列费率计算。

沿海地区工程施工增加费费率表（%） 表6-9

工程类别	费率	工程类别	费率	工程类别	费率
构造物Ⅱ	0.15	技术复杂大桥	0.15	钢桥上部	0.15

G. 施工辅助费

施工辅助费，系指生产工具用具使用费、检验试验费和工程定位复测、工程点交、场地清理等费用。其中生产工具用具使用费，是指施工所需不属于固定资产的生产工具、检验、试验用具等的购置、摊销和维修费，以及支付给工人自备工具的补贴费；检验试验费，是指对建筑材料、构件和建筑安装工程进行一般鉴定、检查所发生的费用，包括自设实验室进行试验所耗用的材料和化学药品的费用，以及技术革新和研究试验费，但不包括新结构、新材料的试验费和建设单位要求对具有出厂合格证明的材料进行检验、对构件破坏性试验及其他特殊要求检验的费用。施工辅助费以各类工程的定额基价之和为基数，按表6-10所列费率计算。

施工辅助费费率表（％） 表6-10

工程类别	费率	工程类别	费率	工程类别	费率
人工土方	2.76	机械石方	0.91	技术复杂大桥	2.26
机械土方	0.83	高级路面、其他路面	1.31	隧道	2.04
汽车运土	0.26	构造物Ⅰ	2.26	钢桥上部	0.70
人工石方	2.62	构造物Ⅱ	2.18		

H. 冬期、雨期及夜间施工增加工数的计算

在概、预算的其他直接费计算出费用后，还必须计算冬期、雨期及夜间施工所增加的工数。

冬期施工增加工数：冬期施工增加的人工数量以概、预算工数之和乘以表6-11的冬期施工增工百分率。

冬雨期施工增工百分率表（％） 表6-11

项目	雨期施工（雨量区）		冬期施工							
	Ⅰ	Ⅱ	冬一区		冬二区		冬三区	冬四区	冬五区	冬六区
			Ⅰ	Ⅱ	Ⅰ	Ⅱ				
路线	0.30	0.45	0.70	1.00	1.40	1.80	2.40	3.00	4.50	6.75
独立大中桥	0.30	0.45	0.30	0.40	0.50	0.60	0.80	1.00	1.50	2.25

注：表中雨期施工增工百分率为每个雨期月的增加率。

雨期施工增加工数：雨期施工增加的人工数量，以概、预算工数之和乘以表6-11中雨期施工增工百分率再乘以雨期的月数。即：雨期施工增加工数＝工数之和×费率×雨期月数

夜间施工增加工数：夜间施工增加的人工数，按概、预算夜间施工的工程项目的工数乘以4％计算。根据上述计算办法求出的用工数不另计入预算单价，而是供统计人工工数用。

（3）现场经费

现场经费系指为施工准备、组织施工生产和管理所需的费用，内容包括：临时设施费和现场管理费两项。

1）临时设施费以各类工程的定额直接费之和为基数，按表6-12所列费率计算。

临时设施费费率表（％） 表6-12

工程类别	地区类别			工程类别	地区类别		
	一类地区	二类地区	三类地区		一类地区	二类地区	三类地区
人工土方	5.13	5.65	6.67	其他路面	3.33	3.66	4.33
机械土方	2.60	2.86	3.38	构造物Ⅰ	4.70	5.17	6.11
汽车运土	1.63	1.79	2.12	构造物Ⅱ	4.53	4.99	5.90
人工石方	5.13	5.65	6.67	技术复杂大桥	3.92	4.32	5.10
机械石方	4.40	4.84	5.72	隧道	4.07	4.48	5.29
高级路面	3.35	3.68	4.35	钢桥上部	3.10	3.42	4.04

为进行建安工程的施工必须具有临时设施，临时设施所需费用在临时设施费中已计算，临时设施的搭设、维修、拆除等所需的人工数量也应反映在概、预算文件中。临时设施用工指标在表6-13中列出，其计算办法为：

$$路线工程用工数量＝路线长度（km）×用工指标$$
$$独立大中桥工程用工数量＝桥面面积（100m^2）×用工指标$$

式中 路线长度——设计路线总里程（km）；

桥面面积——按每座桥全桥面积计。

临时设施用工指标表 表6-13

项目	路线（1km）						独立大中桥 (100m² 桥面)
	公路等级						
	高速公路	一级公路	汽车专用二级公路	二级公路	三级公路	四级公路	
工日	2340	1160	580	340	160	100	60

根据上述计算办法求出的用工数不另计入预算单价，而是供统计人工工数用。

2）现场管理费是指企业在现场为组织和管理工程施工所需的费用，包括基本管理费用和其他单项费用。

现场管理费基本费用以各类工程的定额直接费之和为基数，按表6-14所列费率计算。

现场管理费基本费用费率表（％） 表6-14

工程类别	地区类别			工程类别	地区类别		
	一类地区	二类地区	三类地区		一类地区	二类地区	三类地区
人工土方	8.67	9.49	11.15	其他路面	3.54	3.87	4.51
机械土方	3.74	4.06	4.68	构造物Ⅰ	5.55	5.95	7.14
汽车运土	1.84	2.20	2.57	构造物Ⅱ	5.35	5.74	6.89
人工石方	8.67	9.49	11.15	技术复杂大桥	4.86	5.29	6.17
机械石方	4.70	5.03	6.06	隧道	4.81	5.15	6.18
高级路面	1.57	1.88	2.20	钢桥上部	1.51	1.82	2.12

现场管理费其他单项费用是指现场管理费中需要单独计算的费用，包括主副食运费补贴、职工探亲路费、职工取暖补贴和工地转移费四项，以各类工程的定额直接费为基数，分别按表6-15～表6-18所列费率计算。

主副食运费补贴费费率表（％） 表6-15

工程类别	综合里程（km）											
	1	3	5	8	10	15	20	25	30	40	50	每增加10
人工土方	0.64	0.92	1.14	1.44	1.66	2.06	2.48	2.82	3.29	3.91	4.51	0.60
机械土方汽车运土	0.27	0.39	0.48	0.61	0.70	0.86	1.05	1.18	1.38	1.64	1.91	0.27
人工石方	0.47	0.68	0.86	1.06	1.22	1.51	1.84	2.09	2.42	2.87	3.32	0.44
机械石方	0.30	0.44	0.55	0.70	0.80	1.00	1.20	1.36	1.59	1.88	2.19	0.30
高级路面、其他路面	0.16	0.23	0.29	0.37	0.42	0.52	0.62	0.71	0.83	0.98	1.14	0.16
构造物Ⅰ	0.25	0.35	0.44	0.55	0.63	0.78	0.95	1.08	1.26	1.49	1.73	0.23
构造物Ⅱ	0.24	0.34	0.43	0.53	0.61	0.75	0.91	1.04	1.21	1.44	1.67	0.22

续表

工程类别	综合里程（km）											
	1	3	5	8	10	15	20	25	30	40	50	每增加10
技术复杂大桥	0.19	0.27	0.33	0.42	0.49	0.61	0.73	0.83	0.96	1.14	1.33	0.19
隧道	0.22	0.31	0.38	0.47	0.55	0.67	0.82	0.94	1.09	1.29	1.50	0.20
钢桥上部	0.17	0.25	0.31	0.40	0.46	0.57	0.68	0.78	0.91	1.07	1.25	0.17

注：1. 综合里程＝粮食运距×0.06＋燃料运距×0.09＋蔬菜运距×0.15＋水运距×0.70；粮食、燃料、蔬菜、水的运距均为全线平均运距。
2. 综合里程数在表列里程之间时，费率可内插。

职工探亲路费费率表（%）　　表 6-16

工程类别	一般省、自治区、直辖市施工的工程	青海、云南、新疆、西藏、海南省（区）施工的工程	工程类别	一般省、自治区、直辖市施工的工程	青海、云南、新疆、西藏、海南省（区）施工的工程
人工土石	0.40	0.64	其他路面	0.35	0.55
机械土方	0.48	0.78	构造物Ⅰ	0.63	1.01
汽车运土	0.28	0.45	构造物Ⅱ	0.61	0.98
人工石方	0.40	0.62	技术复杂大桥	0.35	0.56
机械石方	0.58	0.93	隧道	0.55	0.87
高级路面	0.28	0.45	钢桥上部	0.26	0.42

职工取暖补贴费费率表（%）　　表 6-17

工程类别	气温区						
	准二区	冬一区	冬二区	冬三区	冬四区	冬五区	冬六区
人工土方	0.11	0.21	0.34	0.50	0.55	0.84	1.01
机械土方	0.11	0.23	0.38	0.56	0.76	0.94	1.13
汽车运土	0.10	0.22	0.37	0.55	0.74	0.92	1.11
人工石方	0.11	0.21	0.34	0.50	0.55	0.84	1.01
机械石方	0.12	0.25	0.41	0.61	0.83	1.03	1.24
高级路面、其他路面	0.07	0.13	0.22	0.34	0.44	0.55	0.66
构造物Ⅰ	0.10	0.21	0.34	0.50	0.66	0.84	1.01
构造物Ⅱ	0.10	0.20	0.32	0.48	0.64	0.81	0.97
技术复杂大桥	0.08	0.15	0.25	0.38	0.50	0.63	0.76
隧道	0.09	0.17	0.29	0.44	0.58	0.73	0.87
钢桥上部	0.06	0.12	0.20	0.31	0.41	0.51	0.61

工地转移费费率表（%）　　表 6-18

工程类别	工地转移距离（km）					
	50	100	300	500	1000	每增加100
人工土方	0.59	0.81	1.23	1.66	2.15	0.10
机械土方	0.98	1.32	2.05	2.69	3.57	0.16
汽车运土	0.58	0.74	1.16	1.53	2.00	0.09
人工石方	0.59	0.81	1.23	1.66	2.15	0.10

续表

工程类别	工地转移距离（km）					
	50	100	300	500	1000	每增加100
机械石方	0.80	0.96	1.66	2.19	2.89	0.13
高级路面、其他路面	1.12	1.51	2.37	3.09	4.14	0.21
构造物Ⅰ、构造物Ⅱ	1.10	1.48	2.32	3.03	4.06	0.21
技术复杂大桥	1.10	1.49	2.33	3.04	4.07	0.21
隧道	0.99	1.34	2.09	2.73	3.66	0.18
钢桥上部	1.09	1.47	2.30	3.00	4.02	0.20

注：1. 转移距离以转移前后工程主管单位（如工程处、队等）驻地距离或两路线中点的距离为准。
　　2. 编制概算时，如施工单位不明确，省、自治区、直辖市属施工企业承包的建设项目，可按省城（自治区首府）至工地的里程计算工地转移费。
　　3. 工地转移里程数在表列里程之间时，费率可内插计算。

3) 注意事项：

A. 辅助生产现场经费：

是指由施工单位自行开采加工的砂、石等自采材料及施工单位自办的人工装卸和运输的现场经费。辅助生产现场经费虽然属于现场经费的性质，但却不直接出现在概、预算现场经费费用中，而是将其并入材料预算单价之内构成材料费。

B. 辅助生产现场经费计算：

辅助生产现场经费，按辅助生产人工费的15%计列。

C. 高原地区施工单位的辅助生产：

辅助生产若在高原地区进行，可按其他直接费中高原地区施工增加费费率，以定额直接费为基数，计算高原地区施工增加费。费率的确定为：

a. 按人工土方费率的有：人工采集、人工装卸、运输材料、加工材料。

b. 按机械石方费率的有：机械采集、加工材料。

c. 按机械土方费率的有：机械装卸、运输材料。

辅助生产高原地区施工增加费，不作为辅助生产现场经费的计算基数。

现场经费费用定额适用于交通部直属公路施工企业和各省、自治区、直辖市直属公路施工企业。地区（州）、市、县所属公路施工企业的现场经费费用定额，由各省、自治区、直辖市交通厅（局）根据本地区具体情况自行制定，但费用内容应与本定额一致，且不得高于本定额的费率。

2. 间接费

间接费是指直接工程费以外，施工企业为组织施工生产经营、筹措资金等一系列活动而发生的管理费用，主要由企业管理费、财务费用两项组成。

(1) 企业管理费

企业管理费以各类工程的定额直接工程费之和为基数，按表6-19所列费率计算。

即：企业管理费＝（定额直接费＋其他直接费＋现场经费）×企业管理费率（%）

(2) 财务费用

财务费用系指企业为筹集资金而发生的各项费用。它包括企业经营期间发生的短期贷款利息净支出、汇兑净损失、调剂外汇手续费、金融机构手续费，以及企业筹集资金发生的其他财务费用。财务费用以各类工程的定额直接工程费之和为基数,按表6-20所列费率计算。

即:财务费用=(定额直接费+其他直接费+现场经费)×财务费用费率

企业管理费费率表(%)　　　　　　　　　　　　　　　　　　　　表 6-19

工程类别	地　区　类　别			
	一类地区	二类地区	三类地区	其中:上级管理费
人工土方	3.74	4.09	4.81	0.56
机械土方	3.32	3.59	4.14	0.55
汽车运土	0.93	1.12	1.33	0.12
人工石方	3.74	4.09	4.81	0.56
机械石方	3.46	3.71	4.45	0.58
高级路面	2.12	2.55	2.97	0.25
其他路面	3.46	3.78	4.41	0.69
构造物Ⅰ	4.27	4.57	5.49	0.71
构造物Ⅱ	4.12	4.41	5.29	0.68
技术复杂大桥	3.03	3.30	3.86	0.73
隧道	3.88	4.15	4.98	0.65
钢桥上部	2.12	2.55	2.97	0.25

财务费用费率表(%)　　　　　　　　　　　　　　　　　　　　表 6-20

工程类别	地　区　类　别		
	一类地区	二类地区	三类地区
人工土方	0.58	0.73	0.88
机械土方、汽车运土	0.33	0.42	0.51
人工石方	0.56	0.70	0.93
机械石方	0.36	0.46	0.55
高级路面	0.42	0.54	0.63
其他路面	0.50	0.64	0.75
构造物Ⅰ	0.60	0.75	0.90
构造物Ⅱ			
技术复杂大桥			
隧道			
钢桥上部			

注意事项:间接费和现场经费一样,其费用定额适用于交通部直属公路施工企业和各省、自治区、直辖市直属公路施工企业。地区(州)、市、县所属公路施工企业的间接费用定额,由各省、自治区、直辖市交通厅(局)根据本地区具体情况自行制定,但费用内容应与本定额一致,且不得高于本定额的费率。

3. 施工技术装备费、计划利润及税金

施工技术装备费按定额直接工程费与间接费之和的3%计算。

计划利润=(定额直接工程费+间接费)×4%

税金是属于建安工程费中,并列于直接工程费、间接费、施工技术装备费、计划利润的一项费用。税金亦称综合税,它是按照国家规定应计入建筑安装工程造价内的营业税、城市维护建设税及教育附加税。

综合税金额=(直接工程费+间接费+计划利润)×综合税率
综合税率=1/[1-营业税率×(1+城市维护建设税税率+教育附加税税率)]-1
概算综合税率按 3.41% 计。

预算综合税率分别为:纳税人在市区的,综合税率为 3.41%;纳税人在县城、乡镇的,综合税率为 3.35%;纳税人不在市区、县城、乡镇的,综合税率为 3.22%。

应注意的是:上面提到的纳税人所在地,是指工程的施工企业的登记注册地址。

4. 公路交工前养护费和绿化工程费

在《公路基本建设工程概算、预算编制办法》的路线工程概、预算项目表中的第一部分六项 6 目 1 节和 12 目,列有绿化工程和公路交工前养护费两个工程项目,这两个项目也是属于建安费中的工程项目,但其计算方法却比较特殊。

(1) 公路交工前养护费

公路交工前养护费,是指对路线工程陆续交工的路段,在路段交工初验时止,以路面为主包括路基、构造物在内的养护费用。

1) 养护费指标:

公路交工前养护费指标,按工程的全线里程及平均养护月数,以下列标准计算:

A. 三、四级公路按 60 工日/(月·km);

B. 二级及以上公路按 30 工日/(月·km)。

2) 养护费用计算:按路面工程类别,以其人工费为基数计算其他直接费、现场经费和间接费。

3) 养护用工计算:公路交工前养护用工,也需要在概、预算中反映,但不再计入单价。公路交工前养护用工数量,按上述指标标准,以路线里程及平均养护月数之乘积计算。

(2) 绿化工程费

绿化工程是属于建安费的工程项目。凡新建、改建路线工程,应计绿化工程费。绿化工程应由施工单位负责在适宜的气候条件下完成绿化施工。绿化工程费是按路线总里程,以下列绿化补助费指标计算:

1) 新建公路,按:①平原微丘区为 5000 元/km;②山岭重丘区为 1000 元/km。

2) 改建公路,按上列指标的 80% 计。

由于以上指标内已包括其他直接费、现场经费和间接费,故编制概、预算时,不再计列。

6.3.2 设备、工具、器具及家具购置费

1. 设备、工具、器具购置费

设备、工具、器具购置费,系指为满足公路的营运、管理、养护需要购置的设备、工具、器具的费用。设备、工具、器具购置费应根据建设工程规模实事求是地计列。

2. 办公和生活用家具购置费

办公和生活用家具购置费系指为保证新建、改建项目初期正常生产、使用和管理所必

须购置的办公和生活用家具、用具的费用。其具体范围包括：办公室、单身宿舍及生活福利设施等的家具、用具。

办公和生活用家具购置费，按路线工程的设计里程和有看桥房的独立大中桥的座数，乘以相应购置费标准计算，对改建工程取费标准按表 6-21 所列数的 80% 计。

办公和生活家具购置费标准　　　　表 6-21

工程所在地	路线（元/km）				有看桥房的独立大桥（元/座）	
	高速公路	一级公路	汽车专用二级公路	二、三、四级公路	一般大桥	技术复杂大桥
青海、内蒙古、黑龙江、新疆、西藏	16500	12000	6000	3000	12000	24000
其他省、自治区、直辖市	13500	11200	4500	2200	9800	19600

6.3.3 工程建设其他费用及预留费

1. 工程建设其他费用

工程建设其他费用包括：土地、青苗等补偿费和安置费补助费、建设单位管理费、研究试验费、勘察设计费、施工机构迁移费、大型专用机械设备购置费、建设期贷款利息。

（1）土地、青苗等补偿费和安置补助费的计算

土地、青苗等补偿费和安置补助费是指建设工程征用的土地，以及这些土地上的附着物，按照国家规定所应支付的各项费用。包括土地补偿费，青苗补偿费，房屋、水井、树木等附着物补偿费，坟墓、电力、电信等迁移费，以及安置补助费、土地征收管理费、耕地占用税和临时租用土地费、复耕费等。

1）计算办法：

该项费用的计算方法是：根据有关单位批准的建设用地和临时用地的面积，按各省、自治区、直辖市人民政府规定的各项补偿费、安置补助费标准和耕地占用税税率计算。

A. 用地面积。凡征用的土地应以公路用地图计算的亩数为准。临时用地则应根据施工组织设计或施工方案确定的面积作为计算依据。包括的内容是：公路路线、管理、养护机具修建的办公室、宿舍、修理厂等，高等级公路的服务区修建的旅馆、餐厅、加油站、停车场等，被交道的改移、扩建、改沟改河；弃土场地等永久占用的土地，施工单位修建的临时生产、生活用房，构件预制和混合料拌合场，临时道路，堆料场，沙石料开采和取土场等临时占用的土地。

B. 土地上的附着物。凡征用土地上的各类房屋、围墙、水井水塔、果树、林木、坟墓、电力、电信、水利及铁路设施、青苗等，均以实地调查落实的数量作为补偿依据。

C. 补偿标准。土地法对国家建设征用耕地的补偿费和需要安置的农业人口数与安置补助费的标准，都作了指令性规定，即按该耕地被征用前年平均年产值和不同的土地种类与人均占有耕地数量，以差别倍数计算。如水田按四倍、旱地按三倍补偿。至于耕地的年产值则以年产量乘以当年当地集市价格计算确定。由于涉及补偿的内容较多，而且又是一项政策性比较强的工作，因此，为便于运作，各省、自治区、直辖市的人民政府结合各地的实际情况，制定了具体的补偿标准，所以在计算补偿时，一般无需进行补偿价格的计算分析，可按各地政府规定的费额标准作为计算依据。但拆迁生产、居民住房时造成的停产和搬家必需的费用，也应考虑给予一次性的补助。

关于占地补偿和拆迁补偿的方式，主要有两种：一种是按文件规定的补偿费用标准计算确定；另一种通过当事人双方洽商按协议费用确定。其中补偿费用标准的政策性很强，而且多变，所以要注意其时效性和地方性。

2) 当设计的路线、桥梁等与原有的电力电信设施、水利工程、铁路及铁路设施相互干扰时，应与有关部门联系、商定合理的解决方案和赔偿金额，也可以由这些部门按规定编制费用，以确定赔偿金额。

3) 由承担本项工程施工的施工单位代替建设单位拆迁改移的各种建筑物、构筑物，其费用应属于建筑安装工程。

(2) 建设单位管理费用的计算

建设单位管理费除本身费用外，工程质量监督费、工程监理费、定额编制管理费、设计文件审查费也在本项内计算。

1) 建设单位管理费：

建设单位管理费系指建设单位为建设项目的立项、筹建、建设、竣工验收、总结等工作所发生的管理费用。不应计入设备、材料预算价格的建设单位采购及保管设备、材料所需的费用。费用内容包括：工作人员的基本工资、工资性补贴、劳动保险基金、职工福利费等。

由施工企业代替建设单位办理"土地、青苗等补偿费"的工作人员所发生的费用，应在建设单位管理费项目中支付。

以建安工程费总额为基数，按表6-22所列费率，以累进办法计算。国际招标的建设单位管理费计算方法同国内招标。

2) 工程质量监督费：工程质量监督费系指根据国家有关部门规定，支付给各省、自治区、直辖市公路工程质量监督站的管理费用。

质量监督费＝定额建筑安装工程费总额×0.15%

建设单位管理费费率表 表6-22

第一部分 定额建安工程费总额（万元）	费率（%）		算例（万元）	
	国内招标	国际招标	建安工程费	建设单位管理费（国内招标）
500以下	1.67	—	500	500×1.67%＝8.35
501～1000	1.31	—	1000	8.35＋500×1.31%＝14.9
1001～5000	0.95	—	5000	14.9＋4000×0.95%＝52.9
5001～10000	0.80	—	10000	52.9＋5000×0.80%＝92.9
10001～30000	0.66	0.55	30000	92.9＋20000×0.66%＝224.9
30001～50000	0.55	0.41	50000	224.9＋20000×0.55%＝334.9
50001～100000	0.41	0.33	100000	334.9＋50000×0.41%＝539.9
100001～150000	0.33	0.26	150000	539.9＋50000×0.33%＝704.9
150001～200000	0.26	0.14	200000	704.9＋50000×0.26%＝834.9
200000以上	0.14	0.06	210000	834.9＋10000×0.14%＝848.9

3) 工程监理费：工程监理费系指建设单位委托具有公路工程监理资格证书的单位，按施工监理办法进行全面的监督与管理所发生的费用。实行国际招标的工程，包括工程监理费、国际招标费和人员培训费。

工程监理费＝定额建设安装工程费总额×工程监理费费率

工程监理费费率取费标准：国内招标工程费率为1.6％；国际招标工程费率为3.5％。

4）定额编制管理费：定额编制管理费系指各省、自治区、直辖市公路（交通）工程定额（造价管理）站为搜集定额资料、测定劳动定额、编制工程定额及定额管理所需要的工作经费。

定额编制管理费＝定额建筑安装工程费总额×0.17％

其中劳动定额测定费0.05％、定额编制费为0.08％、定额管理费为0.04％。

5）设计文件审查费：设计文件审查费系指上级主管部门对公路工程建设项目可行性研究报告和勘察设计文件进行审查时收取的费用。

设计文件审查费＝定额建筑安装工程费总额×0.05％。

(3) 研究试验费的计算

研究试验费是为本建设项目提供或验证设计数据、资料，或在施工过程中按照设计规定进行必要的研究试验所需的费用，研究试验费不包括：

1）应由科技三项费用（即新产品试制费、中间试验费和重要科学研究补助费）开支的项目；

2）应由施工辅助费开支的施工企业对建筑材料、构件和建筑物进行一般鉴定、检查所发生的费用及技术革新研究试验费；

3）应由勘察设计费、勘察设计单位的事业费或基本建设投资中开支的项目。

应是按照设计提出的研究试验内容和要求，并与建设单位商定其费额列入工程造价内。不需要验证设计基础资料的不计此项费用。

(4) 勘察设计费的计算

勘察设计费是指委托勘察设计单位对建设项目进行可行性研究和对工程勘察设计时，按规定应支付的费用，包括：

1）编制项目建议书、可行性研究报告、工程技术咨询、环境评价、投资估算，以及为编制上述文件所进行的勘察、设计、测量试验等所需要的费用；

2）初步设计和施工图设计的勘察（包括测量、水文地质勘探等）设计费，概预算编制费等。

国家颁发的公路工程勘察设计收费标准，分公路等级、勘测类别、测量困难类别因素、技术复杂程度、独立大中桥、隧道、交通工程、地质勘探等各种不同的费用定额，故应按照实际勘察设计的内容分别进行计算。

(5) 施工机构迁移费的计算

施工机构迁移费系指施工机构根据建设任务的需要，经有关部门决定从建制地（指工程处等）迁移到另一地区所发生的一次性搬迁费用。不包括：

1）由施工企业自行负担的，在规定距离范围内调动施工力量以及内部平衡施工力量所发生的迁移费用；

2）由于违反基建程序，盲目调迁队伍所发生的迁移费；

3）因中标而引起施工机构迁移所发生的迁移费。

费用内容包括：职工及随同家属的差旅费，调迁期间的工资，施工机械、设备、工具、用具和周转性材料的搬运费。

施工机构迁移费应经建设项目的主管部门同意按实计算。但计算施工机构迁移费后，如迁移地点即新工地地点（如独立大桥），则现场经费内工地转移费应不再计算；如施工机构迁移地点至新工地地点尚有部分距离，则工地转移费的距离，应以施工机构新地点为计算起点。

注意事项：施工机构迁移费是一项计量出入比较大，甲乙双方易发生争议的费用，所以计算难度较大。计算该费用时，必须经建设单位主管部门同意，并签订协议或纪要之后，设计单位方根据有关规定和标准，公正地按实计算。

(6) 大型专用机械设备购置费

大型专用机械设备购置费是指技术复杂的特大桥、隧道、高速公路等工程建设中必需购置的大型专用机械设备所发生的费用。

该费用按国家规定："对某些工程建设中必需的大型专用机械设备，一般应向大型机械施工企业（或其他企业）租赁；情况特殊的，经投资主管部门批准，在设计项目概算中列支购置，租给施工企业使用"办理。

编制概、预算时应注意的问题：

1) 对该项费用，必须坚持租赁为主，购置为辅，建设单位购买，租给施工企业使用的原则；

2) 在概算中可列该项购置费或租赁费，而在预算中只能列租赁费；

3) 该项费用，不发生不列，若发生，则按计划购置清单计算费用金额。

(7) 建设期贷款利息

建设期贷款利息是指建设项目中分年度使用国内贷款或国外贷款部分，在建设期内应归还的贷款利息。内容包括各种金融机构贷款、企业集资、建设债券和外汇贷款等利息。

根据确定的贷款额和建设期每年使用的贷款安排和贷款合同规定的年利息率进行计算。

$$建设期贷款利息 = \sum_{j=1}^{n} P_j \times (n-j+k) \times i$$

式中　P_j——建设期第 j 年贷款计划数；

　　　i——年利率；

　　　n——建设期计息年数；

　　　j——建设期第 j 年（$j=1, 2, \cdots, n$）；

　　　k——当年计息的 $k=1$，当年不计息的 $k=0$。

世界银行和亚洲银行的贷款除收取利息外，还要征收承诺费，一般为贷款额的 0.75%。所谓承诺费，是对已由世界银行、亚洲银行承诺，但借款人还未支取部分的贷款征收的费用。如第一年已拨贷款总额的 15%，则按贷款合同规定的年利息率支付利息，未使用部分的要按 0.75% 征收承诺费。

2. 预留费

预留费用由工程造价增涨预留费和预备费两项组成。

(1) 工程造价增涨预留费

工程造价增涨预留费，是考虑设计文件编制年至工程竣工年期间，第一、二、三部分费用，因政策、价格变化可能发生上浮而预留的费用及外资贷款汇率变动预留的费用。

工程造价增涨预留费的计算，是以建筑安装工程费总额为基数，按设计文件编制年至建设项目竣工之年终的年数和年工程造价增涨率计算。其计算公式如下：

$$工程造价增涨预留费 = P \times [(1+i)^{n-1} - 1]$$

式中　P——建筑安装工程费总额；

　　　i——年造价增涨率（%）；

　　　n——设计文件编制年至建设项目竣工年止的期限，年（以整数计）。

当设计文件编制至工程完工在一年以内的建设工程，不计列此项费用。

年造价增涨率一般可按5%计算，但设计单位应会同建设单位以建筑安装工程费总额为基数，对工程造价的各项费用可能上浮进行必要的综合分析、预测和商定。

（2）预备费

预备费是指在初步设计和概算中难以预料而又可能发生的工程和费用，主要包括以下内容：

1）在进行技术设计、施工图设计和施工过程中，在批准的初步设计和概算的范围内所增加的工程和费用。

2）在设备订货时，由于规格、型号改变的价差；材料货源变更、运输距离或方式的改变，以及因规格不同而代换使用等原因而发生的价差。

3）由于一般自然灾害所造成的损失和预防自然灾害所采取的措施费用。

4）工程竣工验收时，验收委员会（或小组）为鉴定工程质量必须开挖和修复隐蔽工程的费用。

预备费以第一、二、三部分费用之和（扣除大型专用机械设备购置费、建设期贷款利息）为基数，按规定费率计算。

设计概算按5%计列；修正概算按4%计列；施工图预算按3%计列。

采用施工图预算加系数包干承包的工程，包干系数为施工图预算中直接工程费与间接费之和的3%。施工图预算包干费用由施工单位包干使用。该包干费用的内容为：

1）在施工过程中，设计单位对分部分项工程修改设计而增加的费用。但不包括因水文地质条件变化造成的基础变更、结构变更、标准提高、工程规模改变而增加的费用。

2）预算审定后，施工单位负责采购的材料由于货源变更、运输距离或方式的改变以及因规格不同而代换使用等原因发生的价差。

3）由于一般自然灾害所造成的损失和预防自然灾害所采取的措施的费用（例如一般防台风、防洪的费用）等。

6.4　路桥工程的工程量计算

路桥工程的工程量计算原理、方法等方面与一般土建工程相同，有关这些方面的内容见前面相关章节。这里仅介绍路桥工程预算的工程量计算规则。

路桥工程划分为路基工程、路面工程、隧道工程、桥涵工程、防护工程、其他工程及沿线设施、临时工程、材料采集及加工、材料运输九部分，下面分别介绍这九部分的工程量计算规则。

6.4.1 路基工程的工程量计算

(1) 土石方体积的计算。除预算定额中另有说明者外,土方挖方按天然密实体积计算,填方按压(夯)实后的体积计算;石方爆破按天然密实体积计算。当以填方压实体积为工程量,采用以天然密实方为计量单位的预算定额时,所采用的预算定额应乘以下列系数(表 6-23)。

路基土方工程量计算系数　　　　表 6-23

公路等级	土　　类				石方
	松土	普通土	硬土	运输	
二级及以上等级公路	1.23	1.16	1.09	1.19	0.92
三、四级公路	1.11	1.05	1.0	1.08	0.84

(2) 下列工程量应根据施工组织设计确定,并入路基填方量内计算:

1) 清除表土或零填方地段的基底压实、耕地填前夯(压)实后,回填原地面标高所需的土、石方工程量。

2) 因路基沉陷需增加填筑的土、石方工程量。

3) 为保证路基边缘的压实度需加宽填筑时,所需的土、石方工程量。

(3) 路基加宽填筑部分如需清除时,按边坡预算定额中普通土子目计算;清除的土方如需远运,按土方运输定额计算。

(4) 零填及挖方地段基底压实面积等于路槽地面的宽度(m)和长度(m)的乘积。

(5)"人工挖运土方"、"人工开炸石方"、"机械打眼开炸石方"、"抛坍爆破石方"等预算定额中,已包括开挖边沟消耗的工、料和机械台班数量,因此,开挖边沟的数量应合并在路基土、石方数量内计算。

(6) 各种开炸石方预算定额中,均已包括清理边坡工作。

(7) 机械施工土、石方,挖方部分机构达不到需由人工完成的工程量由施工组织设计确定。其中人工操作部分,按相应预算定额乘以 1.15 系数。

(8) 抛坍爆破的工程量,按抛坍爆破设计计算。

本预算定额按地面横坡坡度划分,地面横坡变化复杂,为简化计算,凡变化长度在 20m 之内,以及零星变化长度累计不超过设计长度的 10% 时,可并入附近路段计算。

抛坍爆破的石方清运以及增运定额,系按设计数量乘以(1-抛坍率)编制。

(9) 袋装沙井及塑料排水板处理软土地基,工程量为设计深度,预算定额材料消耗中已包括了砂袋或塑料排水板的预留长度。

(10) 土工布的铺设面积为锚固沟外边缘所包围的面积,包括锚固沟的底面积和侧面积。预算定额中不包括排水内容,需要时另行计算。

6.4.2 路面工程的工程量计算

(1) 路面工程包括低级、中级、次高级、高级四种类型路面以及路槽、路肩、垫层、基层等,除沥青混合料路面以 $100m^2$ 路面实体为计算单位外,其余均以 $1000m^2$ 为计算单位。

(2) 路面项目中的厚度均为压实厚度,培路肩厚度为净培路肩的夯实厚度。

(3) 各类稳定土基层、级配碎石、级配砾石路面的压实厚度在 15cm 以内,填隙碎石一层的压实厚度在 12cm 以内，垫层和其他种类的基层压实厚度在 20cm 以内，面层的压实厚度进行分层拌合、碾压时，拖拉机、平地机和压路机台班按定额数量加倍，每 1000m² 增加 3.0 工日。

（4）水泥、石灰稳定类基层定额中的水泥或石灰与其他材料系按一定配合比编制的，当设计配合比与定额表明的配合比不同时，有关材料可分别按下式换算：

$$C_i = [C_d + B_d \times (H_1 - H_0)] \times \frac{L_i}{L_d}$$

式中　C_i——按设计配合比换算后的材料数量；
　　　C_d——定额中基本压实厚度的材料数量；
　　　B_d——定额中压实厚度每增减 1cm 的材料数量；
　　　H_0——定额的基本压实厚度；
　　　H_1——设计的压实厚度；
　　　L_d——定额标明的材料百分率；
　　　L_i——设计配合比的材料百分率。

例如：石灰、粉煤灰稳定碎石基层，定额取定的配合比为 5∶15∶80，基本压实厚度为 15cm；设计配合比为 4∶11∶85，设计厚度为 14cm，各种材料调整后数量为：

石　灰：[14.832+0.989×（14-15）]×4/5=11.074t
粉煤灰：[59.33+3.96×（14-15）]×11/15=40.60m³
砂　石：[162.07+10.81×（14-15）]×85/80=160.71m³

（5）稳定土基层定额中水泥碎石土、水泥砂砾土、石灰砂砾土中的碎石土、砂砾土系指天然碎石土和天然砂砾土。

（6）沥青混合料路面定额中已包括拌合、运输、摊铺作业时的损耗因素。路面压实体积按路面设计面积乘以压实厚度计算。

（7）在冬五区、冬六区沥青路面采用层铺法施工时，其用油量乘以下列系数：

沥青表面处 1.05；沥青灌入式基层或连结层 1.02；面层 1.028；沥青上拌下贯式下贯部分 1.043；沥青透层 1.11；沥青粘层 1.20。

（8）硬路肩工程项目，根据其不同设计层次结构，分别套用不同的路面结构层定额。

（9）混合料路面系按最佳含水量编制，定额中已包括养生用水并适当扣除材料天然含水量，但山西、青海、甘肃、宁夏、内蒙、新疆、西藏等省、自治区，由于湿度偏低，用水量可根据出现的具体情况，按定额数量酌情增加。

6.4.3　隧道工程的工程量计算

（1）按现行隧道技术规范将围岩分为土质（Ⅰ、Ⅱ）、软石（Ⅲ）、次坚石（Ⅳ）、坚石（Ⅴ、Ⅵ）共四种。

（2）人工开挖、机械开挖轻轨斗车运输项目是按上导洞、扩大、马口开挖编制的，也综合了下导洞扇形扩大开挖方法，并综合了本支撑的工料消耗；机械开挖自卸汽车运输项目是按"新奥法"原理编制的，使用时不得因施工方法不同而变更定额。

（3）本定额的洞内工程项目是按隧道长 1000m 以内，即施工工作面到洞口 500m 以内编制的，若工作面距洞口长度超过 500m 时，每增长 500m（不足 500m 时以 500m 计），人工工日及机械台班数量按相应定额增加 5%。

(4) 开挖数量按设计断面（成洞断面加衬砌断面）计算，定额中已经考虑开挖因素，不得将超挖数量计入工程量。

(5) 锚杆工程量为锚杆、垫板及螺母等材料重量之和。

(6) 喷射混凝土工程量按设计厚度乘以喷护面积计算。

(7) 模筑混凝土工程量按设计厚度乘以模筑面积计算。

(8) 回填工程量为设计允许超挖数量，一般控制在设计开挖工程量4%以内。

(9) 洞门墙工程量为主墙、翼墙、截水沟等体积之和。

6.4.4 桥涵工程的工程量计算

1. 桥涵工程工程量计算一般规则

(1) 现浇混凝土、预制混凝土、构件安装工程的工程量为构筑物或预制构件的实际面积，不包括其中空心部分的体积，钢筋混凝土项目工程量不扣除钢筋所占体积。

(2) 构件安装定额中括号内所列的构件体积数量，表示安装时需要备制的构件数量。

(3) 钢筋工程量为钢筋的设计重量，定额中已计入施工操作损耗。施工中钢筋因接长所需的搭接长度的数量定额中未计入，应在钢筋的设计重量内计算。

2. 开挖基坑的工程量计算

(1) 基坑开挖工程量按基坑容积计算。

(2) 基坑挡土板的支挡面积，按坑内需支挡的实际侧面积计算。

3. 筑岛、围堰及沉井工程的工程量计算

(1) 草土、草、麻袋、竹笼围堰长度按围堰中心长度计算，高度按施工水深加0.5m计算。木笼钢丝围堰实体为木笼所包围的体积。

(2) 套箱围堰的工程量为套箱金属结构的重量、套箱整体下沉式的悬吊平台的重量及套箱内支撑的重量之和。

(3) 沉井制作的工程量：重力式沉井为设计图纸井壁及隔墙混凝土数量；钢丝网水泥薄壁沉井为刃脚及骨架钢材的重量，但不包括钢丝网的重量；钢壳沉井的工程量为钢材的总重量。

(4) 沉井下沉定额的工程量按沉井刃脚外缘所包围的面积乘沉井刃脚下沉入土深度计算。沉井下沉按土、石所在的不同深度分别采用不同下沉深度的定额。定额中的下沉速度指沉井顶面到作业面的高度。定额中已综合了溢流（翻砂）的数量，不得另加工程量。

(5) 沉井浮运、接高、定位落床定额工程量为沉井刃脚外缘所包围的面积、分节施工的沉井接高的工程量应按各节沉井接高工程量之和计算。

(6) 锚碇系统定额工程量指锚碇的数量、按施工组织设计的需要量计算。

4. 打桩工程的工程量计算

(1) 打预制钢筋混凝土方桩和管桩的工程量，应根据设计尺寸及长度及体积计算（管桩的空心部分应予以扣除）。设计中规定凿去的桩头部分的数量，应计入设计工程量内。

(2) 钢筋混凝土方桩的预制的工程量，应为打桩定额中括号内的备制数量。

(3) 拔桩工程量按实际需要数量计算。

(4) 打钢板桩的工程量按设计需要的钢板桩重量计算。

(5) 打桩用的工作平台的工程量，按施工组织设计所需的面积计算。

(6) 船上打桩工作平台的工程量，根据施工组织设计，按一座桥梁实际需要打桩机的台数和每台打桩机需要的船上工作平台面积的总和计算。

5. 灌注桩工程的工程量计算

（1）灌注桩成孔工程量按设计入土深度计算。定额中的孔深指护筒顶至桩底的深度。成孔定额中同一孔内的不同土质，不论其所在深度如何，均执行总孔深定额。

（2）人工挖孔的工程量按护筒外缘包围的面积乘孔深计算。

（3）浇筑水下混凝土工程量按设计桩径断面积乘设计桩长计算，不得将扩孔因素计入工程量。

（4）灌注桩工作平台工程量按施工组织设计需要的面积计算。

（5）钢护筒的工程量按护筒的设计重量计算。设计重量为加工后的成品重量，包括加劲肋及连接用法兰盘等全部钢材重量。当设计提供不出钢护筒的重量时，可参考表6-24的重量进行计算，桩径不同时可内插计算。

钢护筒重量参考表　　　　　　　　　表6-24

桩径（cm）	100	120	150	200	250
每米护筒重量（kg/m）	167.0	231.3	280.1	472.8	580.3

6. 砌体工程的工程量计算

（1）浆砌混凝土预制块定额中，未包括预制块的预制，应按定额中括号内所列预制块数量，另按预制混凝土构件的有关定额计算。

（2）浆砌料石或混凝土预制块作镶面时其内部应按填腹石定额计算。

（3）砌筑工程的工程量为砌体的实际体积，包括构成砌体的砂浆体积。

7. 现浇筑混凝土及钢筋混凝土构件的工程量计算

（1）定额中均不包括扒杆、提升模架、拐角门架、悬浇挂篮等金属设备。需要时，应按有关定额另行计算。

（2）墩台高度为基础顶、承台顶或系梁底到盖梁、墩台冒顶或0号块件底高度。

（3）索塔、横梁、桥梁、腹系杆高度和安装垫板、束道、锚固箱底高度均为桥面顶到索塔顶底高度。当塔墩固结时，工程量应为基础顶面或承台顶面以上塔顶底全部数量；当塔墩分离时，工程量应为桥面顶部以上至塔顶的数量，桥面顶部以上部分的数量按墩台定额计算。

8. 预制、安装混凝土及钢筋混凝土构件的工程量计算

（1）预制构件的工程量为构件的实际体积（不包括空心部分），但预应力构件的工程量为构件预制体积与构件断头封锚混凝土的数量之和。预制空心板的空心堵头混凝土已综合在预制定额内，计算工程量时不应再计列这部分混凝土的数量。

（2）编制预算时，构件的预制数量应为安装定额中括号内所列的构件备制数量。

（3）安装的工程量为安装构件的体积。

（4）构件安装时的现浇混凝土的工程量为现浇混凝土和砂浆的数量之和。但如在安装定额中已计列砂浆消耗的项目，则在工程量中不应再计列砂浆的数量。

（5）预应力钢绞线、预应力精轧螺纹粗钢筋及配锥形（弗式）锚的预应力钢丝的工程量为锚固长度与工作长度的重量之和。

（6）配冷铸墩头锚及墩头的预应力钢丝的工程量为锚固长度的重量。

(7) 冷铸墩头锚锚具的工程量为锚具的重量,不包括锚具内填料及张拉时的拉杆和连接杆的重量。

(8) 缆索吊装的索跨指两塔架间的距离。

9. 构件运输距离的工程量计算

(1) 各种运输距离以 10m、50m、1km 为计算单位,不足第一个 10m、50m、1km 者,均按 10m、50m、1km 计,超过第一个定额运距单位时,其运距尾数不足一个定额单位的半数时不计,超过半数时按一个定额运距单位计算。

(2) 凡以手摇卷扬机和电动机配合运输的构件重载升坡时,第一个定额运距单位不增加人工及机械,每增加定额单位运距按以下规定乘换算系数。

1) 手推车运输每增加 10m 定额的人工,按表 6-25 乘换算系数。

手推车运输人工换算系数(每增 10m)　　　　表 6-25

坡度(%)	1 以内	5 以内	10 以内
系　数	1.0	1.5	2.5

2) 垫滚子绞运每增加 10m 定额的人工和小型机具使用费,按表 6-26 乘换算系数。

垫滚子绞运人工和小型机具使用费换算系数(每增 10m)　　　　表 6-26

坡度(%)	0.4 以内	0.7 以内	1.0 以内	1.5 以内	2.0 以内	2.5 以内
系　数	1.0	1.1	1.3	1.9	2.5	3.0

3) 轻轨平车运输配电动卷扬机每增运 50m 定额的人工及电动卷扬机台班,按表 6-27 乘换算系数。

轻轨平车运输配电动卷扬机人工及电动卷扬机台班换算系数(每增 50m)　　　　表 6-27

坡度(%)	0.7 以内	1.0 以内	1.5 以内	2.0 以内	3.0 以内
系　数	1.00	1.05	1..10	1.15	1.25

10. 拱盔、支架工程的工程量计算

(1) 桁构式拱盔安装,拆除用的人字扒杆,地移动用工及拱盔缆风设备工料已计入定额但不包括扒杆制作的工、料,扒杆数量根据施工组织设计另行计算。

(2) 桁构式支架定额中已包括了墩台两旁支撑排架及中间拼装、拆装用支撑架,支撑架已加计了拱矢高度并考虑了缆风设备。定额以孔为计量单位。

(3) 木支架及轻型门式钢支架的帽梁和地梁已计入定额中,地梁以下地基础工程计入定额中,如需要时,应按有关相应定额另行计算。

(4) 简单支架定额适用于安装钢筋混凝土双曲拱桥拱肋及其他桥梁需增设地临时支架。稳定支架的缆风设备已计入本定额内。

(5) 涵洞拱盔支架、板涵支架定额单位地水平投影面积为涵洞长度乘以净跨径。

(6) 桥梁拱盔定额单位的立面积系指起拱线以上的弓形侧面积,其工程量按下式(表 6-28)计算:

$$F = K \times (净跨)^2$$

拱矢度与系数 K 对照表　　　　　　　　　表 6-28

拱矢度	1/2	1/2.5	1/3	1/3.5	1/4	1/4.5	1/5	1/5.5
K	0.393	0.298	0.241	0.203	0.172	0.154	0.138	0.125
拱矢度	1/6	1/6.5	1/7	1/7.5	1/8	1/9	1/10	
K	0.393	0.298	0.241	0.203	0.172	0.154	0.138	

（7）桥梁支架定额单位的立面积为桥梁净跨径乘以高度，拱桥高度为起拱线以下至地面高度，梁式桥高度为墩、台帽顶至地面的高度，这里的地面指支架地梁的底面。

11. 钢结构工程的工程量计算

（1）安装金属栏杆底工程量系指钢管的重量，至于栏杆座钢板、插销等均以材料数量综合在定额内。

（2）安装钢斜拉桥的钢箱梁及桥面板的工程量为钢箱梁（包括箱梁内横隔板）、桥面板（包括横肋）、横梁重量之和；钢锚箱的工程量为钢锚箱的重量。

12. 杂项工程的工程量计算

（1）大型预制构件底座定额分为平面底座和曲面底座两项。

平面底座定额适用于 T 形梁、工字形梁、等截面箱梁，每根梁底座面积的工程量按下式计算：

底座面积＝（梁长＋2.00m）×（梁宽＋1.00m）

曲面底座定额适用于梁底为曲面的箱形梁（如 T 形钢构等），每块梁底座的工程量按下式计算：

底座面积＝构件下弧长×底座实际修建宽度

（2）蒸汽养生室面积按有效面积计算，工程量按每一养生室安置两片梁，其梁间距离为 0.8m，并按长度每端增加 1.5m，宽度每边各增加 1.0m 考虑。定额中已将其附属工程及设备，按摊销量计入定额中，编制预算时不得另行计算。

6.4.5　防护工程的工程量计算

（1）定额中未列出的其他结构形式的砌石防护工程，需要时按"桥涵工程"项目的有关定额计算。

（2）定额中除已注明者外，均不包括挖基、基础垫层的工程内容，需要时按"桥涵工程"项目的有关规定计算。

6.4.6　其他工程及沿线设施的工程量计算

（1）钢筋混凝土防撞护栏中铸铁柱与钢管栏按柱与栏杆的总重量计算，预埋螺栓、螺母及垫圈等附件已综合在定额内，编制预算时，不得另行计算。

（2）波形钢板护栏中钢管柱、Z 形柱按柱的成品重量计算。波形钢板按波形钢板、端头板（包括端部位稳定的锚定板、夹具、挡板）与撑架的总重量计算，柱帽、固定螺栓连接螺栓、钢丝绳、螺母及垫圈等附件已综合在定额内，编制预算时，不得另行计算。

（3）隔离栅中钢管柱按钢管与网框型钢的总重量计算，型钢立柱按柱与斜撑的总重量计算，钢管柱定额中综合了螺栓、螺母、垫圈及柱帽钢板的数量，型钢立柱定额中已综合了各种连接件及地锚钢筋的数量，编制预算时，不得另行计算。钢板网面积按各网框外边缘所包围的净面积之和计算；刺钢丝网按刺钢丝的总重量计算；钢丝编织网按网高（幅宽）乘以网长计算。

（4）中间带隔离墩上的钢管栏杆与防眩板分别按钢管与钢板的总重量计算。

（5）金属标志牌按版面、立柱、横梁、法兰盘及加固槽钢、螺栓、电板、抱筛、滑块等的总重量计算。

（6）路面标线按划线的净面积计算。

（7）公共汽车停靠站防雨棚中钢结构防雨棚的长度按顺路方向防雨棚两端立柱中心间的长度计算；钢筋混凝土防雨棚的混凝土体积按混凝土垫层、基础、立柱及顶棚的体积之和计算，定额中已综合了浇筑立柱及棚顶混凝土所需的支架等，编制预算时，不得另行计算；站台地坪按地坪铺砌的净面积计算，路缘石及地坪层已综合在定额中，编制预算时，不得另行计算。

6.4.7 临时工程的工程量计算

（1）汽车便道按路基宽度为7.0m和4.5m分别编制，便道路面宽度按6.0m和3.5m分别编制，路基宽度4.5m的定额中已包括错车道的设置。汽车便道项目中未包括便道使用期内保养所需的工、料、机数量，如便道使用期内需要养护，编制预算时，可根据施工期按表6-29增加数量。

便道使用期养护所需工、料、机数量（单位：月） 表6-29

序 号	项 目	单 位	代 号	汽车便道路基宽度	
				7	4.5
1	人工	工日	1	3	2
2	天然砂石	m³	288	18	10.8
3	6~8t光轮压路机	台班	458	2.2	1.32

（2）重力式砌石码头定额中不包括码头拆除的工程内容，需要时可按"桥涵工程"项目的"拆除旧建筑物"定额另行计算。

（3）轨道铺设定额中轻轨（11kg/m，15kg/m）部分未考虑道渣，轨距为75cm，枕距为80cm，枕长为1.2m；重轨（32kg/m）部分轨距为1.435m，枕距为2.5m，岔枕长为3.35m，并考虑了道渣铺筑。

6.4.8 材料采集及加工的工程量计算

（1）材料计算单位标准，除有特别说明者外，土、黏土、砂、石屑、碎石、碎石土、煤渣、矿渣均按堆方计算；片石、块石、大卵石均按码方计算；料石、盖板石均按实方计算。

（2）开炸路基石方的片（块）石如需利用时，应按本章捡清片（块）石项目计算。

（3）材料采集及加工定额中，已包括采、筛、洗、堆及加工等操作损耗在内。

6.4.9 材料运输的工程量计算

（1）汽车运输项目中因路基不平、土路松软、泥泞、急弯、陡坡而增加的时间，定额内已考虑。

（2）人力装卸船舶可按人力挑抬运输，手推车运输相应项目定额计算。

（3）所有材料的运输及装卸定额中，均未包括堆、码方工日。

（4）本章定额中未列名称的材料，可按下列规定执行，其中不是以重量计算的应按单位重量换算。

1) 水按运输沥青、油料定额乘以 0.85 系数计。
2) 与碎石运输定额相同的材料有：天然级配石渣，风化石。
3) 定额中未列的其他材料，一律按水泥运输定额执行。

复 习 思 考 题

1. 公路工程概预算定额各自包括哪几个方面的内容？
2. 概预算文件按不同需要分为哪两组？并简述每组内容。
3. 简述独立大（中）桥工程概预算项目的组成。
4. 路桥工程概预算费用由哪些部分组成？并简述每一部分的内容。
5. 试述冬、雨期施工增加费、高原地区增加费、行车干扰工程施工增加费等的计算方法。
6. 什么叫工程造价增涨预留费？如何计算？
7. 什么叫预备费？说明预备费的用途。
8. 如何计算建设期贷款利息？
9. 试述公路工程概预算各项费用的计算程序及计算方法。
10. 如何计算锚杆工程量？砌体工程量如何计算？
11. 土工布的工程量如何计算？抛坍爆破工程量如何计算？

第7章 工程价款的结算与决算

7.1 工程价款的结算

工程价款的结算,是指对建设工程的发承包合同价款进行约定和依据合同约定进行工程预付款、工程进度款、工程竣工价款结算的活动。工程价款是反映工程进度和考核经济效益的主要指标。因此,工程价款结算是一项十分重要的造价控制工作。

7.1.1 我国工程价款的结算

1. 工程价款结算的分类

根据工程建设的不同时期以及结算对象的不同,工程结算分为预付款结算、中间结算和竣工结算。

(1) 工程预付款,又称工程备料款。承包人承包工程,一般都实行包工包料,需要有一定数量的备料周转金。根据工程承包合同条款规定,由发包人在开工前拨给承包人一定限额的工程预付款。此预付款构成承包人为该承包工程项目储备主要材料、构件所需的流动资金。工程预付款的结算是指在工程后期随工程所需材料储备逐渐减少,预付款以抵冲工程价款的方式陆续扣回。

(2) 中间结算是指在工程建设过程中,承包人根据实际完成的工程数量计算工程价款与发包人办理的价款结算。

(3) 竣工结算是承包人按合同规定的内容全部完工、交工后,承包人与发包人按照合同约定的合同价款及合同价款调整内容进行的最终工程价款结算。

2. 工程价款结算的方式

根据工程性质、规模、资金来源和施工工期,以及承包内容不同,采用的结算方式也不同。我国《建设工程价款结算暂行办法》规定的工程价款结算方式主要有以下两种:

(1) 按月结算与支付。即实行按月支付进度款,竣工后清算的办法。合同工期在两个年度以上的工程,在年终进行工程盘点,办理年度结算。

(2) 分段结算与支付。即当年开工、当年不能竣工的工程按照工程形象进度,划分不同阶段支付工程进度款。具体划分在合同中明确。

除上述两种主要方式,还可以双方约定的其他结算方式。

3. 工程预付款结算

(1) 工程预付款的限额

对于承包人常年应备的备料款限额,可按下式计算:

$$备料款限额 = \frac{年度承包工程总值 \times 主要材料所占比例}{年度施工日历天数} \times 材料储备天数$$

在实际工作中,备料款的数额,要根据各工程类型、合同工期、承包方式和供应体制等不同条件而定。包工包料工程的预付款按合同约定拨付,原则上预付比例不低于合同金额的10%，不高于合同金额的30%，对重大工程项目，按年度工程计划逐年预付。计价执行《建设工程工程量清单计价规范》（GB 50500—2003）的工程，实体性消耗和非实体性消耗部分应在合同中分别约定预付款比例。对于只包定额工日（不包材料定额，一切材料由发包人供给）的工程项目，则可以不预付备料款。

(2) 工程预付款的扣回

发包人拨付给承包人的备料款属于预支性质，到了工程实施后，随着工程所需主要材料储备的逐步减少，应以抵充工程价款的方式陆续扣回，抵扣方式必须在合同中约定。扣款的方法有两种：

1) 按公式计算起扣点和抵扣额

从未施工工程尚需的主要材料及构件的价值相当于工程预付款数额时起扣，每次结算工程价款时，按材料比重扣抵工程价款，竣工前全部扣清。

其基本表达式为：

$$T = P - \frac{M}{N}$$

式中　T——起扣点，即工程预付款开始扣回时的累计完成工作量金额；

M——工程预付款的限额；

N——主要材料所占比重；

P——承包工程价款总额。

第一次抵扣额＝（累计已完工程价值－T）×主要材料所占比重

以后每次抵扣额＝每次结算的已完工程价值×主要材料所占比重

2) 按建设部"招标文件范本"的规定

在承包人完成金额累计达到合同总价的10%后，由承包人开始向发包人还款，发包人从每次应付给承包人的金额中扣回工程预付款，发包人至少在合同规定的完工期前3个月将工程预付款的总计金额按逐次分摊的办法扣回。当发包人一次付给承包人的余额少于规定扣回的金额时，其差额应转入下一次支付中作为债务结转。

在实际经济活动中，情况比较复杂，有些工程工期较短（如在3个月以内）就无需分期扣还；有些工程工期较长，如跨年度工程，工程预付款可以少扣或不扣，并于次年按应付工程预付款调整，多退少补。

4. 工程进度款结算（中间结算）

承包人在工程建设过程中，按逐月（或形象进度）完成的分部分项工程数量计算各项费用，向发包人办理工程进度款的支付（即中间结算）。其具体的支付时间、方式和数额等都应在合同中作出规定。

(1) 工程计量

《建设工程价款结算暂行办法》对工程计量有如下规定：

1) 承包人应当按照合同约定的办法和时间，向发包人提交已完工程量的报告。发包人接到报告后14天内核实已完工程量，并在核实前1天通知承包人，承包人应提供条件并派人参加核实，承包人收到通知后不参加核实，以发包人核实的工程量作为工程价款支付的依据。发包人不按照约定时间通知承包人，致使承包人未能参加核实，核实结果无效。

2) 发包人收到承包人报告后 14 天未核实完工程量,从第 15 天起,承包人报告的工程量即视为被确认,作为工程价款支付的依据,双方合同另有约定的,按合同执行。

3) 对承包人超出设计图纸(含设计变更)范围和因承包人原因造成返工的工程量,发包人不予计量。

(2) 工程进度款支付

1) 根据确定的工程计量结果,承包人向发包人提出支付工程进度款申请,14 天内,发包人应按不低于工程价款的 60%,不高于工程价款的 90% 向承包人支付工程进度款。按约定时间发包人应扣回的预付款,与工程进度款同期结算抵扣。

2) 发包人超过约定的支付时间不支付工程进度款,承包人应及时向发包人发出要求付款的通知,发包人收到承包人通知后仍不能按要求付款,可与承包人协商签订延期付款协议,经承包人同意后可延期支付,协议应明确延期支付的时间和从工程计量结果确认后第 15 天起计算应付款的利息(利率按同期银行贷款利率计)。

3) 发包人不按合同约定支付工程进度款,双方又未达成延期付款协议,导致施工无法进行,承包人可停止施工,由发包人承担责任。

(3) 工程质量保证金的预留

根据《建设工程质量保证金管理暂行办法》,建设工程质量保证金是指发包人与承包人在建设工程承包合同中约定,从应付的工程款中预留,用于保证承包人在缺陷责任期内对建设工程出现的缺陷进行维修的资金。

1) 缺陷和缺陷责任期:缺陷是指建设工程质量不符合工程建设强制性标准、设计文件,以及承包合同的约定。缺陷责任期一般为 6 个月、12 个月或 24 个月,具体可由发、承包双方在合同中约定。缺陷责任期从工程通过竣(交)工验收之日起计。

2) 保证金的预留:

①进度款支付余额法:《建设工程价款结算暂行办法》规定,发包人根据确认的竣工结算报告向承包人支付工程竣工结算价款,保留 5% 左右的质量保证金,待工程交付使用一年质保期到期后清算(合同另有约定的,从其约定),质保期内如有返修,发生费用应在质量保证金内扣除。

②进度款比例法:"招标文件范本"规定,保证金的扣留,可以从发包人向承包人第一次支付的工程进度款开始,在每次承包人应得的工程款中扣留投标书附录中规定的金额作为保证金,直至保证金总额达到投标书附录中规定的限额为止。

5. 工程竣工结算

工程竣工结算是指承包人按照合同规定的内容全部完成所承包的工程,经验收质量合格,并符合合同要求之后,在原合同造价的基础上,将有增减变化的内容,按照合同约定的方法与规定,对原合同造价进行相应的调整,编制确定工程实际造价向发包人进行的最终工程价款结算。工程竣工结算分为单位工程竣工结算、单项工程竣工结算和建设项目竣工总结算。

在实际工作中,当年开工、当年竣工的工程,只需办理一次性结算。跨年度的工程,在年终办理一次年终结算,将未完工程结转到下一年度,此时竣工结算等于各年度结算的综合。

在调整合同造价中,应把施工中发生的设计变更、费用签证、费用索赔等使工程价款发生增减变化的内容加以调整。办理工程价款竣工结算的一般公式为：

竣工结算工程价款＝合同价款＋施工过程中合同价款调整数额
－预付及已结算工程价款－保证金

【例 7-1】 某工程建筑与安装工程量计 660 万元，甲乙双方签订的关于工程价款的合同内容有：主要材料费占施工产值的比重为 60%；工程预付款为建筑安装工程造价的 20%；工程进度款逐月计算；工程保证金为建筑安装工程造价的 5%，缺陷责任期为 6 个月。经确认材料价格平均上涨 10%（6 月份一次调补）见表 7-1。

工程各月实际完成产值　　　　　　　表 7-1

月　份	2	3	4	5	6
完成产值	55	110	165	220	110

问：1. 该工程的工程预付款、起扣点为多少？

2. 该工程 2～5 月每月支付工程款为多少？累计支付工程款为多少？

3.6 月份办理工程竣工结算，该工程结算总造价为多少？甲方应付工程结算款为多少？

【解】 1. 工程预付款为：660 万元×20%＝132 万元

起扣点为：660 万元－132 万元/60%＝440 万元

2. 2 月：支付工程款 55 万元，累计支付工程款 55 万元

3 月：支付工程款 110 万元，累计支付工程款 165 万元

4 月：支付工程款 165 万元，累计支付工程款 330 万元

5 月：5 月份完成产值 220 万元，因 220＋330＝550 万元＞440 万元

5 月份应扣回预付备料款＝（550－440）×60%＝66 万元

5 月份应支付工程款＝220－66 万元＝154 万元

累计支付为 484 万元。

3. 工程结算总造价为 660 万元＋660 万元×0.6×10%＝699.6 万元

工程保证金为 699.6×5%＝34.98 万元

甲方应付工程结算款为 699.6－484－132－34.98＝48.62 万元

7.1.2 FIDIC 施工合同条件下工程价款的结算

1. 工程价款结算的范围

FIDIC 施工合同条件所规定的工程结算的范围主要包括两部分，见图 7-1。一部分费用是工程清单中的费用，这部分费用是承包商在投标时，根据合同条件的有关规定提出的报价，并经业主认可的费用。另一部分费用是工程量清单以外的费用，这部分费用虽然在工程量清单中没有规定，但是在合同条件中确有明文规定。因此也是工程结算的内容。

2. 工程价款结算的条件

（1）质量合格是工程的必要条件。结算以工程计量为基础，计量必须以质量合格为前提。所以并不是对承包商已完成的工程全部结算，而只结算其中质量合格的部分，对于工程质量不合格的部分一律不予支付。

（2）符合合同条件。一切结算均需要符合合同的要求，例如：动员预付款的支付款额

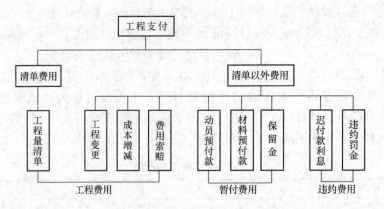

图 7-1 FIDIC 施工合同条件下工程价款结算的范围

要符合标书附录中规定的数量,支付的条件应符合合同的规定,即承包商提供履约保函之后才予以支付动员预付款。

(3) 变更项目必须有工程师的变更通知。没有工程师的指示承包商不得作任何变更。如果承包商未收到指示就进行变更,则无理由就此类变更的费用要求补偿。

(4) 支付金额必须大于临时支付证书规定的最小限额。合同条件规定,如果在扣除保留金和其他金额之后的净额少于投标书附录中规定的期中支付证书的最小限额时,工程师没有义务开具任何支付证书。不予支付的金额将按月结转,直到达成或超过最低限额时才予以支付。

(5) 承包商的工作使工程师满意。为了通过经济手段约束承包商履行合同中规定的各项责任和义务,合同条件充分赋予了工程师有关支付方面的权利。对于承包商申请支付的项目,即使达到以上所述的支付条件,但承包商其他方面的工作未能使工程师满意,工程师可通过任何期中支付证书对他所签发过的任何原有的证书进行任何修正或更改,也有权在任何期中证书中删去或减少该工作的价值。

3. 工程结算的项目

(1) 工程量清单项目

工程量清单项目分为一般项目、暂列金额和计日工作三种。

1) 一般项目的结算。是指工程量清单中除暂列金额和计日工作以外的全部项目。这类项目的结算是以经工程师计量的工程数量为依据,乘以工程量清单中的单价,其单价一般是不变的。这类项目的结算占了工程费用的大部分,应给予足够的重视。但这类结算程序比较简单,一般通过签发期中支付证书支付进度款,每月支付一次。

2) 暂列金额。是指包括在合同中并在工程量表中以该名称标明,供工程任何部分的施工,或提供货物、材料、设备或服务,或提供不可预料事件之费用的一项金额。这项金额可能全部或部分使用,或根本不予动用。没有工程师的指示,承包商不能进行暂列金额项目的任何工作。承包商按照工程师的指示完成的暂列金额项目的费用,若能按工程量表中开列的费率和价格估价则按此估价,否则承包商应向工程师出示与暂列金额开支有关的所有报价单、发票、凭证、账单或收据。工程师根据上述资料,按照合同的规定,确定支付金额。

3) 计日工作。是指承包商在工程量清单的附件中,按工程或设备填报单价的日工劳务费和机械台班费,一般用于工程量清单中没有合适项目且不能安排大批量的流水施工的零星附加工作。

使用计日工作费用的计算一般采用下述方法:①按合同中包括的计日工作表中所定项目和承包商在其投标书中所确定的费率和价格计算;②对于清单中没有定价的项目,应按实际发生的费用加上合同中规定的费率计算有关的费用。承包商应向工程师提供可能需要的证实所付款的收据或其他凭证,并且在订购材料之前,向工程师提交订货报价单供他批准。

对这类按计日工作制实施的工程,承包商应在该工程持续进行过程中,每天向工程师提交从事该工作的承包商人员的姓名、职业和工时的确切清单,一式两份,以及表明所有该项工程所用的承包商设备和临时工程的标识、型号、使用时间和所用的生产设备和材料的数量和型号的报表,一式两份。

(2) 工程量清单以外项目

1) 动员预付款。业主为了帮助承包商解决施工前期开展工作时的资金短缺,从未来的工程款中提前支付的一笔款额。合同工程是否有预付款,以及预付款的金额的多少、支付和扣还方式等均要在专用条款内约定。预付款的数额由承包商在投标书内确认。

动员预付款的付款条件是:承包商需将银行出具的履约保函和预付款保函交给业主并通知工程师,工程师在 21 天内签发"预付款支付证书",业主按合同约定的数额和外币比例支付预付款。预付款保函金额始终保持与预付款等额,即随着承包商对预付款的偿还逐渐递减保函金额。

动员预付款的扣还是在工程进度款的支付中按百分比扣减的方式偿还。自承包商获得的工程进度款累计总额达到合同总价(减去暂列金额)10%那个月起扣。每次支付时的扣减额度等于本月证书中承包商应获得的合同款额(不包括预付款及保证金)中扣除 25%作为预付款的偿还,直至还清全部预付款。

2) 材料设备预付款。对承包商买进并运至工地的材料、设备业主应支付无息预付款,预付款按材料设备的某一比例(通常为材料发票价的 70%~80%,设备发票价的 50%~60%)支付。在支付材料设备预付款时,承包商需提交材料、设备供应合同订货合同的影印件,要注明所供应材料的性质和金额等主要情况;材料已运到工地并经工程师认可其质量和储存方式。

材料设备预付款按合同中规定的条款从承包商应得的工程款中分批扣除。扣除次数和各次扣除金额随工程性质不同而异,一般要求在合同规定的完工日期前至少 3 个月扣清。最好是材料设备一用完,该材料设备的预付款即扣还完毕。

3) 保留金。是按合同约定从承包商应得的工程进度款中相应扣减的一笔金额保留在业主手中,作为约束承包商严格履行合同义务的措施之一。当承包商有一般违约行为使业主受到损失时,可从该项金额内直接扣除损害赔偿费。

①保留金的约定和扣除。承包商在投标书附录中按招标文件提供的信息和要求确认了每次扣留保留金的百分比和保留金限额。每次月进度款支付时扣留的百分比一般为 5%~10%,累计扣留的最高限额为合同总价的 2.5%~5%。从首次支付工程进度款开始,用该月承包商完成合格工程应得款加上因后续法规政策变化的调整和市场价格浮动变化的调价款为基数,乘以合同约定保留金的百分比作为本次支付时应扣留的保留金。逐月累计扣

到合同约定的保留金最高限额为止。

②保留金的返还。扣留承包商的保留金分两次返还：

第一次，颁发工程接受证书后的返还。颁发了整个工程的接受证书时，将保留金的前一半支付给承包商。如果颁发的接受证书只是限于一个区段或工程的一部分，则：

$$返还金额 = 保留金总额的一半 \times \frac{移交工程区段或部分的合同价值}{最终合同价值的估算值} \times 40\%$$

第二次，保修期满颁发履约证书后将剩余保留金返还。整个合同的缺陷通知期满，返还剩余保留金。如果颁发的履约证书只限于一个区段，则这个区段的缺陷通知期满后，并不全部返还该部分剩余的保留金。

$$返还金额 = 剩余保留金总额 \times \frac{移交工程区段或部分的合同价值}{最终合同价值的估算值} \times 40\%$$

4）工程变更的费用。这也是工程支付中的一个重要项目。工程变更费用的支付依据是工程变更和工程师对变更项目所确定的变更费用，支付时间和支付方式也列入期中支付证书予以支付。

5）索赔费用。索赔费用的支付依据是工程师批准的索赔审批书及其计算而得的款额，支付时间则随工程月进度款一并支付。

6）价格调整费用。按照FIDIC合同条件第70条规定的计算方法计算调整的款额。包括施工过程中出现的劳务和材料费用的变更、后继的法规及其他政策的变化导致的费用变更等。

7）迟付款利息。如果承包商没有在按照合同规定的时间内收到付款，承包商应有权就未付款额按月计算复利，收取延误期的融资费用。该延误期应认为从按照合同规定的支付日期算起，而不考虑颁发任何期中付款证书的日期。除非专用条件中另有规定，上述融资费用应以高出支付货币所在国中央银行的贴现率加3个百分点的年利率进行计算，并应用同种货币支付。

8）违约罚金。对承包商的违约罚金主要包括拖延工期的误期赔偿和未履行合同义务的罚金。这类费用可从承包商的保留金中扣除，也可从支付给承包商的款项中扣除。

4. 工程价款结算的程序

FIDIC施工合同条件对工程进度款的支付程序有详细的规定。

（1）工程量计量。工程量清单中所列的工程量仅是对工程的估算量，不能作为承包商完成合同规定施工义务的结算依据。每次支付工程月进度款前，均需通过测量来核实实际完成的工程量，以计量值作为支付依据。采用单价合同的施工工作内容应以计量的数量作为支付进度款的依据，而总价合同或单价包干混合式合同中按总价承包的部分可以按图纸工程量作为支付依据，仅对变更部分予以计量。

（2）承包商提供报表。每个月的月末，承包商应按工程师规定的格式提交一式6份本月支付报表，内容包括提出本月已完成合格工程的应付款要求和对应扣款的确认。

（3）工程师审核。工程师在28天内对承包商提交的付款申请进行全面审核，修正或删除不合理的部分，计算付款净金额。计算付款净金额时，应扣除该月应扣除的保留金、动员预付款、材料设备预付款、违约罚金等。若净金额小于合同规定的期中支付的最小限额时，则工程师不需开具任何付款证书。

(4)业主支付。业主收到工程师签发的付款证书后,按合同规定的时间支付给承包商。

7.1.3 工程价款的动态结算

工程价款的动态结算就是要把各种动态因素渗透到结算过程中,使结算大体能反映实际的消耗费用。在市场经济条件下,建筑市场价格尤其是建筑材料价格随市场行情的变化而上下波动,必然造成实际价格与预算价格或投标价格之间有差异。发包人为控制工程造价,在编制工程投资计划和招标工程标底时,应充分考虑工程实施过程中可能存在的价格差异的因素。承包人在工程投标报价时,也必须考虑应该承担的风险。施工合同必须明确施工期间价格变动的结算方法,以便进行工程结算。常用的动态结算方法有:

1. 按工程造价指数结算

是发、承包双方采取当时的预算(或概算)定额单价计算出承包合同价,待竣工时,根据合理的工期及当地工程造价管理部门所公布的该月度(或季度)的工程造价指数,对原承包合同价予以调整,重点调整那些由于实际人工费、材料费、施工机械费等费用上涨及工程变更因素造成的价差,并对承包人给以结算补偿。

2. 按实际价格结算

由于建筑材料需市场采购的范围越来越大,有些地区规定钢材、木材、水泥等三大材的价格采取按实际价格结算的方法,工程承包人可凭发票按实报销。这种方法方便而正确。但由于是实报实销,因而承包人对降低成本不感兴趣,为了避免副作用,地方管理部门要定期发布最高限价,同时合同文件中应规定发包人或工程师有权要求承包人选择更廉价的供应来源。

3. 按调价文件结算

是指发、承包双方采用当时的预算价格承包,在合同工期内,按照工程造价管理部门调价文件的规定,进行抽料补差(在同一价格期内按所完成的材料用量乘以价差)。也有的地方定期发布主要材料供应价格和管理价格,对这一时期的工程进行抽料补差。

4. 按调值公式结算

根据国际惯例,对建设项目工程价款的动态结算,一般是采用此法。事实上,在绝大多数国际工程项目中,发、承包双方在签订合同时就明确列出这一调值公式,并以此作为价差调整的计算依据。

建筑安装工程费用价格调值公式一般包括固定部分、材料部分和人工部分。但当建筑安装工程的规模和复杂性增大时,公式也变得更为复杂。调值公式一般为:

$$P = P_0\left(a_0\frac{A}{A_0} + a_1\frac{B}{B_0} + a_2\frac{C}{C_0} + a_3\frac{D}{D_0} + a_4 + \cdots\cdots\right)$$

式中 P——调值后合同价款或工程实际结算款;
　　　P_0——合同价款中工程预算进度款;
　　　a_0——固定要素,代表合同支付中不能调整的部分占合同总价中的比重;
　　　a_1、a_2、a_3、a_4……——代表有关各项费用(如:人工费用、钢材费用、水泥费用、运输费等)在合同总价中所占比重 $a_0 + a_1 + a_2 + a_3 + a_4 + \cdots\cdots = 1$;

A_0、B_0、C_0、D_0……——投标截止日期前 28 天与 a_1、a_2、a_3、a_4……对应的各项费用的基期价格指数或价格；

A、B、C、D……——在工程结算月份与 a_1、a_2、a_3、a_4……对应的各项费用的现行价格指数或价格。

在运用这一调值公式进行工程价款价差调整中要注意以下几点：

(1) 固定要素通常的取值范围在 0.15～0.35 之间。固定要素对调价的结果影响很大，它与调价余额成反比关系。固定要素相当微小的变化，隐含着在实际调价时很大的费用变动，所以，承包人在调值公式中采用的固定要素取值要尽可能偏小。

(2) 调值公式中有关的各项费用，按一般国际惯例，只选择用量大、价格高且具有代表性的一些典型人工费和材料费，通常是大宗的水泥、砂石料、钢材、木材、沥青等，并用它们的价格指数变化综合代表材料费的价格变化，以便尽量与实际情况接近。

(3) 各部分成本的比重系数，在许多招标文件中要求承包人在投标中提出，并在价格分析中予以论证。但也有的是由发包人在招标文件中即规定一个允许范围，由投标人在此范围内选定。

(4) 调整有关各项费用要与合同条款规定相一致。签订合同时，发、承包双方一般应商定调整的有关费用和因素，以及物价波动到何种程度才进行调整。在国际工程中，一般在±5%以上才进行调整。

(5) 调整有关各项费用时应注意地点与时点。地点一般指工程所在地或指定的某地市场价格，时点指的是某月某日的市场价格。这里要确定两个时点价格，即签订合同时间某个时点的市场价格（基础价格）和每次支付前的一定时间的时点价格。这两个时点就是计算调值的依据。

(6) 确定每个品种的系数和固定要素系数，品种的系数要根据该品种价格对总造价的影响程序而定。各品种系数之和加上固定要素系数应该等于 1。

【例 7-2】 某城市某土建工程，合同价款为 100 万元，报价日期为 2005 年 3 月，工程于 2006 年 2 月建成交付使用。根据表 7-2 中所列工程人工费、材料费构成比例以及有关造价指数，计算工程实际结算款。

工程人工费、材料费构成比例及有关造价指数　　　　　　表 7-2

项　目	人工费	钢材	水泥	集料	一级红砖	砂	木材	不调值费用
比　例	45%	11%	11%	5%	6%	3%	4%	15%
2005 年 3 月指数	100	100.8	102.0	93.6	100.2	95.4	93.4	
2006 年 2 月指数	110.1	98.0	112.9	95.9	98.9	91.1	117.9	

【解】 实际结算价款 $= 100 \left[0.15 + 0.45 \times \dfrac{110.1}{100} + 0.11 \times \dfrac{980}{10008} + 0.11 \times \dfrac{112.9}{102.0} + 0.05 \right.$
$\left. \times \dfrac{95.9}{93.6} + 0.06 \times \dfrac{98.9}{100.2} + 0.03 \times \dfrac{91.1}{95.4} + 0.04 \times \dfrac{117.9}{93.4} \right] = 100 \times 1.064 = 106.4$（万元）

总之，通过调整，2006 年 2 月实际结算的工程价款为 106.4 万元，比原始合同价多结 6.4 万元。

7.2 工程变更

7.2.1 工程变更的种类及对造价的影响

在工程项目的实施过程中，不可避免地会发生一些变化，如设计变更、材料代用、材料价格的变化、某些经济政策的变化、施工条件的变化及其他不可预见的变化等。工程变更是指施工过程中出现了与签订合同时的预计条件不一致的情况，而需要改变原定施工承包范围内的某些工作内容。工程变更具有广泛的含义。全部合同文件的任何部分的改变，不论是形式的、质量的或数量的变化，都称之为工程变更。包括设计变更、进度计划变更、施工条件变更及原招标文件和工程量清单中未包括的"新增工程"。

导致工程变更的原因很多，主要有三方面：一是由于勘察设计工作深度不够，以致在施工过程中出现了许多招标文件中没有考虑或估算不准确的工程量，因而不得不改变施工项目或增减工程量；二是由于不可预见因素的发生，如自然或社会原因引起的停工、返工或工期拖延等；三是业主对工程有新的要求或对工程进度计划的调整导致了工程变更，承包企业由于施工质量原因导致的工期拖延。

工程变更直接影响工程造价。因为承包工程的实际造价等于合同价与索赔额的总和。工程变更所引起工程量的变化、承包人的索赔等，都有可能使最终投资超出原来的预计投资；其次工程变更容易引起停工、返工现象，会延迟项目的动用时间，对工程进度不利。频繁的变更还会增加工程的组织协调工作量，对合同管理和质量控制不利。在工程实践中，最常见最主要的是设计变更和其他变更两类。

7.2.2 《施工合同文本》条件下的工程变更

1. 工程变更的处理程序

从合同的角度看，不论因为什么原因导致的设计变更，必须首先有一方提出，因此可以分为发包人对原设计进行变更和承包人原因对原设计进行变更两种情况。

(1) 发包人对原设计进行变更。施工中发包人如果需要对原工程设计进行变更，应不迟于变更前14天以书面形式向承包人发出变更通知。承包人对于发包人的变更通知没有拒绝的权利，这是合同赋予发包人的一项权利。因为发包人是工程的出资人、所有人和管理者，对将来工程的运行承担主要的责任，只有赋予发包人这样的权利才能减少更大的损失。但是，变更超过原设计标准或者批准的建设规模时，须经原规划管理部门和其他有关部门审查批准，并由原设计单位提供变更的相应的图纸和说明。

(2) 承包人原因对原设计进行变更。承包人应严格按照图纸施工，不得随意变更设计。施工中承包人提出的合理化建议涉及到设计图纸或者施工组织设计的更改及对原材料、设备的更换，须经工程师同意。工程师同意变更后，也须经原规划管理部门和其他有关部门审查批准，并由原设计单位提供变更的相应图纸和说明。承包人未经工程师同意擅自更改或换用时，由承包人承担由此发生的费用，赔偿发包人的有关损失，延误的工期不予顺延。

(3) 其他变更

从合同角度看，除设计变更外，其他能够导致合同内容变更的都属于其他变更。如双方对工程质量要求的变化（当然是涉及强制性标准变化）、双方对工期要求变化、施工条件和环境的变化导致施工机械和材料的变化等。这些变更的程序，首先应当由一方提出，与对方协商一致签署补充协议后，方可进行变更。

发包人要求承包人完成合同以外的零星工作项目，承包人应在接受发包人要求的 7 天内就用工数量和单价、机械台班数量和单价、使用材料和金额等向发包人提出施工签证，发包人签证后施工。如发包人未签证，承包人施工后发生争议的，责任由承包人自负。

2. 工程变更价款的确定程序

设计变更发生后，承包人在工程设计变更确定后 14 天内提出变更工程价款的报告，经工程师确认后调整合同价款。工程设计变更确认后 14 天内，如承包人未提出适当的变更价格，则发包人可根据所掌握的资料决定是否调整合同价款和调整的具体金额。重大工程变更涉及工程价款变更报告和确认的时限由发承包双方协商确定。收到变更工程价款报告的一方，应在收到之日起 14 天内予以确认或提出协商意见，自变更工程价款报告送达之日起 14 天内，对方未确认也未提出协商意见时，视为变更工程价款报告已被确认。

3. 工程变更价款的确定方法

（1）一般规定

财政部、建设部共同发布的《建设工程价款结算暂行办法》和我国《建设工程施工合同》约定了工程变更价款的确定方法，内容如下：

1）合同中已有适用于变更工程的价格，按合同已有的价格变更合同价款；

2）合同中已有类似于变更工程的价格，可以参照此类价格变更合同价款；

3）合同没有适用或类似于变更工程的价格，由承包人或发包人提出适当的变更价格，经对方确认后执行。如双方不能达成一致的，双方可提请工程所在地工程造价管理机构进行咨询或按合同约定的争议或纠纷解决程序处理。

（2）采用工程量清单计价的工程

采用工程量清单计价的工程，除合同另有约定外，其综合单价因工程量变更需调整时，应按下列办法确定：

1）工程量清单漏项或设计变更引起新的工程量清单项目，其相应综合单价由承包人提出，经发包人确认后作为结算的依据。

2）由于工程量清单的工程数量有误或设计变更引起工程量增减，属合同约定幅度以内的，应执行原有的综合单价；属合同约定幅度以外的，其增加部分的工程量或减少后剩余部分的工程量的综合单价由承包人提出，经发包人确认后，作为结算依据。由于工程量的变更，且实际发生了规定以外的费用损失，承包人可提出索赔要求，与发包人协商确认后，给予补偿。

因此，在变更后合同价款的确定上，首先应当考虑使用合同中已有的、能够适用或者能够参照适用的，其原因在于在合同中已经订立的价格（一般是通过招标投标）是较为公平合理的，因此应当尽量适用。

确认增（减）的工程变更价款作为追加（减）合同价款与工程进度款同期支付。

7.2.3 FIDIC 合同条件下工程变更

在 FIDIC 合同条件下，业主提供的设计一般较为粗略，有的设计（施工图）是由承包商完成的，因此设计变更少于我国施工合同条件下的施工。

1. 工程变更程序

颁发工程接收证书前的任何时间，工程师可以通过发布变更指令或以要求承包商递交建议书的任何一种方式提出变更。

(1) 指令变更。工程师在业主授权范围内根据施工现场的实际情况，在确属需要时有权发布变更指令。指令的内容应包括详细的变更内容、变更工程量、变更项目的施工技术要求和有关部门文件图纸，以及变更处理的原则。

(2) 要求承包商递交建议书后再确定的变更。其程序为：

1) 工程师将计划变更事项通知承包商，并要求他递交实施变更的建议书。

2) 承包商应尽快予以答复。一种情况可能是通知工程师由于受到某些非自身原因的限制而无法执行此项变更；另一种情况是承包商依据工程师的指令递交实施此项变更的说明，内容包括：①将要实施的工作的说明书以及该工作实施的进度计划；②承包商依据合同规定对进度计划和竣工时间做出任何必要修改的建议，提出工期顺延要求；③承包商对变更估价的建议，提出变更费用要求。

(3) 工程师作出是否变更的决定，尽快通知承包商说明批准与否或提出意见。

在这一过程中应注意的问题是：

1) 承包商在等待答复期间，不应延误任何工作。

2) 工程师发出每一项实施变更的指令，应要求承包商记录支出的费用。

3) 承包商提出的变更建议书，只是作为工程师决定是否实施变更的参考。除了工程师作出指示或批准以总价方式支付的情况外，每一项变更应依据计量工程量进行估价和支付。

2. 工程变更价款的确定

(1) 变更估价的原则。承包人按照工程师的变更指令实施变更工作后，往往会涉及对变更工程的估价问题。变更工程的价格或费率，往往是双方协商时的焦点。计算变更工程应采用的费率或价格，可分为三种情况：

1) 变更工作在工程量表中有同种工作内容的单价，应以该费率计算变更工程费用。

2) 工程量表中虽然列有同类工作的单价或价格，但对具体变更工作而言已不适用，则应在原单价和价格的基础上制定合理的新单价或价格。

3) 变更工作的内容在工程量表中没有同类工作的费率和价格，应按照与合同单价水平相一致的原则，确定新的费率或价格。

(2) 可以调整合同工作单价的原则。具备以下条件时，允许对某一项工作规定的费率或单价加以调整：

1) 此项工作实际测量的工程量比工程量表或其他报表中规定的工程量的变动大于10%。

2) 工程量的变更与对该项工作规定的具体费率的乘积超过了接受的合同款额的0.01%。

3) 由此工程量的变更直接造成该项工作每单位工程量费用的变动超过1%。

(3) 删减原定工作后对承包商的补偿。工程师发布删减工作的变更指令后承包商不再实施部分工作，合同价格中包括的直接费部分没有受到损害，但摊销在该部分的间接费、利润和税金实际不能合理回收。此时承包商可以就其损失向工程师发出通知并提出具体的证明资料，工程师与合同双方协商后确定一笔补偿金额加入到合同价内。

7.3 工程索赔

7.3.1 工程索赔的基本概念

1. 工程索赔的含义

工程索赔是指在建设工程合同的实施过程中,合同一方非自身因素或对方不履行或未能正确履行合同规定的义务而受到损失时,向对方提出的赔偿要求。

在建设过程中索赔是必然且经常发生的,是合同管理的重要组成部分。索赔是合同当事人的权利,是保护和捍卫自身正当利益的手段。索赔以合同为基础和依据。当事人双方索赔的权利是平等的。既可以是承包商向发包人的索赔,也可以是发包人向承包商索赔。索赔与反索赔相对应,被索赔方亦可提出合适论证和齐全的数据、资料,以抵御对方的索赔。在工程实践中发包人在向承包商的索赔中处于主动地位,可以直接从应付给承包商的工程款中扣抵,也可以从保留金中扣款以补偿损失。通常情况下,索赔是指承包商在合同实施过程中,对非自身原因造成的工程延期、费用增加而要求发包人给予补偿损失的一种权利要求。

索赔的含义一般包括以下三个方面:

第一,一方违约使另一方蒙受损失,受损方向对方提出赔偿损失的要求;

第二,发生应由业主承担责任的特殊风险事件或遇到不利自然条件等情况,使承包商蒙受较大的损失而向业主提出补偿损失的要求;

第三,承包商本人应当获得的正当利益,由于没能及时得到监理工程师的确认和业主应给予的支付,而以正式函件向业主索赔。

2. 索赔的性质

索赔的性质属于经济补偿行为,而不是惩罚。索赔事件的发生,不一定在合同文件中有约定;索赔事件的发生,可以是一定行为造成,也可以是不可抗力所引起的;索赔事件的发生,可以是合同的当事一方引起的,也可以是任何第三方行为引起的;一定要有造成损失的后果才能提出索赔,因此索赔具有补偿性质;索赔方所受到的损失,与被索赔人的行为不一定存在法律上的因果关系。

3. 索赔的分类

(1) 按当事人分类:承包商与业主之间的索赔;承包商与分包商之间的索赔;承包商与供货商之间的索赔;承包商与保险公司之间的索赔。

(2) 按索赔的依据分类:合约内的索赔;合约外的索赔;道义索赔(或称额外支付),指承包商对标价估计不足,或遇到了巨大困难而蒙受重大亏损时,有的工程师或业主会超越合同条款,出自善良意愿,给承包商以相应的经济补偿。

(3) 按索赔的目的分类:

1) 工期索赔。由于非承包商责任的原因而导致施工进度延误,要求批准顺延合同工期的索赔,称为工期索赔。其目的是延长施工时间,使原规定的完工日期顺延,避免了违约罚款的风险。

2) 费用索赔。其目的是得到费用补偿,使承包商所遭遇到的,超过工程计划成本的附加开支得到补偿。

(4) 按索赔事件的性质分类：

1) 工程延误索赔。因发包人未按合同要求提供施工条件，如未及时交付设计图纸、施工现场、道路等，或因发包人指令工程暂停或不可抗力事件等原因造成工期拖延的，承包人对此提出索赔。这是工程中常见的一类索赔。

2) 工程变更索赔。由于发包人或监理工程师指令增加或减少工程量或增加附加工程、修改设计、变更工程顺序等，造成工期延长和费用增加，承包人对此提出索赔。

3) 合同被迫终止的索赔。由于发包人或承包人违约以及不可抗力事件等原因造成合同非正常终止，无责任的受害方因其蒙受经济损失而向对方提出索赔。

4) 工程加速索赔。由于发包人或工程师指令承包人加快施工速度、缩短工期，引起承包人人、财、物的额外开支而提出的索赔。

5) 意外风险和不可预见因素索赔。在工程实施中，因人力不可抗拒的自然灾害、特殊风险以及一个有经验的承包人通常不能合理预见的不利施工条件或外界障碍，如地下水、地质断层、溶洞、地下障碍等引起的索赔。

6) 其他索赔。如因货币贬值、汇率变化、物价、工资上涨、政策法令变化等原因引起的索赔。

4. 索赔应遵循的原则

(1) 真实有据的原则。发、承包双方提出任何工程索赔要求，首先必须是真实有据的。只有实际发生的索赔事件，并且有实际损失的证据才能要求索赔。

(2) 合法性原则。当事人的任何索赔要求，都应当限定在法律许可的范围内，符合合同的规定或所签契约的约定条件。没有法律、合同上的依据或证据不足，任何一方的索赔要求均认为是不合法的。

(3) 合理性原则。索赔要求应合情合理，一方面要采取科学合理的计算方法和计算基础，真实反映索赔事件造成的实际损失，另一方面也要结合工程的实际情况，兼顾对方的利益，讲究索赔策略，不要滥用索赔。

5. 索赔证据

索赔证据是索赔方用来证明索赔要求的正确性，索赔费用数额的合情合理性，因此对索赔证据的要求是：

(1) 具备真实性。索赔证据必须是在实施合同过程中确定存在和发生的，必须完全反映实际情况，能经得住对方推敲。

(2) 具备关联性。索赔证据应当能够互相说明，相互具有关联性，不能零乱和支离破碎，更不能互相矛盾。

(3) 具备及时性。索赔证据的及时性主要体现在：一是证据的取得应当及时，二是证据的提出应当及时。

(4) 具备可靠性。索赔证据应当是可靠的，一般应是书面要求，有关的记录、协议应有当事人的签字认可。

实施合同过程中的各种文、录、表、单都有可能成为索赔证据，如：

1) 招标文件、合同文件及附件、中标通知书、投标书、协议；

2) 工程量清单、工程预算书、设计文件及有关技术资料；

3) 工程中各项会议纪要、双方的来往函件；

4) 业主或监理已批准的施工方案或施工组织设计,施工计划及现场实施情况记录、施工日志;现场签证。

5) 工程有关施工部位的照片及录像等;

6) 施工期间的气象资料;

7) 工程检查验收报告和各种技术鉴定报告等;

8) 施工中送停电、水、气和道路开通、封闭的记录或证明;

9) 工程预付款、进度款拨付的数额及日期记录;

10) 工程材料采购、订货、运输、进场、验收、使用等方面的凭据;

11) 工程会计核算资料;

12) 国家、省、市有关影响工程造价、工期的文件和规定等。

7.3.2 工程索赔的程序

关于索赔的规定,建设工程施工合同文本与 FIDIC 施工合同条件最主要的区别体现在程序上。

1. 施工合同文本规定的工程索赔程序

当合同当事人一方向另一方提出索赔时,要有正当的索赔理由,且有索赔事件发生时的有效证据。发包人未能按合同约定履行自己的各项义务或发生错误以及第三方原因,给承包人造成延期支付合同价款、延误工期或其他经济损失,包括不可抗力延误的工期,均属索赔理由。

(1) 承包人提出索赔申请。索赔事件发生 28 天内,向工程师发出索赔意向通知。

(2) 发出索赔意向通知后 28 天内,向工程师提出补偿经济损失和(或)延长工期的索赔报告及有关资料(事件的名称、发生的时间、情况简介、合同依据、索赔要求)。

(3) 工程师审核承包人的索赔申请。工程师在收到承包人送交的索赔报告和有关资料后,于 28 天内给予答复,或要求承包人进一步补充索赔理由和证据。工程师在 28 天内未予答复或未对承包人作进一步要求,视为该项索赔已经认可。

(4) 当该索赔事件持续进行时,承包人应当阶段性向工程师发出索赔意向,在索赔事件终了后 28 天内,向工程师提供索赔的有关资料和最终索赔报告。

(5) 工程师与承包人谈判。双方各自依据对这一事件的处理方案进行友好协商,若能通过谈判达成一致意见,则该事件较容易解决。如果双方对该事件的责任、索赔款额或工期展延天数分歧较大,通过谈判达不成共识的话,按照条款规定工程师有权确定一个他认为合理的单价或价格作为最终的处理意见报送业主并相应通知承包人。

(6) 发包人审批工程师的索赔处理证明。发包人首先根据事件发生的原因、责任范围、合同条款审核承包人的索赔申请和工程师的处理报告,再根据项目的目的、投资控制、竣工验收要求,以及针对承包人在实施合同过程中的缺陷或不符合合同要求的地方提出反索赔方面的考虑,决定是否批准工程师的索赔报告。

(7) 承包人是否接受最终的索赔决定。承包人接受最终的索赔处理决定,索赔事件的处理即告结束。如果承包商不同意,就会导致合同争议。通过协商双方达到互谅互让的解决方案,是处理争议的最理想方式。如果双方不能达成谅解就只能诉诸仲裁或者诉讼。

承包人未能按合同约定履行自己的各项义务和发生错误给发包人造成损失的,发包人也可按上述时限向承包人提出索赔。

2. FIDIC 施工合同条件规定的索赔程序

FIDIC 施工合同条件只对承包商的索赔作出了规定。

（1）承包商发出索赔通知。如果承包商认为有权得到竣工时间的任何延长期和（或）任何追加付款，承包商应当向工程师发出通知，说明索赔的事件或情况。该通知应当尽快在承包商察觉或者应当察觉该事件或情况后 28 天内发出。

（2）承包商未及时发出索赔通知的后果。如果承包商未能在上述 28 天期限内发出索赔通知，则竣工时间不得延长，承包商无权获得追加付款，而业主应免除有关该索赔的全部责任。

（3）承包商递交详细的索赔报告。在承包商察觉或者应当察觉该事件或情况后 42 天内，或在承包商可能建议并经工程师认可的其他期限内，承包商应当向工程师递交一份充分详细的索赔报告，包括索赔的依据、要求延长的时间和（或）追加付款的全部详细资料。

（4）如果引起索赔的事件或者情况具有连续影响，则：①上述充分详细索赔报告应被视为中间的；②承包商应当按月递交进一步的中间索赔报告，说明累计索赔延误时间和金额，以及能说明其合理要求的进一步详细资料；③承包商应当在索赔的事件或者情况产生影响结束后 28 天内，或在承包商可能建议并经工程师认可的其他期限内，递交一份最终索赔报告。

（5）工程师的答复。工程师在收到索赔报告或对过去索赔的任何进一步证明资料后 42 天内，或在工程师可能建议并经承包商认可的其他期限内作出回应，表示批准、不批准，或不批准并附具体意见。工程师应当商定或者确定应给予竣工时间的延长期及承包商有权得到的追加付款。

7.3.3　索赔报告的格式和内容

索赔报告的格式没有一定的严格规定，可根据索赔事件的大小来编写。通常包括以下三个部分：

1. 索赔信

是一封致工程师的关于索赔事项的说明信。信的内容包括：简单地叙述索赔的事项、理由和经济损失额或时间损失值，说明随函所附的索赔报告正文及证明材料情况等。

2. 索赔报告

索赔报告正文由三大部分组成，首先是标题和日期，应简明扼要地概括出索赔的核心内容，如索赔概述，具体索赔要求，索赔报告编写及审核人员名单，注明有关人员的职称、职务及施工经验，以表示该索赔报告的严肃性和权威性。其次是事实与证明材料，这部分要准确地按索赔事件发生、发展、处理的过程叙述客观事实，明确地全文引用有关的合同条款规定，联系现场情况，进行正确的论证推理，说明事实与损失之间的因果关系，论证索赔的合理合法性。最后是损失计算与要求赔偿金额及工期，在计算部分必须阐明下列问题：索赔款的要求总额；各项索赔额的计算，如额外开支的人工费、材料费、管理费和所失利润；应注意每项开支款的合理性，并指出相应的证据资料的名称及编号。切忌采用笼统的计价方法和不实的开支款额。

3. 附件

是指索赔报告中所列举的事实、理由、影响等的证明文件和证据及详细计算书。此部分包括该索赔事件所涉及的一切证据资料,以及对这些证据的说明,证据是索赔报告的重要组成部分,没有翔实可靠的证据,索赔是不能成功的。在引用证据时,要注意该证据的效力或可信程度。为此,对重要的证据资料最好附以文字证明或确认件。

7.3.4 费用索赔的计算

1. 计算费用索赔的原则

承包商在进行费用索赔时,应遵循以下原则:

(1) 所发生的费用应该是承包商履行合同所必需的,若没有该项费用支出,合同无法履行。

(2) 承包商不应由于索赔事件的发生而额外受益或额外受损,即费用索赔以赔(补)偿实际损失为原则,实际损失可作为费用索赔值。

2. 索赔费用的组成

可索赔的费用一般可以包括以下几个方面:

(1) 人工费。包括增加工作内容的人工费、停工损失费和工作效率降低的损失费等累计,其中增加工作内容的人工费应按照计日工费计算,而停工损失费和工作效率降低的损失费按窝工费计算,窝工费的标准双方应在合同中约定。

(2) 设备费。可采用机械台班费、机械折旧费、设备租赁费等几种形式。当工作内容增加引起的设备费索赔时,设备费的标准按照机械台班费计算。因窝工引起的设备费索赔,当施工机械属于施工企业自有时,按照机械折旧费计算索赔费用。当施工机械是承包人从外部租赁时,索赔费用的标准按照设备租赁费计算。

(3) 材料费。由于索赔事件材料实际用量超过计划用量而增加的材料费,材料价格大幅度上涨,非承包商责任工程延误导致的材料价格上涨和材料超期储存费用。

(4) 保函手续费。工程延期时,保函手续费相应增加,反之,取消部分工程且发包人与承包人达成提前竣工协议时,承包人的保函金额相应折减,则计入合同价内的保函手续费也应扣减。

(5) 贷款利息。包括业主拖期付款的利息,工程变更和延误增加投资的利息,索赔款的利息,错误扣款的利息等。

(6) 保险费。

(7) 管理费。此项又可分为现场管理费和公司管理费两部分,由于二者的计算方法不一样,所以在审核过程中应区别对待。

(8) 利润。

在不同的索赔事件中可以索赔的费用是不同的。

3. 费用索赔的计算方法

计算方法有实际费用法、修正总费用法等。

(1) 实际费用法。是费用索赔计算最常用的一种方法。该方法是按照各索赔事件所引起损失的费用项目分别分析计算索赔值,然后将各费用项目的索赔值汇总,即可得到总索赔费用值。这种方法以承包商为某项索赔工作所支付的实际开支为依据,但仅限于由于索赔事项引起的、超过原计划的费用,故也称额外成本法。用实际费用法计算时,一般是先计算与索赔事件有关的直接费用,然后计算应分摊的管理费、利润等。关键是选择合理的分摊方法。由于实际费用法所依据的是实际发生的成本记录或单据,在施工过程中,系统而准确地积累记录资料非常重要。

(2) 修正总费用法。这种方法是对总费用法的改进，即在总费用计算的原则上，去掉一些不确定的可能因素，对总费用法进行相应的修改和调整，使其更加合理。

7.3.5 工期索赔的计算

1. 工期索赔中应当注意的问题

延期是指工程进度方面的延期，是由各种原因而造成的工程施工不能按原定时间要求进行。延期实际上包括时间损失和经济损失两个方面的问题。一项延期是否可以由业主给予延长工期及经济补偿，这取决于引起延期的原因是否可以预见、承包商或业主是否有过错，以及合同中的文字规定。

(1) 可原谅延期与不可原谅延期

可原谅延期是指承包商不应承担任何责任的延误。主要有：不可抗力引起的；不利自然条件或客观障碍引起的；特殊恶劣的气候条件引起的；特殊风险引起的；罢工、及其他经济风险引起的。

不可原谅延期是指因可预见的条件或承包商控制之内的情况，或承包商自己的问题与过错而引起的延误。

(2) 可补偿延期与不可补偿延期

可补偿延期是承包商有权同时要求延长工期和经济补偿的延误。主要有：业主未能及时提供场地；工程师未能在规定时间内提供图纸或指示；出现不可预见的不利自然条件或客观障碍；工程师指示暂停施工；业主拖延付款；业主供应的设备或材料推迟到货；合同变更等。

不可补偿延期是指可给予延长工期，但不能对相应经济损失给予补偿的可原谅延期。这种延期一般不是因双方当事人有错误或疏忽，而是由双方都无法控制的原因造成的。如：不可抗力、特殊恶劣的气候条件、特殊风险、其他第三方原因等。

(3) 共同延期与非共同延期

共同延期是指两项或两项以上的单项延误同时发生。主要有：

1) 可补偿延期与不可原谅延期同时存在时，承包商不能要求工期延长和经济补偿，因即便没有可补偿延期，不可原谅延期也已经造成工程延误。

2) 不可补偿延期与不可原谅延期同时存在时，承包商无权要求延长工期，因即便没有不可补偿延期，不可原谅延期也已经导致施工延误。

3) 不可补偿延期与可补偿延期同时存在时，承包商可以获得工期延长，但不能得到经济补偿，因即便没有可补偿延期，不可补偿延期也已经造成工程施工延误。

4) 两项可补偿延期同时存在时，承包商只能得到一项工期延长或经济补偿。非共同延期是单一的只发生一项延期，而没有其他延期同时发生。

(4) 关键延期与非关键延期

关键延期是指在网络计划关键线路上活动的延期。非关键延期是指非关键线路上活动的延期。只有位于关键线路上的工作内容的滞后，才会影响到竣工日期，如果是可原谅的，则承包商可以获得工期延长。非关键线路上的活动都有一定的机动时间可以利用，具有一定的灵活性，所以在该机动时间范围内的非关键延期不会导致整个工程的延期，承包商不能获得工期延长。

但有时也应注意,既要看被延误的工作是否在批准进度计划的关键路线上,又要详细分析这一延误对后续工作的可能影响。因为若对非关键路线工作的影响时间较长,超过了该工作可用于自由支配的时间,也会导致进度计划中非关键路线转化为关键路线,其滞后将影响总工期的拖延。此时,应充分考虑该工作的自由时间,给予相应的工期顺延,并要求承包人修改施工进度计划。关键线路并不是固定的,而是动态变化的。关键线路的确定,必须是依据最新批准的工程进度计划。

2.工期索赔的计算方法

工期索赔的计算方法主要有网络图分析法和比例计算法两种。

(1)网络图分析法是利用进度计划的网络图,分析其关键线路。如果延误的工作为关键工作,则总延误的时间为批准顺延的工期;如果延误的工作为非关键工作,当该工作由于延误超过时差限制而成为关键工作时,可经批准延误时间与时差的关值;若该工作延误后仍为非关键工作,则不存在工期索赔问题。

(2)比例计算法。该方法主要应用于工程量有增加时工期索赔的计算,公式为:

$$工期索赔值=\frac{额外增加的工程量的价格}{原合同总价}\times 原合同总工期$$

【例7-3】 某城市道路工程利用贷款修建,发包人和工程总承包人按照《建设工程施工合同(示范)文本》签订了施工合同。

在施工过程中,发生了如下事件:

1.由于某路段通过软土地质地段,设计文件要求对基底软土进行换填,总承包人原计划的取土场因土质不符合设计要求,需更换取土场,总承包人认为施工费用高出原合同报价,故要求增加补偿费用10万元。

2.部分路段地基强夯处理时,遇到季节性大雨,由于雨后土壤中含水量过大,增加了施工成本4万元。

3.由发包人采购的部分混凝土构件运达施工现场后,发包人与总承包人共同进行了验收,且办理了交接手续。当总承包人使用部分构件后发现该批构件存在质量问题,经进一步重新检验后确认构件属不合格产品,总承包人拆除已安装的构件,要求发包人补偿拆除费用2万元。在发包人清点现场构件计划重新采购时,发现总承包人丢失了部分构件,价值5万元。

4.对某过街天桥基础施工时,遇到了图纸未标明的煤气管道,为施工安全,总承包人采取了工程师认可的防护措施,增加了防护费用6万元。

5.按照发包人的要求,正在施工中的一座互通式立交桥比原设计长度增加了5m,总承包人收到工程师的变更指令后及时向该桥的分包人发出了变更指令,分包人向总承包人索赔如下费用:

(1)立交桥修改设计,增加费用5万元。

(2)此设计变更原因总承包人占用分包人施工场地,而未按分包合同约定提供给分包单位,致使工程材料在施工过程中发生二次搬运,增加费用2万元。总承包人向分包人支付了7万元索赔费用。发生以上事件后,总承包人在合同约定的时间内,向工程师提出了索赔意向通知。

问题:

1. 总承包人在向造价工程师发出索赔意向通知后,还应做哪些工作?
2. 分析以上各事件的责任。
3. 造价工程师对以上各事件审定的索赔费用为多少?总费用为多少?

【解】 问题1:总承包人在向工程师发出索赔意向通知后,应在28天内向工程师发出索赔报告及有关资料;该索赔事件持续进行时,总承包人应当阶段性向工程师发出索赔意向通知,在索赔事件终了后28天内,向工程师提交索赔的有关资料和最终索赔报告;与工程师谈判和作出是否接受最终索赔处理的决定。

问题2:

事件1:责任在总承包人。因设计文件中已明确了换填要求,总承包人应该对此换填选择取土场,所以此事件属价格风险范畴,由此导致的费用增加,应由总承包人承担。

事件2:地基处理施工中遇季节性大雨是有经验的承包商应该预料到的,故责任由总承包人承担。

事件3:发包人采购的混凝土构件,其质量应由发包人负责。即使在总承包人检验通过之后,又发现材料、设备有质量问题的,发包人仍应该承担重新采购、检验及拆除重建的费用。由总承包人负责保管的材料发生损坏、丢失,由总承包人负责赔偿。

事件4:为保证施工安全和煤气管道安全,总承包人采取的经工程师认可的防护措施所发生的费用,应由发包人承担。

事件5:发生设计变更增加的费用,责任应由发包人承担;发生总承包人未及时给分包人提供施工场地而导致材料二次搬运,责任属总承包人,发包人不予补偿。

问题3:补偿费用:　　　　　　事件1:0万元　　　事件2:0万元
事件3:2−5=−3万元　　　　事件4:6万元　　　　事件5:5万元
合计:−3+6+5=8万元

7.4 竣工结算与竣工决算

7.4.1 竣工结算

1. 竣工结算的概念

是指承包人按照合同规定的内容全部完成所承包的工程,经验收质量合格,并符合合同要求之后,在原合同造价的基础上,将有增减变化的内容,按照合同约定的方法与规定,对原合同造价进行相应的调整,编制确定工程实际造价向发包人进行的最终工程价款结算。即由承包人编制,报发包人审查,经双方协商后共同办理最后一次的工程价款手续的过程。

工程竣工结算分为单位工程竣工结算、单项工程竣工结算和建设项目竣工总结算。

2. 竣工结算的编制

(1) 竣工结算的编制依据

主要有:①工程竣工报告和工程验收证书;②承包合同,工程竣工图;③设计变更通知单和工程变更签证;④预算定额、工程量清单,材料价格,费用标准等资料;⑤预算书或报价单;⑥其他有关资料及现场记录等。

(2) 竣工结算的编制方法

1) 工程分项有无增减

对工程竣工时变更项目不多的单位工程，维持原施工图预算（工程量清单）分项不变，将应增减的项目算出价值，并与原施工图预算（工程量清单）合并即可。

对工程竣工时变更项目较多的单位工程，应对原施工图预算（工程量清单）分项进行核对、调整，对增加不同类别的分项，按施工图预算（工程量清单）的形式计算出其分项工程量，确定采用相应的预算定额，作为新项列入竣工结算。

2) 调整工程量差

即调整原预算书（工程量清单）与实际完成的工程数量之间的差额，这是编制工程竣工结算的主要部分。量差的主要原因是设计变更或设计漏项，现场施工条件及其措施的变动和原施工图预算（工程量清单）的差错等。

3) 调整材料价差

材料价差是指材料的预算价格（报价）和实际价格的差额。由发包人供应的材料按预算价格转给承包人的，在工程结算时不作调整，其材料价差由发包人单独核算，在编制竣工决算时摊入工程成本。由承包人购买的材料应该调整价差，通常按政策性系数调整和单项调整两种方法。必须在施工合同中予以明确。单项调整应按当地造价管理部门规定的材料品种及当时的造价管理部门公布的市场信息价（或动态管理价）与材料预算价找差。

4) 各项费用的调整

由于工程量的变化会影响直接费或人工费的变化，措施费、间接费等是以直接费或人工费等为基础计取的，因此这些费用也应作相应的调整。各种材料价差不能列入直接费作为间接费的调整基数，但可作为调整利润和税金的基数费用。其他费用，如因发包人的原因发生的窝工费用、机械进出场费用等，应一次结清，分摊到结算的工程项目之中。施工现场使用发包人的水电费用，应在竣工结算时按有关规定付给发包人。对因政策性变化而引起间接费率、材差系数、人工工资标准的变化等，按工程造价管理部门的有关规定进行调整。

3. 竣工结算的审查

竣工结算是承包人与发包人办理工程价款最终结算的依据，是双方签订工程合同终结的依据。同时工程竣工结算是核定建设工程造价的依据，也是建设项目验收后编制竣工决算、核定新增资产价值的依据。工程竣工后，发包人与承包人双方应及时办理工程竣工结算，否则，工程不得交付使用，政府有关部门不予办理权属登记。

单位工程竣工结算由承包人编制，发包人审查。实行总承包的工程，由具体承包人编制，在总包人审查的基础上，发包人审查。

单项工程竣工结算或建设项目竣工总结算由总（承）包人编制，发包人可直接进行审查，也可以委托具有相应资质的工程造价咨询机构进行审查。政府投资项目，由同级财政部门审查。单项工程竣工结算或建设项目竣工总结算经发、承包人签字盖章后有效。

承包人应在合同约定期限内完成项目竣工结算编制工作，未在规定期限内完成的并且提不出正当理由延期的，责任自负。

单项工程竣工后，承包人应在提交竣工验收报告的同时，向发包人递交竣工结算报告及完整的结算资料，发包人应按以下规定时限进行核对（审查）并提出审查意见。

工程竣工结算审核时间规定　　　　　　　　　　　　　　表 7-3

工程竣工结算报告金额	审 查 时 间
500 万元以下	从接到竣工结算报告和完整的竣工结算资料之日起 20 天
500~2000 万元	从接到竣工结算报告和完整的竣工结算资料之日起 30 天
2000~5000 万元	从接到竣工结算报告和完整的竣工结算资料之日起 45 天
5000 万元以上	从接到竣工结算报告和完整的竣工结算资料之日起 60 天

建设项目竣工总决算在最后一个单项工程竣工结算审查确定后 15 天内汇总，送发包人后 30 天内审查完成。

竣工结算审查对送审的竣工结算（或审查报告书）签署审查人名字、审查单位负责人名字及加盖公章，三者不得缺一。审查单位和人个必须满足相应的资质要求。

7.4.2 竣工决算

1. 竣工决算的概念

竣工决算是以实物数量和货币指标为计量单位，综合反映竣工项目从筹集开始到项目竣工交付使用为止的全部建设费用、建设成果和财务情况的总结性文件，是竣工验收报告的重要组成部分，竣工决算是正确核定新增固定资产价值，考核分析投资效果，建立健全经济责任制的依据，是反映建设项目实际造价和投资效果的文件。

2. 竣工结算与竣工决算的关系

建设项目竣工决算是以工程竣工结算为基础进行编制的。它是在整个建设项目竣工结算的基础上，加上从筹建开始到工程全部竣工，有关基本建设的其他工程和费用支出，便构成了建设项目竣工决算的主体。它们的区别就在于以下几个方面：

（1）编制单位不同：竣工结算是由施工单位编制的，而竣工决算是由建设单位编制的。

（2）编制范围不同：竣工结算主要是针对单位工程编制的，每个单位工程竣工后，便可以进行编制，而竣工决算是针对建设项目编制的，必须在整个建设项目全部竣工后，才可以进行编制。

（3）编制作用不同：竣工结算是建设单位与施工单位结算工程价款的依据是核对施工单位核算工程成本、考核其生产成果的依据，是施工单位确定经营活动最终收入的依据，是建设单位编制建设项目竣工决算的依据。而竣工决算是建设单位考核投资效果、正确确定固定资产价值和正确核定新增固定资产价值的依据。

3. 竣工决算的内容

由建设单位编制的建设项目竣工决算，应能综合反映该项目从筹建到工程竣工投产（或使用）全过程中的各项资金的实际运用情况、建设成果等全部建设费用。其内容由竣工财务决算说明书、竣工财务决算报表、工程竣工图和工程竣工造价对比分析四部分组成。

（1）竣工财务决算说明书

竣工财务决算说明书主要反映竣工工程建设成果和经验，是全面考核分析工程投资与造价的书面总结，是竣工决算报告的重要组成部分，其主要内容包括：

1）对工程总的评价。从工程的进度、质量、安全和造价四方面进行分析说明。

进度方面主要说明开工和竣工时间，对照合理工期和要求，分析是提前还是延期；质量方面主要根据竣工验收委员会的验收评定结果；安全方面主要根据劳动工资和施工部门的记录，对有无设备和人身事故进行说明；造价方面主要对照概算造价，说明节约还是超支，用金额和百分率进行分析说明。

2) 资金来源及运用等财务分析。主要包括工程价款结算、会计帐务的处理、财产物资情况及债权债务的清偿情况。

3) 基本建设收入、投资包干结余、竣工结余资金的上交分配情况。通过对基本建设投资包干情况的分析。说明投资包干数、实际支用数和节约额、投资包干节余的有机构成和包干节余的分配情况。

4) 各项经济技术指标的分析。概算执行情况分析，根据实际投资完成额与概算进行对比分析；新增生产能力的效益分析。说明交付使用财产占总投资额的比例、占交付使用财产的比例、不增加固定资产的造价占投资总数的比例，分析其有机构成和成果。

5) 工程建设的经验及项目管理和财务管理工作以及竣工财务决算中有待解决的问题。

(2) 竣工财务决算报表

建设项目竣工财务决算报表根据大、中型建设项目和小型建设项目分别制定。大、中型建设项目竣工财务决算报表包括：建设项目竣工财务决算审批表；大、中型建设项目概况表；大、中型建设项目竣工财务决算表；大、中型建设项目交付使用资产总表。小型建设项目竣工财务决算报表包括：建设项目竣工财务决算审批表；项目竣工财务决算表；项目交付使用资产明细表。如：大、中型建设项目竣工财务决算表7-4。

大、中型建设项目竣工财务决算表 单位：元 表7-4

资金来源	金额	资金占用	金额	补充资料
一、基建拨款		一、基本建设支出		1. 基建投资借款期末金额
1. 预算拨款		1. 交付使用资产		
2. 基建基金拨款		2. 在建工程		2. 应收生产单位投资借款期末金额
3. 进口设备转帐拨款		3. 待核销基建支出		
4. 器材转帐拨款		4. 非经营项目转出投资		3. 基建结余资金
5. 煤代油专用基金拨款		二、应收生产单位投资借款		
6. 自筹资金拨款		三、拨款所属投资借款		
7. 其他拨款		四、器材		
二、项目资本金		其中：待处理器材损失		
1. 国家资本		五、货币资金		
2. 法人资本		六、预付及应收款		
3. 个人资本		七、有价证券		
三、项目资本公积金		八、固定资产		
四、基建借款		固定资产原值		
五、上级拨入投资借款		减：累计折旧		
六、企业债券资金		固定资产净值		

续表

资金来源	金额	资金占用	金额	补充资料
七、待冲基建支出		固定资产清理		
八、应付款		待处理固定资产损失		
九、未付款				
1. 未交税金				
2. 未交基建收入				
3. 未交基建包干节余				
4. 其他未交款				
十、上级拨入资金				
十一、留成收入				
合　计		合　计		

(3) 工程竣工图

工程竣工图是真实地记录各种地上、地下建筑物、构筑物等情况的技术文件，是工程进行交工验收、维护改建和扩建的依据，是国家的重要技术档案。国家规定各项新建、扩建、改建的基本建设工程，特别是基础、地下建筑、管线结构、井巷、桥梁、隧道、港口、水坝以及设备安装等隐蔽部位，都要编制竣工图。

1) 凡按图竣工没有变动的，由承包人在原施工图上加盖"竣工图"标志后，即作为竣工图。

2) 凡在施工过程中，虽有一般性设计变更，但能将原施工图加以修改补充作为竣工图的可不重新绘制，由承包人负责在原施工图（必须是新蓝图）上注明修改的部分，并附以设计变更通知单和施工说明，加盖"竣工图"标志后，作为竣工图。

3) 凡结构形式改变、施工工艺改变、平面布置改变、项目改变以及其他重大改变，不宜再在原施工图上修改、补充时，应重新绘制改变后的竣工图。由原设计原因造成的，由原设计单位负责重新绘制；由施工原因造成的，由承包人负责重新绘图；由其他原因造成的，由建设单位自行绘制或委托设计单位绘制。承包人负责在新图上加盖"竣工图"标志，并附以有关记录和说明，作为竣工图。

4) 为了满足竣工验收和竣工决算需要，还应绘制反映竣工工程全部内容的工程设计平面示意图。

(4) 工程造价比较分析

竣工决算报告中必须对控制工程造价所采取的措施、效果及其动态的变化进行认真的比较分析，总结经验教训。批准的概算是考核建设工程造价的依据，在分析时，可将决算报表中所提供的实际数据和相关资料与批准的概算、预算指标进行对比，以确定竣工项目总造价是节约还是超支。为了便于进行比较，可先对比整个项目的总概算，再对比工程项目（或单项工程）的综合概算和其他工程费用概算，最后对比单位工程概算，并分别将建筑安装工程、设备、工器具购置和其他基建费用逐一与项目竣工决算编制的实际工程造价进行对比，找出节约或超支的具体环节。实际工作中，应主要分析以下内容：

1) 主要实物工程量。对比分析中应分析项目的建设规模、结构、标准是否遵循设计文件的规定，变更部分是否符合规定，对造价的影响如何，对于实物工程量出入比较大的情况，必须查明原因。

2) 主要材料消耗量。在建筑安装工程投资中，材料费用所占的比重往往很大，因此考核材料费用也是考核工程造价的重点。考核主要材料消耗量，要按照竣工决算表中所列明的三大材料实际超概算的消耗量，查明是在工程的哪一个环节超出量最大，再进一步查明超耗的原因。

3) 考核建设单位管理费、建筑及安装工程间接费的取费标准。根据竣工决算报表中所列的建设单位管理费、与概（预）算所列的控制额比较，确定其节约或超支数额，并进一步查明原因。

4. 竣工决算的编制

(1) 竣工决算的编制依据

主要有：

1) 经批准的可行性研究报告及投资估算；经批准的初步设计或扩大初步设计及其概算或修正概算；

2) 经批准的施工图设计及其施工图预算；

3) 设计交底或图纸会审会议纪要；

4) 设计变更记录、施工记录或施工签证单及其他施工中发生的费用记录；

5) 标底造价、承包合同、工程结算等有关资料；

6) 竣工图及各种竣工验收资料；

7) 历年基建资料、财务决算及批复文件；

8) 设备、材料调价文件和调价记录；

9) 有关财务核算制度、办法和其他有关资料、文件等。

(2) 竣工决算的编制步骤

1) 收集、整理和分析有关依据资料

在编制竣工决算文件之前，应系统地整理所有的技术资料、工料结算的经济文件、施工图纸和各种变更与签证资料，并分析它们的准确性。完整、齐全地资料，是准确而迅速编制竣工决算的必要条件。

2) 清理各项财务、债务和结余物资

在收集、整理和分析有关资料中，要特别注意建设工程从筹集到竣工投产或使用的全部费用的各项账务，债权和债务的清理，做到账账、账证、账实、账表相符。对结余的各种材料、工器具和设备，要逐项盘点核实并填列清单，妥善保管，或按规定及时处理，收回资金。对各种往来款项要及时进行全面清理，为编制竣工决算提供准确的数据和结果。

3) 核实工程变动情况

重新核实各单位工程、单项工程造价，将竣工资料与设计图纸进行查对、核实，必要时可进行实地测量。确定实际变更情况；根据经审定的承包人竣工结算等原始资料，按照有关规定对原预算进行增减调整，重新核定建设项目实际造价。

4) 编制建设工程竣工决算说明

按照建设工程竣工决算说明的内容要求，根据编制依据材料填写在报表中的结果，编写文字说明，力求内容全面、简明扼要、文字流畅，能说明问题。

5) 填写竣工决算报表

按照建设工程竣工表格中的要求，根据编制依据中的有关资料进行统计或计算各个项目和数量，并将其结果填到相应表格的栏目内，完成所有报表的填写。

6）做好工程造价对比分析

7）清理、装订好竣工图

8）按国家规定上报审批、存档

将上述编写的文字说明和填写的表格经核定无误，装订成册，即为建设工程竣工决算文件。将其上报主管部门审查，并把其中财务成本部分送交开户银行签证。竣工决算在上报主管部门的同时，抄送有关设计单位。大中型建设项目的竣工决算还应抄送财政部、建设银行总行和省、市、自治区的财政局和建设银行分行各一份。建设工程竣工决算的文件，由建设单位负责组织人员编写，在竣工建设项目办理验收使用一个月之内完成。

7.4.3 FIDIC施工合同条件下竣工结算与最终决算

1. 竣工结算

颁发工程接收证书后的84天内，承包商应按工程师规定的格式报送竣工报表。报表内容包括：到工程接收证书中指明的竣工日止，根据合同完成全部工作的最终价值；承包商认为应该支付给他的其他款项，如要求的索赔款、应退还的部分保留金等；承包商认为根据合同应支付给他的估算总额。所谓估算总额是这笔金额还未经过工程师审核同意。估算总额应在竣工结算报表中单独列出，以便工程师签发支付证书。

工程师接到竣工报表后，应对照竣工图进行工程量详细核算，对其他支付要求进行审查，然后再根据检查结果签署竣工结算的支付证书。此项签证工作，工程师也应在收到竣工报表后28天内完成。业主依据工程师的签证予以支付。

2. 最终决算

最终决算，是指颁发履约证书后，对承包商完成全部工作价值的详细结算，以及根据合同条件对应付给承包商的其他费用进行核实，确定合同的最终价格。

颁发履约证书后的56天内，承包商应向工程师提交最终报表的草案以及工程师要求提交的有关资料。最终报表草案要详细说明根据合同完成的全部工程价值和承包商依据合同认为还应支付给他的任何进一步款项，如剩余的保留金及缺陷通知期内发生的索赔费用等。

工程师审核后与承包商协商，对最终报表草案进行适当的补充或修改后形成最终报表。承包商将最终报表送交工程师的同时，还需向业主提交一份"结清单"，进一步证实最终报表中的支付总额，作为同意与业主解除合同关系的书面文件。工程师在接到最终报表和结清单附件后的28天内签发最终支付证书，业主应在收到证书后的56天内支付。只有当业主按照最终支付证书的金额予以支付并退还履约保函后，结清单才生效，承包商的索赔权也即行终止。

复 习 思 考 题

1. 如何进行工程预付款支付？
2. 什么是索赔？为什么会有索赔？

3. 什么是动态结算？常用的动态结算方法有哪些？
4. 索赔费用的组成和计算。
5. 工程变更费用的确定方法。
6. FIDIC 施工合同条件规定的索赔程序。
7. 简述竣工结算的编制和审查。
8. 竣工决算报告说明书的内容是什么？
9. 进行工程造价分析时，应具体分析哪些内容？

第8章 计算机软件在工程造价中的应用

8.1 概 述

8.1.1 计算机软件在工程造价中的应用概况

随着工程预算的标准化,在今后的工程预算中都要采用工程量清单报价的形式。工程量清单报价存在多种形式。对于土建工程、安装工程、路桥工程、市政工程等工程造价的确定都存在要进行工程量清单报价的复杂操作,工程量清单报价一般需要将直接费、价差、各项取费全部或部分的体现在每个定额子目的价格中。由于需要给每条定额进行价差和取费计算,而且有时不同的招标文件、不同的定额子目在费率和计价方法上会有所不同,这样工作会大大地增加。如此大的工作量,并且总是重复的给每条定额进行取费,工程预算软件的出现大大地减轻了手工做工程量清单报价的繁琐。

工程预决算软件已是"可视、智能"的工程预决算,界面友好、功能开放、操作方便,具有WINDOWS软件风格,类似电子表格软件的操作方法,功能键与快捷键与流行软件兼容,并提供与OFFICE软件的数据接口功能。工程预决算软件可采用动态费率表的形式,来解决不同定额取不同费率的情况,通过智能识别进行取费。

8.1.2 工程定额计价模式与清单计价模式下报价软件的主要区别

自从《工程量清单计价规范》(以下简称《计价规范》)颁布实行以来,施工企业在投标报价时,主要考虑综合单价的编制。而综合单价的编制是施工企业根据本单位实际情况,参考本单位企业定额,自主进行报价的行为。由于编制清单的工作繁重,所以目前无论招标单位还是投标单位都对清单软件提出了更高的要求。新型的工程量清单软件不仅要完成招标文件的编制及计划等任务,还要严格执行《计价规范》所规定的各项标准。

1. 工程定额计价模式的软件功能

(1) 定额软件有定额库。定额软件的主要功能是套定额,然后自动计算出结果。这充分体现出计算机的运行高效。

(2) 定额软件能根据操作者设置的工程特征、项目类别、建筑面积等自动取费,所以要求软件必须要有所有的费用表,以便能根据不同工程类别分别计算。

(3) 定额软件要能进行各种换算,例如:混凝土强度等级、土方运距等,这样大大节约了操作者的时间。

2. 清单报价模式的软件功能

(1) 在清单计价模式下,如果有良好的软件工具,施工企业完全有可能在投标阶段测算自己的成本价。所以清单计价模式下的软件必须具备能够测算出工程量的成本价,并且能够方便调价,能够利用软件对企业的成本、利润等进行分析。

(2) 清单计价软件必须要适应不同甲方的要求。《计价规范》已经将"四统一"作为强制性标准，但对于投标书的报表模式，只是给出一个推荐表，这些报表具体是什么格式，取决于招标方在招标书中的具体要求。所以对清单软件提出了新的要求，必须全面灵活。

（3）清单软件要求各项费用组成更细化

新软件必须要以定额计价为依据，不管是工程定额还是企业定额，但除了定额组价方式外，还必须要提供分包组价、实物量组价和以往工程组价。

过去差额法组价，总是先套分项价格，然后算出总造价。但在实际操作工程中，有很多费用是先知道总价，然后分摊到各分项。比如现场管理费、周转材料费、机械费用等。所以在新软件中，要提供自上而下的费用分摊功能，否则无法计算真正的成本价。

3. 清单计价模式下如何利用软件工具编制工程量清单及其计价

（1）分部分项工程量清单项目报价编制

根据招标文件要求，通过工程量清单定额库两级树形目录窗口，直接将选用的工程量清单项目拖入套价窗口，自动生成工程量清单编号、名称、计量单位，目录清单项目工程量。根据招标文件中关于各工程量清单项目特征、工程内容描述及工程图纸、施工现场情况制定的施工方案，将工程量清单项目所含各工程内容节点下的适用消耗量定额子目进入套价窗口中对应工程量清单项目节点，录入子目和工程量，经过自动计算，最后形成工程量清单。投标人可根据自身技术装备状况、生产管理水平，灵活调整工程内容定额子目消耗量含量及其市场价格，修改综合单价中管理费、利润等费用的取费标准，做出具有强大竞争力的投标书。

（2）措施项目报价编制。措施项目是为完成工程项目施工而发生在施工前和施工工程中生活、安全等方面的非实体性项目。系统在其清单报价编制过程中，对于子目系数费用、包干费等项目均可在"自定义"插页预先定义取费规则，在套价窗口直接选择拖拉自定义的措施项目，自动完成该措施项目"脚手架"、"施工降水"等套用定额子目的措施项目报价，在套价窗口直接套用组成。

（3）其他项目清单报价编制。通过"其他费"插页自由编辑，拖拉人、材、机项目，自动形成组价。

4. 人、材、机汇总分析

工程量清单计价软件提供从普通人、材、机分析汇总，价差分析汇总以及所有材料分析汇总、甲方供料情况汇总分析，并可以根据需要分列、合并人、材、机费用。计价软件是动态管理，可以灵活选用不同时期的市场价格。

5. 综合单价的详细分析

清单计价软件可对工程量清单报价进行逐层逐项的单价分析，包括各工程量清单项目综合单价构成分析以及人、材、机分析。可以根据企业实际情况调整各项费用，充分体现主报价。

6. 清单报价软件的报表打印

清单报价软件可以根据不同要求，自由编辑设置页面，表格等。软件中存有《计价规范》全部标准报价格式，投标者可任意选择。

8.2 工程量清单计价软件及其应用

下面以"未来工程量清单软件"为例来说明工程量清单计价软件的应用。

1. 工程管理

【工程管理】主要是新建工程、删除工程、保存工程等对工程项目进行操作管理。

(1) 新建工程

点击【工程管理】,选择【新建工程】;或直接点击"□"按钮;在弹出的"新建向导"对话框中输入工程项目信息;

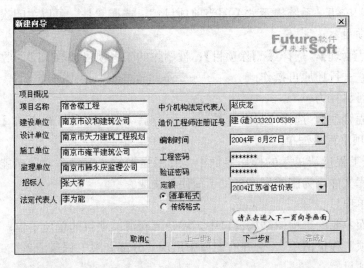

单位工程信息(新建向导的第二个画面)中,只有选择了"定额种类",【完成】按钮才可以被点击。新建的工程为最小级的单位工程,同一个项目中可以建立多个单项、单位工程。

(2) 打开项目

点击【工程管理】,选择【打开项目】;或直接点击"□"按钮;【打开】该项目后,系统界面中出现的是其单项工程汇总信息。

当您打开了若干项目后，可以点击系统主界面中【窗口】功能，"窗口"中会按开启顺序逐一显示打开的项目名称，直接点击选中查看；同时，您也可以多各项目的窗口的排列效果进行选择。

（3）保存项目

点击【工程管理】，选择【保存项目】；或直接点击"▉"按钮，系统会自动按新建工程时的路径进行存储。

（4）关闭项目

关闭当前打开的项目工程：点击【工程管理】，选择【关闭项目】；或直接点击工程页面右上角"✕"按钮；系统提示"关闭当前项目？"，选择"是"可以关闭次项目工程。

（5）删除项目

点击【工程管理】，选择【删除项目】；被删除的工程项目被放入"回收站"中，必要时，您可以对它进行还原再操作。

（6）将项目另存为…

点击【工程管理】，选择【另存为】，输入另存后项目的名称，再点击【保存】即可。

2. 分部分项工程量清单

"分部分项工程量清单"的操作界面中，有很强大的"窗口联动"功能、"定位"功能，有专业的库文件，为您的操作提供了简便与快捷。

（1）套清单项目

系统主界面左侧的工程树结构窗口中，展开要套清单项目的单位工程；点击单位工程下的"分部分项工程量清单"，会在右窗口中出现"分部分项工程量清单"的操作界面；

选送清单项目

"分部分项工程量清单"操作界面的下窗口中，选择点击【清单库】；

【清单库】左窗口显示为"计价规范"中的 5 个附录，点击专业名称前的"⊞"按钮，或双击专业名称展开；

【清单库】右窗口中，针对选择的专业名称，显示为专业下的各章、节、项内容，双击九位编码的清单项目，系统弹出"清单工程量"对话框，请您输入清单项目的实物工程量，点击【确定】按钮后，完成清单项目的选送操作。

（2）编辑项目特征

双击清单项目的项目编码，展开右窗口操作界面；您亦可通过点击系统主界面中的"▉"功能按钮展开右窗口（再次点击"▉"按钮可隐藏右窗口）。软件右窗口中显示为该清单项目的计算规则、项目特征、工作内容，双击"特征描述"栏位，输入项目特征内容。右窗口中显示的内容，与您在"分部分项工程量清单"操作界面的当前位置，具有联动作用。

（3）根据工作内容组织定额

当您套了清单项目后，系统会在清单的下方自动显示出工作内容，您可以根据工作内容以及定额指引来组织定额。展开清单的工作内容；点击清单项目前的"⊞"，逐一展开各清单的工作内容；清单项目工作界面中，点击鼠标右键，选择"展开所有节点"，可将编制的所有清单项目工作内容展开；在软件主界面的系统栏中，选择【选项】功能按钮，在弹出的画面中有"套清单展开工作内容"的选项，若打勾选中，则您套清单项目时，软件自动展开其工作内容。根据工作内容，选送或直送相关定额。

1）选送定额

点击"工作内容"，软件会在下窗口的【项目指引】库中显示相关定额。"定额指引"库中的内容，都是根据《江苏省建设工程工程量清单计价项目指引》编制的，作为组织定额的参考内容。双击需要的定额，可选送至该清单的工作内容下，作为第三级目录内容。"项目指引"库中没有列举出的定额，您可以通过在【定额库】中进行搜索找寻，并双击选送。

2）直送定额

任意工作内容所在行的"项目编码"栏位中，直接输入定额号，如：1-98、7-12等。

（4）输入工程量计算

双击某一清单项目、或定额子目所在行的"工程量"栏位，会在操作界面的右窗口中出现"工程量计算公式"画面；

序号	计算公式	小计	备注
1	((10.22-0.35*3)*(6.75-0.45*2)*3-M1-M2-C1*2-2.	a	
2	(5.295-0.35*2)*(3.5-0.45)*0.2	b	
3	(3.275*2-0.35-0.2*3)*(3.5-0.45)*0.2	c	
4	(18.24*2-0.35*8)*(6.75-0.55*2)*0.2	d	
5	-(M2*2+C1)*0.2	e	
6	a+b+c+d+e.	63.4129	

名称	说明	计算公式	数值
M1	平开全玻门:	2.5*3	7.500
M2	平开全玻门:	2*2.5	5.000
C1	塑钢推拉窗	5.52*2.1	11.592
CTB240	C20窗台板断	0.24*0.12-0.045*0.08	0.025
CTB200	C20窗台板断	0.2*0.12-0.045*0.06	0.021

右窗口的下方为"常用变量"输入区域，这里输入的计算公式是通用的，可随时引用。右窗口的上方，可以对当前选择的清单项目或子目进行公式的输入，软件会自动计算出结果，并带入到该清单项目或子目的"工程量"栏位中。

输入了计算公式的工程量，栏位中的结果是不允许修改的，只能去修改它的工程量计算公式。

（5）含模量的操作

当您组织了含有模板的定额时，软件会自动弹出选择含模系数的"关联定额"对话框：

点击对话框中的"选"栏位，选择模板定额；

一般的模板定额只分：钢模板、木模板，但在柱的定额中，会根据柱的截面周长进行细分，其他定额也会相应的进行划分。"数量"栏位中显示为含模系数，您可以双击进行修改；点击【确定】按钮后，您会发现套的定额下，由系统自动增加了选择的含模定额。

（6）定额换算

软件中，可以对逐条定额进行换算操作，也可以对所有定额进行换算的批量操作。定额的换算操作包括：

1）工料换算

点击"换 ▼"按钮，点击【工料】；在出现的右窗口中，显示为该条定额的人、材、机工料内容。

2）混凝土/砂浆换算

点击"换 ▼"按钮，选择【混凝土】；系统默认对所有包含混凝土的定额进行换算操作，若要进行单条定额的换算，请先进入系统栏中的【选项】功能，取消被选中的"换算时全部选中"，再进行换算操作。在出现的右窗口中，显示为该条定额中包含的所有混凝土材料；右窗口的上部为混凝土工料区，下部为混凝土材料库，在"工料区"选择任意混凝土资料，下部的"材料库"都会自动的跟踪到该条资料，形成联动的关系。双击"材料库"中需要使用的的混凝土工料，会在"工料区"中光标所在行的混凝土工料内容后方显示出，即替换了光标所在行的混凝土工料。

3）修改单价

点击"换 ▼"按钮，点击【单价】；系统默认对所有定额内的人、材、机进行市场价调整，若要进行单条定额的市场价，请先进入系统栏中的【选项】功能，取消被选中的"换算时全部选中"，再进行换算操作。在出现的右窗口中，显示为该条定额的工料，可自定义市场价、或套用市场价文件、也可将修改的市场价进行保存。

A. 自定义市场价

各工料的"市场价"栏位中直接输入金额。

B. 套用市场价

右窗口下方显示为市场价文件。在相应市场价文件所在行中，勾选"替换市场价"，可将该市场价格对应着显示到各工料的"市场价"栏位中；在相应市场价文件所在行中，勾选"替换预算价"，可将该市场价格对应着显示到各工料的"单价"栏位中；"库里面原有材料单价"为材料的定额价格。

C. 保存市场价

可将修改后的市场价，保存在软件中，供以后使用。

D. 查询换算操作

点击已经进行了换算操作的定额，即在定额号后有"换"字，再点击"分部分项工程量清单"操作界面下窗口中的"换算说明"，可查看该条定额所做的所有换算操作。

E. 撤消换算操作

进入"分部分项工程量清单"操作界面下窗口中的"换算说明"，双击换算记录，可撤消该换算操作，可重复撤消。

(7) 费率

取费，是为了得到综合单价，系统默认的费率为"计价表"中规定的费率，取费费率显示在"分部分项工程量清单"操作界面的"费"栏位中，按工程类别进行取费。

1) 批量修改费率

【选项】功能菜单中，选择"换算时默认全部选中"。点击"换 ▼"按钮，点击【改费率】。系统弹出"修改费率"画面，上窗口中选择需要修改的费率，下窗口中会显示该费率下的取费标准。选择费率后，点击【确定】，将编制的所有清单项目及其子目的费率都进行了修改，在"费"栏位中即显示为修改后的费率号。

2) 单条清单项目取费

【选项】功能菜单中，取消选择"换算时默认全部选中"。选择需要修改的清单项目，点击系统主界面中的"换 ▼"按钮，在下拉菜单中选择点击【改费率】。系统弹出"修改费率"画面，上窗口中选择需要修改的费率，下窗口中会显示该费率下的取费标准。选择费率后，点击【确定】，该清单项目及其子目的费率即变为修改后的费率。

3. 措施项目清单

系统主界面左窗口的目录树中，点击单位工程下的【措施项目清单】，进入措施项目清单操作界面；在措施项目清单操作界面的下窗口中，将所需的措施项目名称双击至上窗口中。各措施项目的"单价"栏位中输入金额，也可在"计算参数"栏位中输入金额。"计算参数"栏位中输入的金额，会覆盖"单价"栏位上的原有数据。"计算参数"栏位中也可以通过引用参数来取得金额。

(1) 引用参数

若措施项目费用是从分部分项自动转向过来的，或者是直接在措施项目清单明细中组织的，那么在【措施项目清单】中该费用用红颜色作为标记，表明该费用不能够再引用参数，只能修改数量和费率。

除红颜色记录以外的其他记录都可以引用参数：点击需要引用参数的措施项目"计算参数"栏位，下窗口会出现参数汇总表，双击所需参数，也可直接在参数栏手工输入参数所对应的字母，"单价"栏位中会显示出引用的参数金额。可以修改措施项目的数量及费率。

措施项目的"数量"栏默认为1，双击该栏位可进行修改；

窗口左侧可展开不同专业中的各种费率，双击窗口右侧的费率即可，也可以手工输入查询到的费率。

模板、脚手架、机械进退场等措施项目，可以在"分部分项工程量清单"中，通过"转向"，直接转入到"措施项目清单"中，还可以在"措施项目清单明细"中直接套清单、组织定额。

（2）措施项目的转向操作

模板、脚手架、机械进退场等非实体项目，其费用应计入"措施项目清单"，但又必须在"分部分项工程量清单"中组织，软件提供了"转向"的功能，可将所有模板、脚手架、机械进退场等定额转入到"措施项目清单"中。"分部分项工程量清单"中，套用模板、脚手架、机械进退场等相关定额后，点击工具栏上的"转"按钮；

（3）措施定额转回到分部分项工程量清单

模板、脚手架、机械进退场等非实体定额子目可以从"分部分项工程量清单"中转入"措施项目清单"，同时也可以从"措施项目清单"中转回到"分部分项工程量清单"，并恢复到原始位置上。"措施项目清单明细"中，点击工具栏上的"转"按钮；下拉菜单中可分别选择"转回脚手架"、"转回进退场"、"转回模板"、"转回二次搬运费"、"转回建筑工程垂直运输机械"，逐一将措施定额转回到"分部分项工程量清单"中。

4. 其他项目清单

系统主界面左窗口的目录树中，点击单位工程下的【其他项目清单】，进入"其他项目清单"操作界面，按《计价规范》，软件列出了两部四项的其他项目，您可以添加，点击鼠标右键，选择"插入"即可。

其他项目的"单价"栏位中输入金额，也可在"计算参数"栏位中输入金额。"计算参数"栏位中也可以通过引用参数来取得金额。

5. 零星工作项目费

"零星工作项目"是指清单以外零星工作的种人工费；零星发生的机械台班和各种材料费。是完成招标人提出的，工程量暂估的零星工作所需的费用。该费用进入"其他项目清单"中。系统主界面左窗口的目录树中，点击单位工程下的【其他项目清单】/【零星工作项目表】，进入"零星工作项目"操作界面。

6. 单位工程费汇总表

编制完毕"分部分项工程量清单"、"措施项目清单"、"其他项目清单"后,点击该单位工程名称,出现"单位工程费汇总表"。

"单位工程费汇总表"中各部分的金额,都是软件帮您自动汇总而成,除"单价"、"金额(元)"这两个栏位不可修改外,其余栏位都可自定义修改。

7. 报表打印

点击" "按钮,可进入报表打印界面,对相关报表进行修改、打印。

复 习 思 考 题

1. 你认为一般工程量计价软件的发展方向是什么?
2. 未来工程量清单软件界面主要有哪几部分组成的?
3. 模板工程作为措施项目在未来工程量清单软件中是如何计算的?
4. 未来工程量清单软件主界面中有哪些联动的窗口?
5. 定额计价模式与清单计价模式下报价软件的主要区别有哪些?
6. 未来工程量清单软件中如何在一个建设工程中建立若干个单项工程、如何在一个单项工程中建立若干个单位工程?

附 录

附录1 建筑工程清单计价实例

1.1 编制依据

(1) ××招待所工程建筑和结构施工图（见附图）。

(2)《建设工程工程量清单计价规范》（GB 50500—2003）。

(3) 2004年《江苏省建筑与装饰工程计价表》、《江苏省建设工程清单计价项目指引》。

(4) 江苏省建筑与装饰工程费用计算规则及计算标准和扬州市现行有关费用规定。

(5)《建筑工程施工及验收规范》。

1.2 编制说明

(1) 本工程预算所计费用内容为完成施工设计图纸的工程项目，即在施工前、后及施工期间必须或可能发生的费用。

(2) 本工程预算中材料价格按2004年《江苏省建筑与装饰工程计价表》中的价格计算，实际工程应按实际价格计算；机械费用按2004年《江苏省施工机械台班费用定额》。

(3) 根据江苏省建筑与装饰工程费用计算规则及计算标准中工程类别划分标准，本工程为三类工程，本预算按包工包料计算费用。

(4) 本工程中钢筋按设计图纸计算，模板"按图纸模板面积"计算；模板、脚手架工程按2004年《江苏省建筑与装饰工程计价表》计取，其他措施费计取了检验试验费、临时设施费，分别按分部分项工程费的0.4%和1.2%计取。

(5) 本工程土方按人工开挖、机填夯填、人力车运土，卷扬机井架垂直运输。

(6) 其他工程概况与设计说明等详见有关建筑和结构施工图。

工程量计算表

直接费项目　　　　　　　　　　　　　　　　附表1-1

序号	清单工程项目及名称	单位	数量	计价表项目及名称	单位 数量
	建筑面积 ①轴→②轴，A轴→C轴，一、二层 $3.6 \times 8.24 \times 2 = 59.328 m^2$ ②轴→⑧轴，A轴→D轴，一、二层 $(25.44-3.6) \times 10.24 \times 2 = 447.283 m^2$ ①轴→②轴，A轴南，二层：$3.84 \times 1.92 = 7.373 m^2$ 合计 $59.328 + 447.283 + 7.373 = 513.98 m^2$				$513.98 m^2$

说明：1. 基础图室外地坪应为—0.300m。

　　　2. 基础图中3-3剖面墙厚应为120mm。

续表

序号	清单工程项目及名称	单位数量	计价表项目及名称	单位数量
1	平整场地：以建筑物首层建筑面积计 $3.6\times8.24+(25.44-3.6)\times10.24=253.31m^2$	253.31m^2	平整场地：建筑物外墙外边线各加2m计算面积。$(25.44+2\times2)\times(10.24+2\times2)-3.6\times2=412.03m^2$	412.03m^2
2	挖基础土方：挖土深度1.2m。 (1)1-1剖面　基础底宽0.92m，基础长度$(5.74-0.36-0.24)\times5+(3.6\times6-0.36\times2)=46.58m$ 体积 $46.58\times0.92\times1.2=51.424m^3$ (2)2-2剖面　基础底宽0.72m，基础长度 $25.2\times2+10\times2+(8-0.36\times2)+(0.9-0.36)\times2=78.76m$ 体积 $78.76\times0.72\times1.2=68.049m^3$ (3)3-3剖面　基础底宽0.48m，基础长度 $(21.6-0.36\times2)+[(0.98+1.48)-(0.24+0.46)]\times12+(0.4+0.4-0.24\times2)=42.32m$ 体积 $42.32\times0.48\times1.2=24.376m^3$ 合计 $51.424+68.049+24.376=143.849m^3$	143.849m^3	(1)挖基础土方：沟槽断面乘以长度。挖土深度1.2m，不放坡，考虑基础施工工作面宽度增加300mm。 1)1-1剖面 基槽底宽$0.92+0.3\times2=1.52m$ 基槽长度(内墙基槽按净长计) $[5.74-(0.36+0.3)-(0.24+0.3)]\times5+[3.6\times6-(0.36+0.3)\times2]+3.6=46.58m$ 体积 $1.52\times46.58\times1.2=84.961m^3$ 2)2-2剖面 基槽底宽$0.72+0.3\times2=1.32m$ 基槽长度 ①外墙基槽按中心线长度计，A轴南交叉部分按净长计$25.2\times2+10\times2+(0.9-0.36-0.3)\times2=70.88m$ ②内墙基槽按净长计(②轴) $(6.2+1.80)-(0.36+0.3)\times2=6.68m$ 体积 $1.32\times(70.88+6.68)\times1.2=122.855m^3$ 3)3-3剖面 基槽底宽$0.48+0.3\times2=1.08m$ 基槽长度(按净长计) $[21.6-(0.36+0.3)\times2]+[2.46-(0.46+0.3)-(0.24+0.3)]\times12=34.2m$ 体积 $1.08\times34.2\times1.2=44.323m^3$ 合计 $84.961+122.855+44.323=252.139m^3$	252.139m^3
			(2)人力车运土150m　252.139m^3	252.139m^3

续表

序号	清单工程项目及名称	单位数量	计价表项目及名称	单位数量
3	C10 混凝土基础 (1)1-1 剖面 断面积 $0.92 \times 0.25 = 0.23m^2$ 长度(外墙长度按墙中心线长,内墙按基础净长计) $(21.6-0.36 \times 2)+(5.74-0.24-0.36) \times 5 = 46.58m$ 体积 $0.23 \times 46.58 = 10.713m^3$ (2)2-2 剖面 断面积 $0.72 \times 0.25 = 0.18m^2$ 长度 78.76m 体积 $0.18 \times 78.76 = 14.177m^3$ (3)3-3 剖面 断面积 $0.48 \times 0.25 = 0.12m^2$ 长度 42.32m 体积 $0.12 \times 42.32 = 5.078m^3$ 合计 $10.713+14.177+5.078 = 29.968m^3$	$29.968m^3$	(1)C10 混凝土基础 同左 $29.968m^3$ (2)原土打底夯 1-1 剖面 $1.52 \times 46.58 = 70.80$ 2-2 剖面 $1.32 \times (70.88+6.68) = 102.38$ 3-3 剖面 $1.02 \times 34.2 = 34.88$ 合计 $208.06m^2$	$29.968m^3$ $208.06m^2$
4	砖基础 (1)1-1 剖面 断面积 $0.24 \times 1.25 + 0.12 \times (0.12+0.06) \times 2 = 0.3432m^2$ 长度 $(5.74-0.06-0.12) \times 5 + (21.6-0.12 \times 2) = 49.16m$ 体积 $0.3432 \times 49.16 = 16.872m^3$ (2)2-2 剖面 断面积 $0.24 \times 1.25 + 0.12 \times 0.06 \times 2 = 0.3144m^2$ 长度 $25.2 \times 2 + 10 \times 2 + (8-0.24) + (0.9-0.12) \times 2 = 79.72m$ 体积 $0.3144 \times 79.72 = 25.064m^3$ (3)3-3 剖面 断面积 $0.115 \times 1.25 + 0.12 \times 0.06 \times 2 = 0.1582m^2$ 长度 $(21.6-0.24)+(2.46-0.12-0.06) \times 12 + (0.92-0.12) \times 3 = 51.12m$ 体积 $0.1582 \times 51.12 = 8.087m^3$ (4)扣构造柱 $-0.24 \times 0.24 \times 1.25 \times 20 = -1.44m^3$ 合计 $16.872+25.064+8.087-1.44 = 48.583m^3$	$48.583m^3$	(1)砖基础 同左 $48.583m^3$ (2)墙基防潮层 1-1 剖面,宽 0.24m,长 49.16m 2-2 剖面,宽 0.24m,长 79.72m 3-3 剖面,宽 0.12m,长 51.12m 投影面积 $0.24 \times 49.16 + 0.24 \times 79.72 + 0.115 \times 51.12 = 36.81m^2$ 扣构造柱所占面积 $-0.24 \times 0.24 \times 20 = -1.152m^2$ 墙基防潮层 $36.81-1.152 = 35.658m^2$	$48.583m^3$ $35.658m^2$

续表

序号	清单工程项目及名称	单位 数量	计价表项目及名称	单位 数量
5	室内土方回填 主墙间净面积乘以回填厚度(±0.00～−0.30) $(7.76×3.36+21.36×9.76)×0.1$ $=23.45$ 扣 0.1m 高墙体 $-0.24×0.1×(48.86+79.72)+0.115×0.1×49.4=-2.518$ 合计 20.932m³	20.932m³	(1)室内土方回填 同左 20.932m³	20.932m³
			(2)人工挖土方 20.932m³	20.932m³
			(3)人力车运土 150m 20.932m³	20.932m³
6	基础土方回填 挖方体积减室外地坪以下埋设基础体积、构造柱体积。 室内外高差部分砖基础体积 $(0.24×49.16+0.24×79.72+0.115×51.12-0.24×0.24×20)×0.3=10.697m³$ 室外地坪以下砖基础体积 $48.583-10.697=37.886m³$ 室外地坪以下构造柱体积 $0.24×0.24×20×(1.25-0.3)=1.094m³$ 回填土：$143.849-29.968-37.886-1.094=74.901m³$	74.901m³	(1)基础土方回填挖方体积减室外地坪以下埋设基础体积、构造柱体积。 挖方体积 $84.961+122.855+41.861=249.677m³$ 回填土 $249.677-29.968-37.886-1.094=180.73m³$	180.73m³
			(2)人工挖土方 180.73m³	180.73m³
			(3)人力车运土 150m 180.73m³	180.73m³
7	240 砖外墙 墙长按中心线长,墙高从室内地坪至圈梁底,扣除构造柱、门窗洞口所占体积。 (1)一层 毛面积 $(25.2+10)×2×2.8=197.1m²$ 扣门窗洞口 $-2.88×2.8-1.4×1.8×12-1.2×1.8-1.8×0.6-1.8×1.8×6=-61m²$ 扣构造柱 $-0.24×2.8×14=-9.41m²$ 体 积 $(197.1-61-9.41)×0.24=30.405m³$ (2)二层 毛面积 $(25.2+10+1.80)×2×2.8=207.2m²$	84.707m³	240 砖外墙 同左 84.707m³	84.707m³

续表

序号	清单工程项目及名称	单位 数量	计价表项目及名称	单位 数量
7	扣门窗洞口 $-1.8×1.8-1.2×1.8-1.8×1.8×13=-47.52m^2$ 扣构造柱$-0.24×2.8×16=-10.752m^2$ 体积$(207.2-47.52-10.752)×0.24=35.743m^3$ (3)女儿墙 $(25.2+10)×2×1.08×0.24-0.24×0.24×1.08×10+1.8×2×1.08×0.24=18.559m^3$ 合计 $30.405+35.743+18.559=84.707m^3$	$84.707m^3$	240砖外墙 同左 $84.707m^3$	$84.707m^3$
8	240内墙 内墙长按净长 B轴$[(21.6-0.24)×2.8-0.9×2.1×6-0.6×2×3]×2×0.24=21.537m^3$ 1/B→D轴$(5.68-0.24)×2.8×5×2×0.24=36.557m^3$ ②轴$(6.2-2.28-0.24)×2.8×2×0.24=4.946m^3$ 合计 $21.537+36.557+4.946=63.04m^3$	$63.04m^3$	240内墙 同左 $63.04m^3$	$63.04m^3$
9	120砖墙 1/B轴$(21.36-0.9×6-0.24×5)×2.8×2×0.115=9.505m^3$ B→1/B轴$(2.28×2.8×12-0.7×2×6)×2×0.115=15.688m^3$ ③、⑤、⑦轴部分 $0.8×2.8×3×2×0.115=1.546m^3$ 底层①、②轴间$[(3.6-0.24)×1.6-0.8×1.6]×0.115=0.471m^3$ 合计 $27.21m^3$	$27.21m^3$	120砖墙 同左 $27.21m^3$	$27.21m^3$

续表

序号	清单工程项目及名称	单位数量	计价表项目及名称	单位数量
10	C25 混凝土构造柱 柱身体积 $0.24\times0.24\times(1.25+3.2)\times20+0.24\times0.24\times3.2\times22+0.24\times0.24\times1.2\times10=9.873m^3$ 嵌入墙身部分 $[0.24\times0.06\times(1.25+3.2)\times40/2+0.12\times0.03\times(1.25+3.2)\times12/2]+0.24\times0.06\times3.2\times58/2=2.714m^3$ 合计 $9.873+2.714=12.59m^3$	$12.59m^3$	C20 混凝土构造柱 同左 12.59	$12.59m^3$
11	C25 混凝土圈梁 A 轴南 QL_1 $3.36\times0.24\times(0.32+0.40)=0.581m^3$ A、D 轴 $3.36\times0.24\times0.4\times6\times2\times2=7.741m^3$ ①→② A $3.36\times0.24\times(0.32+0.40)=0.581m^3$ B 轴 QL_5 $3.36\times0.24\times0.32\times6\times2=3.097m^3$ 1/B 轴 QL_9 $3.36\times0.12\times0.32\times6\times2=1.548m^3$ C 轴 QL_1 $3.36\times0.24\times0.4\times2=0.645m^3$ $2PL_1$、WPL_1 $5.76\times0.24\times0.4\times2=1.106m^3$ $2PL_2$、WPL_2 $5.52\times0.24\times0.4\times2=1.06m^3$ ①轴 QL_1 $3.44\times0.24\times0.4=0.330m^3$ ①轴 QL_3 $3.44\times(0.24\times0.28+0.12\times0.12)=0.281m^3$ ②轴 QL_3 $(3.44+2+2)\times(0.24\times0.28+0.12\times0.12)=0.607m^3$ ②轴 QL_2 $3.44\times0.24\times0.28=0.231m^3$ B→1/B 间 QL_6、QL_7 $2.28\times0.12\times0.32\times12\times2=2.101m^3$ QL_8 $0.8\times0.12\times0.4\times3\times2=0.230m^3$ 1/B→D 轴间 QL_2 $5.44\times0.24\times0.28\times5\times2=3.656m^3$ ⑧轴 QL_3 $5.44\times(0.24\times0.28+0.12\times0.12)\times2=0.888m^3$ QL_5 $2.28\times0.24\times0.32\times2=0.350m^3$ 合计 $25.033m^3$	$25.033m^3$	C20 混凝土圈梁 同左 $25.033m^3$	$25.033m^3$

续表

序号	清单工程项目及名称	单位 数量	计价表项目及名称	单位 数量
12	矩形梁(梁底标高 2.77m、5.97m) L_1 $1.56 \times 0.24 \times 0.28 \times 5 \times 2$ $=1.05m^3$	$1.05m^3$	矩形梁 同左 $1.05m^3$	$1.05m^3$
13	有梁板 板底标高 3.09m、6.29m(QL_4下的板,QL_4下没有墙) $(2.28 \times 0.24 \times 0.32 \times 2 + 2.28 \times 3.02 \times 0.08 \times 2) \times 2 = 2.904m^3$	$2.904m^3$	有梁板 同左 $2.904m^3$	$2.904m^3$
14	现浇平板 板底标高 3.09m、6.29m A 轴南 $3.6 \times 1.8 \times 0.08 \times 2 = 1.037$ B→1/B 间 $[(3.6 \times 6 + 0.12) \times (2.52 + 0.24) \times 2 - 0.24 \times 0.24 \times 12 \times 2 - 0.8 \times 1.30 \times 3 - 0.8 \times 0.86 \times 3 \times 2] \times 0.08 = 8.901$ 合计 $1.037 + 8.901 = 9.938m^3$	$9.938m^3$	现浇平板 同左 $9.938m^3$	$9.938m^3$
15	直形楼梯 $3.36 \times (2.7 + 0.24 \times 2 + 1.56) = 15.926m^2$	$15.926m^2$	直形楼梯 同左 $15.926m^2$	$15.926m^2$
16	女儿墙压顶 $[(25.2 + 10 + 1.8) \times 2 - 0.24 \times 10] \times 0.24 \times 0.12 = 2.062m^3$	$2.062m^3$	同左 $2.062m^3$	$2.062m^3$
17	预制空心板 $(9 \times 6 \times 2 + 13 + 5)$块$\times 0.157 m^3$/块$+ (3 \times 6 \times 2 + 3)$块$\times 0.132 m^3$/块 $= 24.93m^3$	$24.93m^3$	(1)预制空心板 同左 $24.93m^3$	$24.93m^3$
			(2)空心板运输 15km $24.93m^3$	$24.93m^3$
			(3)空心板安装 $24.93m^3$	$24.93m^3$
			(4)空心板灌缝养护 $24.93m^3$	$24.93m^3$
18	C15 混凝土散水 $(25.44 + 0.6 \times 3 + 10.24 \times 2) \times 0.6 = 28.63m^2$	$28.63m^2$	(1)C15 混凝土散水 同左 $28.63m^2$	$28.63m^2$
			(2)原土打底夯 $28.63m^2$	$28.63m^2$

续表

序号	清单工程项目及名称	单位数量	计价表项目及名称	单位数量
19	屋面SBS卷材防水 ①→②轴 3.48×9.56＝33.269m² ②→⑧轴 21.6×9.76＝210.816m² 女儿墙处弯起 [(25.2+10)×2+1.8×2]×0.25＝18.5m² 扣洞口－0.86×0.8×3＝－2.064m² 合计 260.52m²	260.52m²	(1)屋面SBS卷材防水 同左 260.52m²	260.52m²
			(2)1：3水泥砂浆找平层厚20mm 260.52－18.5＝242.02m²	242.02m²
20	屋面排水管 (6.4+0.3)×5＝33.5m	33.5m	(1)屋面排水管 33.5m	33.5m
			(2)落水斗 5个	5个
			(3)弯头落水 5个	5个
21	单扇胶合板门 M-1、M-2、M-3、M-4 0.9×2.1×12+0.7×2×12+0.6×2×6+0.8×1.6＝48m²	48m²	单扇胶合板门 同左 48m²	48m²
22	全玻自由门 DM2828 2.88×2.8＝8.06m²	8.06m²	全玻自由门 同左 8.06m²	8.06m²
23	屋面木盖板 1.2×1.2×3＝4.32m²	4.32m²	屋面木盖板 同左 4.32m²	4.32m²
24	铝合金推拉窗 TC1818 1.8×1.8×19＝61.56 TC1418 1.4×1.8×12＝30.24 TC1218 1.2×1.8×2＝4.32 TC1806 1.8×0.6＝1.08 ZC-1 1.8×1.8＝3.24 合计 100.44m²	100.44m²	铝合金推拉窗 同左 100.44m²	100.44m²

续表

序号	清单工程项目及名称	单位数量	计价表项目及名称	单位数量
25	现浇彩色水磨石地面 门厅 3.36×(1.8+4.28−0.24)−1.8×(4.28−1.58)(楼梯)=14.762m² 走廊 (21.6−0.24)×1.56=33.322m² 台阶上面 3.84×1.2=4.608m² 合计 52.69m²	52.69m²	彩色水磨石地面 同左 52.69m²	52.69m²
26	水磨石踢脚线 门厅 (4.28+1.8+0.36+1.58)×0.15+[(1.8×2+1.34−0.12)×2−1.8+3.36]×0.15=2.883m² 走廊 (21.6×2−0.9×6−0.6×3)×0.15×2=10.8m² 合计 13.683m²	13.683m²	水磨石踢脚线 同左 13.683m²	13.683m²
27	水泥砂浆地面(客房) 1/B→D 轴 3.36×5.44×6=109.670 B→1/B 间过道 0.96×2.28×6=13.133m² 储藏间 3.36×1.68=5.645m² 合计 128.448m²	128.448m²	水泥砂浆地面 同左 128.448m²	128.448m²
28	水泥砂浆踢脚线 1/B→D 轴间 [(3.36+5.44)×2−0.9]×6×0.15×2=30.06m² B→1/B 间过道 (2.28−0.7)×6×0.15×2=2.844m² 储藏间 [(3.36+1.68)×2−0.7]×0.15=1.407m² 合计 34.311m²	34.311m²	水泥砂浆踢脚线 同左 34.311m²	34.311m²
29	陶瓷锦砖地面(卫生间) (1.59×2.28−1.59×0.75(浴缸))×6=14.596m²	14.596m²	陶瓷锦砖地面 同左 14.596m²	14.596m²

续表

序号	清单工程项目及名称	单位数量	计价表项目及名称	单位数量
30	陶瓷锦砖踢脚线 $(1.59+2.28\times2-0.75\times2-0.7)\times0.15\times6\times2=7.11m^2$	7.11m²	陶瓷锦砖踢脚线 同左 7.11m²	7.11m²
31	现浇彩色水磨石楼面 二层过厅 $3.36\times(1.8+1.34-0.12)=10.147m^2$ 二层①、②轴→A、B轴 $3.36\times(1.8-0.24)=5.241m^2$ 走廊 33.322m² 合计 48.71m²	48.71m²	现浇彩色水磨石楼面 同左 48.71m²	48.71m²
32	水泥砂浆楼面（客房） 1/B→D 轴 $3.36\times5.44\times6=109.670$ B→1/B 间过道 $0.96\times2.28\times6=13.133m^2$ 合计 122.803m²	122.803m²	水泥砂浆楼面 同左 122.803m²	122.803m²
33	陶瓷锦砖楼面（卫生间） $(1.59\times2.28-1.59\times0.75(浴缸))\times6=14.596m^2$	14.596m²	陶瓷锦砖楼面 同左 14.596m²	14.596m²
34	现浇彩色水磨石楼梯 同 16 项 15.926m²	15.926m²	彩色水磨石楼梯 同左 15.926m²	15.926m²
35	现浇彩色水磨石台阶 $3.84\times0.9=3.456m^2$	3.456m²	水磨石台阶 同左 3.456m²	3.456m²
36	内墙面一般抹灰（1∶1∶6底，1∶0.3∶3面） 外墙壁内侧面（序号9）$(30.415+35.743)/0.24=275.7m^2$ 240 内墙双面（序号9）$63.04/0.24\times2=525.3$ 120 内墙双面（序号9）$27.21/0.115\times2=473.22$ 构造柱抹灰 $0.24\times3.08\times12\times2=17.741m^2$ 外墙圈梁 $[(24.96+9.76)\times2\times2+1.8\times2]\times0.28=39.89$ B轴圈梁 $(21.36\times2-0.115\times12)\times0.3\times2=24.8m^2$ 1/B轴圈梁 $(21.36\times2-0.115\times12-0.24\times5)\times0.3\times2=24.08m^2$ 1/B→B 内墙圈梁 $2.28\times0.32\times2\times12\times2=35.02m^2$ 1/B→D 内墙圈梁 $5.44\times0.28\times2\times5\times2=30.46m^2$ 合计 1446.211m²	1446.211m²	内墙面一般抹灰 同左 1446.211m²	1446.211m²

续表

序号	清单工程项目及名称	单位 数量	计价表项目及名称	单位 数量
37	水泥砂浆粉外墙 女儿墙内侧(24.96＋9.76)×2×1.2＋1.8×2×1.2＝87.648m²	87.648m²	水泥砂浆粉外墙 87.648m²	87.648m²
38	外墙贴面砖 外墙面积 275.7m² 外墙构造柱 0.24×2.8×19×2＝25.536m² 外墙圈梁(25.44＋10.24＋1.8)×2×0.4×2＝59.968m² 女儿墙外侧(25.44＋10.24＋1.8)×2×1.2＝89.952m² 室内外高差外墙 [(25.44＋10.24)×2－3.84]×0.3＝20.256m² 合计 275.7＋25.536＋59.968＋89.952＋20.256＝471.412m²	471.412m²	外墙贴面砖 同左 471.412m²	471.412m²
39	零星项目贴面砖 窗外侧面 TC1818 (1.8＋1.8)×2×0.1×19＝13.68m² TC1418 (1.4＋1.8)×2×0.1×12＝7.68m² TC1218 (1.2＋1.8)×2×0.1×2＝1.2m² TC1806 (1.8＋0.6)×2×0.1＝0.48m² ZC-1 (1.8＋1.8)×2×0.1＝0.72m² 女儿墙压顶(25.2＋10＋1.8)×2×0.24＝17.76 合计 13.68＋7.68＋1.2＋0.48＋0.72＋17.76＝41.52m²	41.52m²	零星项目贴面砖 同左 41.52m²	41.52m²

续表

序号	清单工程项目及名称	单位 数量	计价表项目及名称	单位 数量
40	顶棚抹灰（现浇板底） B→1/B 21.36×2.28×2−0.8×2.28×3−0.86×0.86×3＝89.711m² QL₄ 2.28×0.32×2（侧面）×2（根）×2（层）＝5.837m² ①→②A轴南 3.36×1.56＝5.242m² 楼梯底部 [(2.84×2.84+1.62×1.62)^(1/2)+1.56]×3.36＝16.227m² 合计 89.711+5.837+5.242+16.227＝117.02m²	117.02m²	顶棚抹灰（现浇板底） 同左 117.02m²	117.02m²
41	顶棚抹灰（预制板底） ①→② 3.36×3.26+3.36×9.76＝43.747m² ②→⑧、A→B 21.36×1.56×2＝66.643m² ②→⑧、1/B→D 3.36×5.56×5×2＝186.816m² L₁两侧面 1.56×0.28×2（侧面）×6（根）×2（层）＝10.483m² 合计 307.689m²	307.689m²	顶棚抹灰（预制板底） 同左 307.689m²	307.689m²

钢筋数量表   附表1-2

序号	构件名称	钢筋编号	直径(mm)	每根长度(m)	根数	构件数量	长度合计(m)	重量合计(kg)
1	YKB$_{R4}$	36$_A$−62	\multicolumn{6}{l|}{126块×5.35kg/块＝674.1kg（查苏G9401）}					
2	YKB$_{R6}$	36$_A$−52	39块×4.71kg/块＝183.69kg（查苏G9401）					
3	GZ	\multicolumn{8}{l|}{±0.000以下插柱筋20根,一层20根,二层22根,女儿墙10根}							
		①	φ12	2.32	4	20	185.6	
		②	φ12	3.90	4	20+10	468	
		③	φ12	3.17	4	12	152.16	
		④	φ12	1.07	4	10	42.80	
		⑤	φ6	0.96	41	20	787.20	
		⑥	φ6	0.96	17	2	32.64	
		⑦	φ6	0.96	7	10	67.20	

续表

序号	构件名称	钢筋编号	直径(mm)	每根长度(m)	根数	构件数量	长度合计(m)	重量合计(kg)
4	QL₁	\multicolumn{7}{c}{A轴南、A轴、C轴、D轴}	
		①	φ10	3.92	4	15×2	470.4	
		②	φ6	1.28	18	30	691.2	
		\multicolumn{7}{c}{①轴}	
		①	φ10	4.02	4	1	16.08	
		②	φ6	1.28	18	1	23.04	
5	QL₂	\multicolumn{7}{c}{②轴}	
		①	φ10	3.92	4	1	15.68	
		②	φ6	1.04	17	1	17.68	
		\multicolumn{7}{c}{1/B→D轴}	
		①	φ10	6.0	4	5×2	240.00	
		②	φ6	1.04	29	10	301.60	
6	QL₃	\multicolumn{7}{c}{①轴}	
		①	φ10	4.02	5	1	20.10	
		②	φ6	1.52	18	1	27.36	
		\multicolumn{7}{c}{③轴 1/B→D⑧轴}	
		①	φ10	5.89	5	1+1×2	88.35	
		②	φ6	1.52	28	1+1×2	127.68	
		\multicolumn{7}{c}{②C→D}	
		①	φ10	2.10	5	1	10.5	
		②	φ6	1.52	11	1	16.72	
7	QL₄	\multicolumn{7}{c}{④、⑥、B→1/B}	
		①	φ10	2.6	4	2×2	41.6	
		②	φ6	1.28	13	4	66.56	
8	QL₅	\multicolumn{7}{c}{⑧轴 B→1/B}	
		①	φ10	2.60	4	1×2	31.36	
		②	φ6	1.04	17	1×2	35.36	
9	QL₆、QL₇	①	φ10	2.6	4	12×2	124.8×2	
		②	φ6	1.04	13	12×2	324.48	
10	QL₈	\multicolumn{7}{c}{③、⑤、⑦轴上}	
		①	φ10	1.12	4	3×2	26.88	
		②	φ6	1.04	5	6	31.2	
11	QL₉	\multicolumn{7}{c}{1/B轴}	
		①	φ10	21.92	4	1×2	175.36	
		②	φ6	1.04	18	12	224.64	

续表

序号	构件名称	钢筋编号	直径(mm)	每根长度(m)	根数	构件数量	长度合计(m)	重量合计(kg)
12	L₁	A→B间,底部2Φ16,上部2Φ10						
		①	φ16	2.0	2	5×2	40.00	
		②	φ10	2.1	2	10	42.00	
		③	φ6	1.04	10	10	104.00	
13	L₂	A→B间⑧轴,底部2Φ16,上部2Φ10						
		①	φ16	2.0	2	1×2	8.00	
		②	φ10	2.10	5	2	21.00	
		③	φ6	1.52	10	2	30.4	
14	2PL₁ 2PL₂	2PL₁、2PL₂						
		①	φ22	6.31	2	1+1	25.24	
		②	φ20	3.68	4	1+1	29.44	
		③	φ22	1.78	1	2	3.56	
		④	φ22	2.18	1	2	4.36	
		⑤	φ8	2.10	2	2	8.4	
		⑦	φ6	1.04	16	2	33.28	
		2PL₁						
		⑥	φ10	4.64	2	1	9.28	
		⑧⑨	φ6	1.04	21	1	21.84	
		2PL₂						
		⑥	φ12	4.51	2	1	9.02	
		⑧⑨	φ6	1.04	28	1	29.12	
15	WPL₁ WPL₂	WPL₁、WPL₂						
		①	φ18	6.31	2	1+1	25.24	
		②	φ18	4.93	2	2	19.72	
		③	φ18	1.78	1	2	3.56	
		④	φ18	2.18	1	2	4.36	
		⑤	φ8	2.10	2	2	8.4	
		⑦	φ6	1.04	16	2	33.28	
		WPL₁						
		⑥	φ10	464	2	1	9.28	
		⑧⑨	φ6	1.52	21	1	31.92	
		WPL₂						
		⑥	φ12	4.51	2	1	9.02	
		⑧⑨	φ6	1.52	28	1	42.56	

续表

序号	构件名称	钢筋编号	直径(mm)	每根长度(m)	根数	构件数量	长度合计(m)	重量合计(kg)
16	现浇板	①	φ6	0.74	242	2	358.16	
		分布筋	φ6	2.3	3×2	2	27.6	
		分布筋	φ6	21.6	3×2	2	259.2	
		②	φ6	1.16	78	2	180.6	
		分布筋	φ6	2.30	6×6	2	165.60	
		③	φ6	0.74	78	2	115.44	
		分布筋	φ6	2.30	4×6	2	110.4	
		④	φ6	1.18	26	2	61.36	
		分布筋	φ6	2.30	6×2	2	55.2	
		⑤	φ6	21.88	13	2	568.88	
		⑥	φ6	2.55	86	2	438.6	
	扣二层洞口	⑤	φ6	0.8	13×3	1	−31.2	
		⑥	φ6	255	3×3	1	−22.95	
17	楼梯配筋			TL₁				
		①	φ16	4.20	3	1	12.6	
		②	φ8	3.90	2	1	7.8	
		③	φ6	1.08	15	1	16.2	
				TL₂				
		①	φ16	4.2	2	1	8.4	
		②	φ8	3.90	2	1	7.8	
		③	φ6	1.28	15	1	19.2	
				TL₃				
		①	φ14	4.20	2	1	8.40	
		②	φ8	3.90	2	1	7.80	
		③	φ6	1.08	15	1	16.20	
				楼梯板				
		①	φ10	3.75	12×2	1	90.00	
		②	φ6	1.64	16×2	1	52.48	
		③	φ8	1.40	12×3	1	50.40	
		④	φ8	1.90	12	1	22.80	
		⑤	φ6	2.10	24	1	50.40	
		⑥	φ6	0.85	24×2	1	40.80	
		⑦	φ6	3.40	15	1	51.00	
		⑧	φ6	1.64	5×4	1	32.80	

续表

序号	构件名称	钢筋编号	直径(mm)	每根长度(m)	根数	构件数量	长度合计(m)	重量合计(kg)
合计			$\phi 6$				5505.91	1222.31
			$\phi 8$				113.40	44.79
			$\phi 10$				1562.59	964.12
			$\phi 12$ 以内					2231.22
			$\phi 12$				866.6	769.54
			$\phi 14$				4.20	5.08
			$\phi 16$				69.00	109.02
			$\phi 18$				52.88	105.02
			$\phi 20$				29.44	72.72
			$\phi 22$				33.16	98.82
			$\phi 25$ 以内					1161.00
18	砌体加固		$\phi 6$	2.20	6	51×2+4	1399.20	310.62
19	柱与连接		$\phi 6$	2.20	3	20	132.00	29.30
20	门过梁	M_1	$\phi 6$	1.48	2	12	35.52	
		M_2	$\phi 6$	1.28	2	12	30.72	
		M_3	$\phi 6$	1.18	2	6	14.16	
		M_4	$\phi 6$	1.38	2	1	2.78	
	合　计						83.18	18.47
21	屋面		①→②					
			$\phi 5$	8.2	18	1	147.6	
			$\phi 5$	3.6	41	1	147.6	
			②→⑧					
			$\phi 5$	21.6	50	1	1080.0	
			$\phi 5$	9.80	108	1	1058.4	
	合　计						2433.6	347.77
总计	现浇构件	$\phi 12$ 以内		2231.22+310.62+29.30+18.47+347.77=2937kg				
		$\phi 25$ 以内		1161kg				
	预制构件预应力钢筋 $\phi 5$ 以内			857.79kg				

措施费项目 附表1-3

序号	措施项目名称	单位	数量
	脚手架		
1	外墙砌墙脚手架：以外墙外边线乘以外墙高（女儿墙上表面）计算，按双排考虑。 $(25.44+10.24+1.8) \times 2 \times (7.6+0.3) = 592.18 m^2$	m^2	592.18
2	内墙砌墙脚手架：内墙净长乘以内墙净高 内墙净长（参见砖基础项目）$48.86 \times 2 + 49.4 \times 2 + 7.76 \times 2 = 212.04 m$ 内墙净高 2.8m 里脚手架 $212.04 \times 2.8 = 593.71 m^2$	m^2	593.71
3	高度在3.6m内的抹灰脚手架 外墙内侧墙面 $(24.96+9.76+1.68) \times 2 \times 3.02 = 219.856 m^2$ 内墙面 $593.71 m^2$ 顶棚抹灰面 $117.017+307.689 = 424.706 m^2$ 合计 $219.856+593.71+424.706 = 1238.27 m^2$	m^2	1238.27
	混凝土模板		
4	无梁式带形基础 基础侧面高度乘以基础长度，长度计算参见C10混凝土基础项目。 $0.25 \times (46.58+78.76+43.52) \times 2 + (3.84 \times 0.6 + 1.6 \times 0.3)$（台阶模板） $= 87.21 m^2$	m^2	87.21
5	构造柱模板 $0.24 \times 2.8 \times (43+47) = 60.48 m^2$	m^2	60.48
6	圈梁模板 圈梁二层（梁底标高2.770m） QL_1 C、D、A轴： $[3.36+(3.6 \times 6-0.24 \times 3)+3.36 \times 6] \times 0.4 \times 2 \times 2$层$=71.04$ A轴及A轴南：$3.36 \times 0.32 \times 2 \times 2 \times 2$层$=8.601$ ①轴：$(5.68-2-0.24) \times 0.4 \times 2 = 2.752$ QL_2 1/B→D轴间、②轴：$(5.44 \times 2+3.68) \times 0.28 \times 2 \times 5 = 40.768$ QL_3 ②、⑧轴：$5.44 \times 0.4 \times 2 \times 2 \times 2 = 17.408$ QL_5 B、⑧轴：$(3.6 \times 6-0.24+2.28) \times 0.32 \times 2 \times 2 = 30.259$ QL_6、QL_7 B→1/B间、③⑤⑦轴上： $2.28 \times 0.32 \times 12 \times 2 \times 2 + 0.8 \times 0.32 \times 2 \times 3 = 36.557$ QL_8：$0.8 \times 0.4 \times 2 \times 3 = 1.92$ QL_9 1/B轴：$3.36 \times 6 \times 0.3 \times 2 \times 2 = 24.192$ $2PL_1$、$2PL_2$、WPL_1、WPL_2：$(5.76+5.76-0.24) \times 0.4 \times 2 \times 2 = 18.048$ 女儿墙压顶 $[(25.2+10+1.8) \times 2 - 0.24 \times 10] \times 0.12 \times 2 = 17.184$ 合计 $268.73 m^2$	m^2	268.73
7	单梁模板 L_1 $1.56 \times (0.28 \times 2+0.24) 5 \times 2 = 12.48 m^2$	m^2	12.48
8	有梁板、平板模板 A轴南 $3.36 \times 1.56 = 5.242 m^2$ B→1/B $(21.6-0.24) \times 2.28 \times 2 - (0.8 \times 1.3 \times 3 + 0.8 \times 0.86 \times 6)$（扣洞口） $+[(0.8+1.3) \times 2 \times 3 \times 0.08 + (0.8+0.86) \times 2 \times 6 \times 0.08]$（增洞侧面） $= 92.755 m^2$ QL_4 $2.28 \times 0.32 \times 2 \times 4$（根）$= 5.837 m^2$ 合计 $103.83 m^2$	m^2	103.83
9	整体楼梯模板 参见楼梯项目 $15.926 m^2$	m^2	15.92
	垂直运输机械		
10	卷扬机一台		

分部分项工程量清单计价表

附表 1-4

序号	项目编码	项目名称及说明	计量单位	工程数量	综合单价	合价
		A.1 土方工程				10810.68
1	010101001001	平整场地	m²	253.31	3.05	772.6
2	010101003001	挖基础土方	m³	143.849	40.61	5841.71
3	010103001001	室内土方回填	m³	20.932	20.81	435.59
4	010103001002	基槽土方回填	m³	74.901	50.21	3760.78
		A.2 地基基础工程				9314.33
5	010301001001	砖基础	m³	48.583	191.72	9314.33
		A.3 砌筑工程				34389.84
6	010302001001	实心砖墙 240 外墙	m³	84.707	197.69	16745.7
7	010302001002	实心砖墙 240 内墙	m³	63.04	192.69	12147.18
8	010302001003	实心砖墙 120 内墙	m³	27.21	202.02	5496.96
		A.4 混凝土及钢筋混凝土工程				54455.2
9	010401001001	C10 带形基础	m³	29.968	206.83	6198.28
10	010402001002	C25 矩形柱	m³	12.59	323.21	4069.21
11	010403004001	C25 圈梁	m³	25.033	277.91	6956.92
12	010403002001	C25 矩形梁	m³	1.05	252.35	264.97
13	010405001001	C25 有梁板	m³	2.904	252.91	734.45
14	010405003001	C25 平板	m³	9.938	258.98	2573.74
15	010406001001	C25 直形楼梯	m²	15.926	57.34	913.2
16	010412002001	空心板	m³	24.93	579.91	14457.16
17	010407002001	C15 混凝土散水	m²	28.63	30.48	872.64
18	010416001001	现浇混凝土钢筋 $\phi 12$ 内	t	2.937	3421.48	10048.89
19	010416001002	现浇混凝土钢筋 $\phi 25$ 内	t	1.161	3241.82	3763.75
20	010416005001	先张法预应力钢筋 $\phi^{R}5$ 内	t	0.858	4198.12	3601.99
		A.5 屋面防水工程				13378.87
21	010702001001	屋面 SBS 卷材防水	m²	260.52	44.88	11692.14
22	010702004001	屋面排水管	m	33.5	50.35	1686.73
		B1. 楼地面工程				14374.38
23	020101001001	水泥砂浆楼地面	m²	128.448	26.99	3466.81
24	020101001002	水泥砂浆楼面	m²	122.803	11.3	1387.67
25	020101002001	现浇彩色水磨石楼地面	m²	52.69	66.06	3480.7
26	020101002002	现浇彩色水磨石楼面	m²	48.71	47.13	2295.7
27	020102002001	陶瓷锦砖地面	m²	14.596	63.92	932.98
28	020102002002	陶瓷锦砖楼面	m²	14.596	42.87	625.73
29	020105001001	水泥砂浆踢脚线	m²	34.311	2.51	86.12
30	020105004001	现浇水磨石踢脚线	m²	13.683	9.84	134.64
31	020105003001	陶瓷锦砖踢脚线	m²	7.11	6.87	48.85
32	020106004001	现浇水磨石楼梯面层	m²	15.926	104.62	1666.18
33	020108004001	现浇水磨石台阶面	m²	3.456	72.05	249

续表

序号	项目编码	项目名称及说明	计量单位	工程数量	金额（元）	
					综合单价	合价
		B2. 墙壁柱面工程				40765.95
34	020201001001	内墙面一般抹灰	m²	1446.21	8.71	12596.5
35	020201001002	外墙面粉水泥砂浆	m²	87.648	11.12	974.65
36	020204003001	外墙面面贴面砖	m²	471.412	52.51	24753.84
37	020206003001	零星项目贴面砖	m²	41.52	58.79	2440.96
		B3. 顶棚工程				3589.61
38	020301001001	顶棚抹灰现浇板底	m²	117.02	8.01	937.33
39	020301001002	顶棚抹灰预制板底	m²	307.689	8.62	2652.28
		B4. 门窗工程				86665.18
40	020401004001	胶合板木门	樘	31	2021	62651
41	020404006001	全玻自由门（无扇框）	樘	1	2120.23	2120.23
42	020406001001	金属推拉窗	樘	35	620.91	21731.85
43	010503004001	屋面木盖板	m³	0.432	375.23	162.1
		合 计				267744.04

措施费项目清单计价表　　　　　　　　　　　　附表1-5

序 号	项目名称及说明	金 额（元）
1	检验试验费［分部分项工程量清单计价合计×0.4%］	1070.98
2	临时设施［分部分项工程量清单计价合计×1.2%］	3219.55
3	混凝土构件模板	12327.7
4	脚手架	8879.73
5	垂直运输机械	32644.48
6	合 计	58142.44

造价计算表　　　　　　　　　　　　附表1-6

序 号	项 目 名 称	金 额（元）
1	分部分项工程量清单计价合计	267744.04
2	措施项目清单计价合计	58142.44
3	其他项目清单计价合计	—
4	规费［5+6+7］	10167.66
5	工程定额测定费［（1+2+3）×0.1%］	325.89
6	安全生产监督费［（1+2+3）×0.06%］	195.53
7	劳动保险费［（1+2+3）×2.96%］	9646.24
8	税金［（1+2+3+4）×3.445%］	1157.07
9	总造价	347280.93

分部分项工程量清单综合单价分析表

附表 1-7

序号	项目编码	定额编号	子目名称	单位	工程量	人工费	材料费	机械费	管理费	利润	综合单价(元)
1	010101001001		平整场地	m²	253.31	2.23			0.56	0.27	3.05
		1-98	平整场地	10m²	41.2	2.23			0.56	0.27	
2	010101003001		挖基础土方	m³	143.85	29.65			7.41	3.56	40.61
		1-23	人工挖地槽（1.5m 以内）三类干土	m³	249.68	18.75			4.69	2.25	
		1-92	人力车运土 50m 以内	m³	249.68	7.91			1.98	0.95	
		1-95	人力车运土 500m 以内 每增加 50m	m³	499.35	2.99			0.75	0.36	
3	010103001001		室内土（石）方回填	m³	20.932	14.54		0.65	3.8	1.82	20.81
		1-102	回填土 地面夯填	m³	19.8	6.24		0.65	1.72	0.83	
		1-1	人工挖土方 1.5m 以内干土一类	m³	19.8	2.88			0.72	0.35	
		1-92	人力车运土 50m 以内	m³	19.8	4.56			1.14	0.55	
		1-95	人力车运土 500m 以内 每增加 50m	m³	19.8	0.86			0.22	0.1	
4	010103001002		基槽土（石）方回填	m³	74.901	35.08		1.57	9.16	4.4	50.21
		1-102	回填土 地面夯填	m³	180.73	15.06		1.57	4.16	2	
		1-1	人工挖土方 1.5m 以内 干土一类	m³	180.73	6.95			1.74	0.83	
		1-92	人力车运土 50m 以内	m³	180.73	11			2.75	1.32	
		1-95	人力车运土 500m 以内 每增加 50m	m³	180.73	2.08			0.52	0.25	
5	010301001001		砖基础	m³	48.58	30.94	145.74	2.63	8.39	4.03	191.72
		3-1	砖基础 直形 M5	m³	48.58	29.64	141.81	2.47	8.03	3.85	
		3-42	墙基防潮层 防水砂浆	10m²	3.57	1.3	3.93	0.16	0.36	0.17	
6	010302001001		实心砖墙 240 外墙	m³	84.71	35.88	145.22	2.42	9.58	4.6	197.69
		3-29	1 砖外墙 标准砖 M5-H	m³	84.71	35.88	145.22	2.42	9.58	4.6	
7	010302001002		实心砖墙 240 内墙	m³	63.04	32.76	144.49	2.42	8.8	4.22	192.69
		3-33	1 砖内墙 标准砖 M5-H	m³	63.04	32.76	144.49	2.42	8.8	4.22	
8	010302001003		实心砖墙 120 内墙	m³	27.21	39.78	144.77	2.01	10.45	5.01	202.02
		3-31	1/2 砖内墙 标准砖 M5-H	m³	27.21	39.78	144.77	2.01	10.45	5.01	
9	010401001001		C10 带形基础	m³	29.97	21.5	155.38	16.05	9.39	4.51	206.83
		5-2 换	无梁式混凝土条形基础 40C10-32.5	m³	29.97	19.5	155.38	14.93	8.61	4.13	
		1-100	原土打底 夯基（槽）坑	10m²	20.81	2		1.12	0.78	0.38	
10	010402001002		C25 矩形柱	m³	12.59	84.5	198.79	6.32	22.71	10.9	323.21
		5-16	现浇构造柱 20C25-32.5	m³	12.59	84.5	198.79	6.32	22.71	10.9	
11	010403004001		C25 圈梁	m³	25.03	49.92	201.14	6.12	14.01	6.72	277.91
		5-20	现浇圈梁 20C25-42.5	m³	27.09	49.92	201.14	6.12	14.01	6.72	
12	010403002001		C25 矩形梁	m³	1.05	36.4	194.1	6.12	10.63	5.1	252.35
		5-18	现浇单梁 31.5C25-42.5	m³	1.05	36.4	194.1	6.12	10.63	5.1	
13	010405001001		C25 有梁板	m³	2.9	29.12	204.32	6.35	8.87	4.26	252.91

续表

序号	项目编码	定额编号	子目名称	单位	工程量	综合单价组成（元）					综合单价（元）
						人工费	材料费	机械费	管理费	利润	
		5-32-1	现浇有梁板 100mm内 20C25-42.5	m³	2.9	29.12	204.32	6.35	8.87	4.26	
14	010405003001		C25平板	m³	9.94	32.5	205.76	6.35	9.71	4.66	258.98
		5-34-1	现浇平板 100mm内 20C25-42.5	m³	9.94	32.5	205.76	6.35	9.71	4.66	
15	010406001001		直形楼梯	m²	15.93	10.14	40.73	1.99	3.03	1.46	57.34
		5-37	现浇楼梯 直形 20C25-42.5	10m²	1.59	10.14	40.73	1.99	3.03	1.46	
16	010412002001		空心板	m³	24.93	80.44	271.73	144.51	56.24	26.99	579.91
		5-86	加工厂预制 圆孔板 Y16C25-42.5	m³	24.93	36.66	205.69	28.84	16.38	7.86	
		7-10	Ⅱ类预制混凝土构件运输 15km以内	m³	24.93	8.16	2.5	94.8	25.74	12.35	
		7-87	圆孔板安装	m³	24.93	9.88	30.1	20.43	7.58	3.64	
		7-107	构件接头灌缝 圆孔板 16C30-42.5	m³	24.93	25.74	33.44	0.44	6.55	3.14	
17	010407002001		C15混凝土散水	m²	28.63	6.66	20.36	0.73	1.85	0.89	30.48
		1-100	原土打底夯基（槽）坑	10m²	2.86	0.29		0.16	0.11	0.05	
		12-172	混凝土散水 20C15-32.5	10m²	2.86	6.37	20.36	0.57	1.73	0.83	
18	010416001001		现浇混凝土钢筋 φ12内	t	2.94	330.46	2889.52	57.83	97.07	46.6	3421.48
		4-1	现浇构件 钢筋 φ12mm以内	t	2.94	330.46	2889.52	57.83	97.07	46.6	
19	010416001002		现浇混凝土钢筋 φ25内	t	1.16	166.14	2898.57	84.4	62.64	30.07	3241.82
		4-2	现浇构件 钢筋 φ25mm以内	t	1.16	166.14	2898.57	84.4	62.64	30.07	
20	010416005001		先张法预应力钢筋φ5内	t	0.86	459.94	3468.05	72.95	133.23	63.95	4198.12
		4-15	预应力钢筋 先张法 φ5mm以内	t	0.86	459.94	3468.05	72.95	133.23	63.95	
21	010702001001		屋面SBS卷材防水	m²	260.52	3.25	40.16	0.19	0.86	0.41	44.88
		9-30	SBS改性沥青防水卷材 冷粘法 单层	10m²	26.05	1.56	36.84		0.39	0.19	
		12-15	水泥砂浆找平层20mm混凝土或硬基层上	10m²	24.2	1.69	3.32	0.19	0.47	0.23	
		9-193	铸铁落水管 φ100	10m							
22	010702004001		屋面排水管	m	33.5	6.68	40.13	0.78	1.87	0.9	50.35
		9-193	铸铁落水管 φ100	10m	3.35	5.11	24.09	0.61	1.43	0.69	
		9-198	铸铁水斗 φ100	10只	0.5	0.86	6.51	0.17	0.26	0.12	
		9-201	女儿墙铸铁弯头落水口	10个	0.5	0.71	9.54		0.18	0.09	
23	020101001001		水泥砂浆楼地面	m²	128.45	6.21	17.68	0.58	1.7	0.82	26.99
		12-9	碎石垫层 干铺	m³	12.84	1.46	6.13	0.1	0.39	0.19	
		12-18	细石混凝土找平层 40mm16C20-32.5	10m²	12.84	2.29	7.16	0.28	0.64	0.31	
		12-22	水泥砂浆楼地面20mm	10m²	12.84	2.47	4.4	0.21	0.67	0.32	
		12-15	水泥砂浆找平层20mm混凝土或硬基层上	10m²							
24	020101001002		水泥砂浆楼面	m²	122.8	3.56	5.99	0.31	0.97	0.46	11.3
		12-15	水泥砂浆找平层20mm混凝土或硬基层上	10m²	12.28	1.82	3.58	0.21	0.51	0.24	

续表

序号	项目编码	定额编号	子目名称	单位	工程量	人工费	材料费	机械费	管理费	利润	综合单价（元）
		12-17	水泥砂浆找平层 每增（减）5mm	10m²	-12.28	-0.36	-0.9	-0.05	-0.1	-0.05	
		12-22	水泥砂浆楼地面 20mm	10m²	12.28	2.47	4.4	0.21	0.67	0.32	
		12-23	水泥砂浆楼地面 每增（减）5mm	10m²	-12.28	-0.36	-1.08	-0.05	-0.1	-0.05	
25	020101002001		现浇彩色水磨石楼地面	m²	52.69	19.81	35.02	2.84	5.66	2.72	66.06
		12-9	碎石垫层 干铺	m³	5.27	1.46	6.13	0.1	0.39	0.19	
		12-18	细石混凝土找平层 40mm16C20-32.5	10m²	5.27	2.29	7.16	0.28	0.64	0.31	
		12-32	水磨石楼地面 彩色石子浆嵌条 15mm+2mm	10m²	5.27	16.07	21.74	2.47	4.63	2.22	
26	020101002002		现浇彩色水磨石楼面	m²	48.71	16.07	21.73	2.47	4.63	2.22	47.13
		12-32	水磨石楼地面 彩色石子浆嵌条 15mm+2mm	10m²	4.87	16.07	21.73	2.47	4.63	2.22	
27	020102002001		陶瓷锦砖地面	m²	14.6	16.57	40.42	0.58	4.29	2.06	63.92
		12-9	碎石垫层 干铺	m³	1.46	1.46	6.13	0.1	0.39	0.19	
		12-11	现浇混凝土垫层 不分格 20C10-32.5	m³	0.88	2.12	9.52	0.26	0.6	0.29	
		12-82	陶瓷锦砖楼地面 水泥砂浆	10m²	1.46	13	24.77	0.22	3.3	1.59	
28	020102002002		陶瓷锦砖楼地面	m²	14.6	13	24.77	0.22	3.3	1.59	42.87
		12-82	陶瓷锦砖楼地面 水泥砂浆	10m²	1.46	13	24.77	0.22	3.3	1.59	
29	020105001001		水泥砂浆踢脚线	m²	34.31	1.25	0.74	0.04	0.32	0.15	2.51
		12-27	水泥砂浆踢脚线	10m	3.43	1.25	0.74	0.04	0.32	0.15	
30	020105004001		现浇水磨石踢脚线	m²	13.68	6	1.56	0.04	1.51	0.73	9.84
		12-34	水磨石踢脚线	10m	1.37	6	1.56	0.04	1.51	0.73	
31	020105003001		块料踢脚线	m²	7.11	2.44	3.49	0.03	0.62	0.3	6.87
		12-85	陶瓷锦砖踢脚线 水泥砂浆	10m	0.71	2.44	3.49	0.03	0.62	0.3	
32	020106004001		现浇水磨石楼梯面层	m²	15.93	54.25	29.57	0.53	13.7	6.57	104.62
		12-36	水磨石楼梯 彩色石子浆	10m²	1.59	54.25	29.57	0.53	13.7	6.57	
33	020108004001		现浇水磨石台阶面	m²	3.46	39.62	17.09	0.49	10.03	4.81	72.05
		12-37	水磨石台阶	10m²	0.35	39.62	17.09	0.49	10.03	4.81	
34	020201001001		墙面一般抹灰	m²	1446.21	3.72	3.3	0.23	0.99	0.47	8.71
		13-31	墙面混合砂浆 砖墙 内墙	10m²	144.62	3.72	3.3	0.23	0.99	0.47	
35	020201001002		墙面一般抹灰	m²	87.65	4.55	4.56	0.24	1.2	0.57	11.12
		13-11	墙面、墙裙水泥砂浆 外墙	10m²	8.76	4.55	4.56	0.24	1.2	0.57	
		13-123	釉面砖墙面、墙裙 砂浆粘贴 密缝	10m²							
36	020204003001		块料墙面	m²	471.41	15.9	30.16	0.41	4.08	1.96	52.51
		13-123	釉面砖墙面、墙裙 砂浆粘贴 密缝	10m²	47.14	15.9	30.16	0.41	4.08	1.96	
37	020206003001		块料零星项目	m²	41.52	20.13	30.66	0.4	5.13	2.46	58.79
		13-125	釉面砖零星项目 砂浆粘贴密缝	10m²	4.15	20.13	30.66	0.4	5.13	2.46	

续表

序号	项目编码	定额编号	子目名称	单位	工程量	综合单价组成（元）					综合单价（元）
						人工费	材料费	机械费	管理费	利润	
38	020301001001		顶棚抹灰现浇板底	m²	117.02	3.93	2.45	0.13	1.02	0.49	8.01
		14-115	混合砂浆面 混凝土顶棚 现浇	10m²	11.7	3.93	2.45	0.13	1.02	0.49	
39	020301001002		顶棚抹灰	m²	307.69	4.37	2.45	0.13	1.13	0.54	8.62
		14-116	混合砂浆面 混凝土顶棚 预制	10m²	30.77	4.37	2.45	0.13	1.13	0.54	
40	020401004001		胶合板木门	樘	31	345.97	1468.2	57.54	100.88	48.42	2021
		15-232	胶合板门 无腰单扇 门框制作	10m²	48	35.12	483.07	9.17	11.07	5.31	
		15-233	胶合板门 无腰单扇 门扇制作	10m²	48	129.2	864.84	48.37	44.39	21.31	
		15-234	胶合板门 无腰单扇 门框安装	10m²	48	22.54	17.28		5.64	2.71	
		15-235	胶合板门 无腰单扇 门扇安装	10m²	48	70.23	34.93		17.56	8.43	
		16-1	木材面调和漆二遍 底油一遍 刮腻子 单层木门	10m²	48	88.88	68.08		22.22	10.67	
41	020404006001		全玻自由门（无扇框）	樘	1	294.96	1708.18	5.8	75.19	36.09	2120.23
		15-85	无框玻璃门扇 开启门钢化玻璃	10m²	0.81	294.96	1708.18	5.8	75.19	36.09	
42	020406001001		金属推拉窗	樘	35	92.24	486.08	6.17	24.6	11.81	620.91
		15-77	铝合金推拉窗 银白色 双扇 带亮	10m²	10.04	92.24	486.08	6.17	24.6	11.81	
43	010503004001		其他木构件	m³(m)	0.43	6.5	350.19	11.78	4.58	2.2	375.23
		8-46	屋面板制作 18mm（一面刨光）平口	10m²	0.43	6.5	350.19	11.78	4.58	2.2	

措施项目费分析表　　　　　　　　　　　　附表1-8

序号	措施项目名称	定额编号	子目名称	单位	工程量	综合单价组成（元）					综合单价（元）
						人工费	材料费	机械费	管理费	利润	
1	检验试验费		检验试验费[工程量清单计价0.4%]	项	1						1073.18
			检验试验费	项	1						
2	临时设施		临时设施	项	1						3219.55
			临时设施	项	1						
3	混凝土构件模板		混凝土构件模板	项	1	4759.41	4820.65	720.17	1369.9	657.56	12327.7
		20-2	无梁式带形基础组合钢模板	10m²	8.72	659.83	768.23	65.58	181.35	87.05	
		20-30	构造柱组合钢模板	10m²	6.05	789.39	420.09	56.85	211.56	101.55	
		20-40	圈梁，地坑支撑梁组合钢模板	10m²	25.05	1999.09	1875.37	260.97	565.02	271.21	
		20-34	挑梁，单梁，连续梁，框架梁组合钢模板	10m²	1.25	129.14	145.43	29.49	39.66	19.04	
		20-56	现浇板10cm内组合钢模板	10m²	10.38	742.38	1086.58	223.03	241.35	115.85	
		20-69	楼梯组合钢模板	10m²水平	1.59	439.58	524.95	84.25	130.96	62.86	
4	脚手架		脚手架	项	1	2383.5	4712.34	658.38	760.47	365.03	8879.73

续表

序号	措施项目名称	定额编号	子目名称	单位	工程量	综合单价组成（元）					综合单价（元）
						人工费	材料费	机械费	管理费	利润	
		19-3	砌墙脚手架 外架子 双排 12m以内	10m²	59.22	1268.45	3012.42	442.95	427.85	205.37	
		19-1	砌墙脚手架 里架子 3.60m以内	10m²	59.37	159.11	149.61	29.69	47.2	22.66	
		19-11	抹灰脚手架 超过3.60m 5m以内	10m²	123.83	955.94	1550.31	185.74	285.42	137	
5	垂直运输机		垂直运输机械	项	1		23828	5957	2859.4		32644.48
		22-1	卷扬机施工 砖混 檐口20m（6层）内	天	143		23828	5957	2859.4		

主要材料用量表　　　　　　　　　　　　　　　　　　　　附表 1-9

序号	材料规格名称	单位	数量	单价（元）
1	中（粗）砂	t	286.78	38
2	白石子	t	0.16	106
3	彩色石子	t	3.02	152
4	碎石 5-31.5mm	t	1.33	35.1
5	碎石 5-16mm	t	45.36	27.8
6	碎石 5-20mm	t	72.03	35.6
7	碎石 5-40mm	t	70.64	35.1
8	标准砖 240×115×53mm	百块	1194.89	21.42
9	面砖（釉面砖）150×75mm	百块	468.19	28
10	玻璃锦砖	m²	31.7	18
11	玻璃 3mm	m²	54.38	18.2
12	白水泥	kg	1754.8	0.58
13	水泥 42.5级	kg	22204.43	0.33
14	普通成材	m³	16.83	1599
15	周转木材	m³	2.52	1249
16	胶合板三夹 1220×2440mm	m²	1443.36	9.1
17	钢筋（综合）	t	4.18	2800
18	冷拔钢丝	t	0.94	3000
19	钢支撑（钢管）	kg	144.85	3.1
20	脚手钢管	kg	452.33	3.1
21	扣件	个	76.77	3.4
22	零星卡具	kg	87.58	3.8
23	组合钢模板	kg	309.25	4

附录2 电气照明工程清单计价实例

一、编制依据

1. ××招待所电气施工图（见附图）。
2. 《建设工程工程量清单计价规范》(GB 50500—2003)。
3. 2004年《江苏省安装工程计价表》、《江苏省建设工程清单计价项目指引》。
4. 江苏省安装工程费用计算规则及计算标准和扬州市现行有关费用规定。
5. 电气照明工程施工及验收规范。

二、编制说明

1. 本工程费用内容为完成施工设计图纸的工程项目，即在施工前、后及施工期间必须或可能发生的费用。
2. 本工程预算中的主材价格主要根据扬州市工程造价管理协会2006年12月发布的扬州市材料信息，部分材料按现行市场价格计。
3. 本预算不含配电箱电源进线电缆的安装费用，结算时可按实调整计算。
4. 根据江苏省安装工程费用计算规则及计算标准中工程类别划分标准，本工程为三类工程。本预算按包工包料计算费用。
5. 本工程中其他措施费计取了检验试验费、临时设施费，分别按分部分项工程费的0.4%和1.2%计取。

工程量计算表 附表2-1

序号	项目名称	计 算 式	数量单位
1	ϕ16PVC管	（1）照明箱（一）系统 1) N_1支路 N_{11}门厅、走廊照明 $(3.2-1.5)+2.0+[2.0+(3.2-1.4)]+2.5+3.8+18+[1.0+(3.2-1.4)]\times6$ 此管穿3根BV1.5 $=48.6$ 灯头盒8只 开关盒7只 N_{12}楼梯、服务台及贮藏室照明 $(3.2-1.5)+1.7+(3.2-1.4)+0.5+3.4+0.8+(3.2-1.4)=11.7$ 灯头盒2只 开关盒2只 2) N_2支路 ②～⑤轴客房照明 $(3.2-1.5)+4.5+[1.0+(3.2-1.4)+1.5+1.2+(3.2-2.2)+[1.0+(3.2-1.4)]+4.2+2.9+(3.2-1.4)+2.0$ 此管穿3根BV1.5 $+(3.2-1.5)+1.3+1.3]\times3+7.2+0.3$ 此管穿3根BV1.5 $=1.7+4.5+24.5\times3+7.2+0.3=87.2$ 灯头盒5×3=15只 开关盒4×3=12只 接线盒1×3=3 3) N_3支路 ⑤～⑧轴客房照明 $(3.2-1.5)+16.3+1.4+24.5\times3+7.2+0.3=100.4$ 灯头盒5×3=15只 开关盒4×3=12只 接线盒1×3=3 （2）照明箱（二）系统 1) N_1支路 过厅、楼梯、走廊照明 $(3.2-1.5)+1.5+[2.7+1.8+(3.2-1.4)]+2.3+(3.2-1.4)$ 此管穿3根BV1.5 $+[(3.2-1.4)+3.5+3.3+(6.4-1.4)+3.5]+\{3.8+18$	505.1m

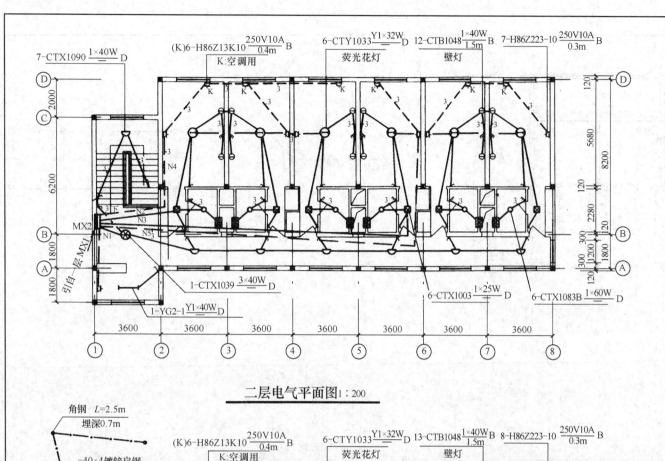

二层电气平面图 1:200

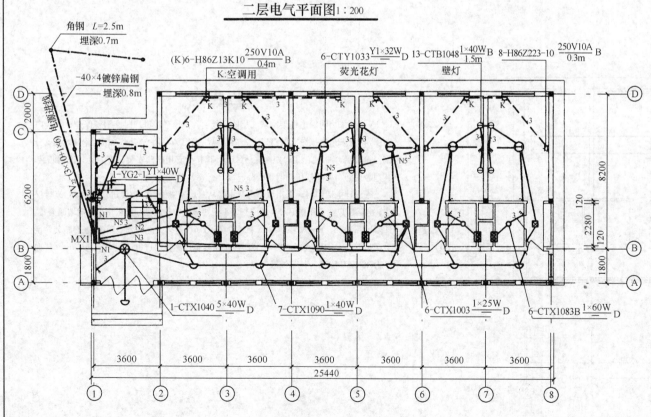

底层电气平面图 1:200

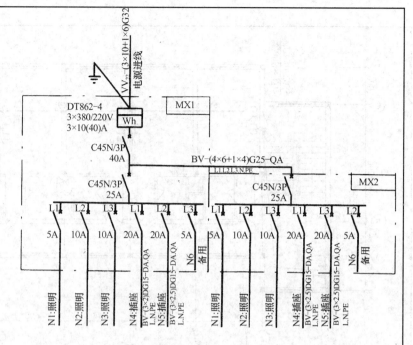

电气系统图

设计说明

1. 本工程电气设计根据土建图纸进行，设计内容为电气照明，TP系统及CATV系统，TP及CATV系统设计另见图纸。

2. 设计电源采用三相四线制电源，用电缆直埋引入，电缆进户时穿钢管保护。电源配电型式采用TN-C-S系统，在电源进户处重设重复接地装置，接地电阻不大于10欧姆，系统内设专用保护接地线引至配电箱及插座回路，要求系统内专用保护接地线（PE线）与工作零线（N线）严格绝缘，且在导线颜色上加以区分。室内线路全部穿管暗敷，系统图未注明管线规格的照明支路线均采用BV-500型塑铜线$S=1.5mm^2$穿PVC管暗敷，2~3根穿PVC16管。

3. 设备安装：照明配电箱嵌墙暗装，下口距地1.5m；插座安装高度0.3m，0.4m；灯控开关距地1.4m；排风扇安装高度2.2m；插座、开关选用杭州鸿雁产品；灯具选用常泰灯饰，灯具安装详见平面图。

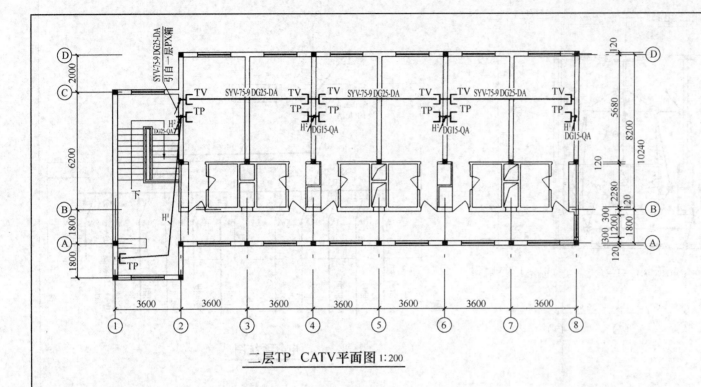

二层TP CATV平面图 1:200

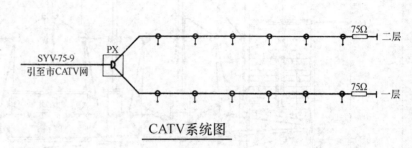

CATV系统图

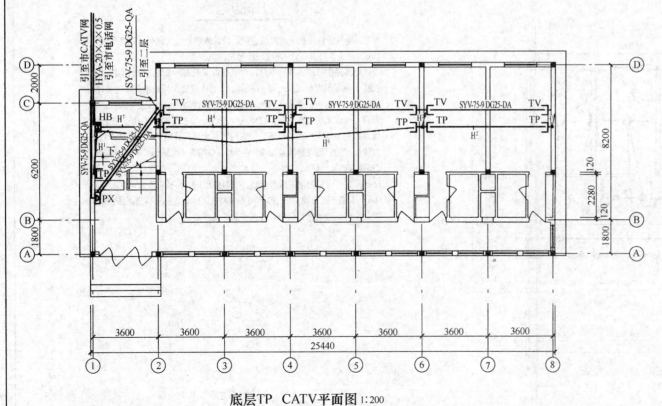

底层TP CATV平面图 1:200

设计说明

1. CATV信号采用同轴电缆架空从二层圈梁处引入，信号线进户时穿钢管保护；系统内CATV设计采用串接分支的型式，室内传输线采用SYV-75-9穿DG25沿地沿墙暗敷；分配器箱PX嵌墙暗装，上口距楼底边0.5m；串接分支用户盒安装高度0.3m；嵌墙暗装，其型号为86Z1TVF12杭州鸿雁产品。

2. 本工程设计电话14门，采用城市电话电缆从二层圈梁引入，电缆进户时穿DG25管保护；电话用户线采用PVB-2×16/0.15型平行式导线穿管沿地，楼板垫层，嵌墙暗敷设，$H^5 \sim H^7$穿DG25，$H^3 \sim H^4$穿DG20，$H^2 \sim H^1$穿DG15；壁奢式电话分线箱HB嵌墙暗装，底边距地0.5m，HB型号为XF0-17B20，杭州鸿雁产品；用户电话插座距地0.3m，其型号为H86ZDTN6/2，杭州鸿雁产品。

续表

序号	项目名称	计 算 式	数量单位
1	φ16PVC管	此管穿3根BV1.5 ＋[1.00＋(3.2－1.4)]×6}＝69.3 2) N_2支路 (3.2－1.5)＋4.5＋24.5×3＋0.3＋7.2＝87.2 灯头盒 5×3＝15只 开关盒 4×3＝12只 接线盒 1×3＝3只 3) N_3支路 (3.2－1.5)＋16.7＋1.3＋24.5×3＋0.3＋7.2＝100.7 灯头盒 5×3＝15只 开关盒 4×3＝12只 接线盒 1×3＝3只 合计 Φ16PVC管 505.1m 灯头盒 79只 开关盒 67只 接线盒 12只	505.1m
2	BV1.5mm²	(1) 照明箱（一）系统 1) N_1支路 N_{11}支路 {1.0＋48.6－[2.0＋(3.2－1.4)]}×2＋[2.0＋(3.2－1.4)]×3＝103 N_{12}支路 (1.0＋11.7)×2＝25.4 2) N_2支路 {1.0＋87.2－[1.0＋(3.2－1.4)]－1.3}×2＋{[1.0＋(3.2－1.4)]＋1.3}×3 ＝180.5 3) N_3支路 {1.0＋100.4－[1.0＋(3.2－1.4)]－1.3}×2＋{[1.0＋(3.2－1.4)]＋1.3}×3 ＝206.9 (2) 照明箱（二）系统 1) N_1支路 {0.4＋69.3－[2.3＋(3.2－1.4)]－[(3.2－1.4)＋3.5＋3.3＋(6.4－1.4)＋3.5]}×2＋{[2.3＋(3.2－1.4)]＋[(3.2－1.4)＋3.5＋3.3＋(6.4－1.4)＋3.5]}×3 ＝160.6 2) N_2支路 {0.4＋87.2－[1.0＋(3.2－1.4)]－1.3}×2＋{[1.0＋(3.2－1.4)]＋1.3}×3＝179.3 3) N_3支路 {0.4＋100.7－[1.0＋(3.2－1.4)]－1.3}×2＋{[1.0＋(3.2－1.4)]＋1.3}×3＝206.3 合计 1062m	1062m
3	DG25	照明箱（一）和照明箱（二）连接 3.2 m	3.2 m
4	BV6mm²	照明箱（一）和照明箱（二）连接线 (1.0＋3.2＋0.4)×4＝18.4 m	18.4 m
5	BV4mm²	照明箱（一）和照明箱（二）连接线 (1.0＋3.2＋0.4)×1＝4.6 m	4.6m
6	DG15	(1) 照明箱（一）系统 1) N_4支路 (1.5－0.3)＋5.2＋0.3＋3.6＋0.3×2＋3.7＋0.4＋7.2＋0.4＋3.5＋0.3 ＝26.4 插座 7只 2) N_5支路 1.5＋18.5＋0.3×2＋3.5＋0.4＋3.5＋0.4＋2.1＋0.4＋3.5＋0.3＝34.7 插座 6只 (2) 照明箱（二）系统 1) N_4支路 (3.2－1.5)＋3.7＋3.9＋(3.2－0.3)＋0.3＋3.5＋0.4＋7.2＋0.4＋3.5＋0.3 ＝27.8 插座 7只	131.8m

续表

序号	项目名称	计 算 式	数量单位
6	DG15	2) N_5支路 1.5＋3.4＋0.3＋17.2＋5.8＋0.3×2＋3.5＋0.4＋3.5＋0.4＋2.1＋0.4＋3.5＋0.3＝42.9 插座 6 只 合计 DG15 131.8m 插座 26 只	131.8m
7	BV2.5mm²	（1）照明箱（一）系统 1) N_4支路（1.0＋26.4）×3＝82.2 2) N_5支路（1.0＋34.7）×3＝107.1 （2）照明箱（二）系统 1) N_4支路（0.4＋27.8）×3＝84.6 2) N_5支路（0.4＋42.9）×3＝129.9 合计 82.2＋107.1＋84.6＋129.9＝403.8	403.8 m
8	40W 吸顶灯	14	14 盏
9	5 头吸顶灯	2	2 盏
10	单管荧光灯	2	2 盏
11	25W 吸顶灯	12	12 盏
12	60W 吸顶灯	12	12 盏
13	32W 荧光花灯	12	12 盏
14	40W 壁灯	25	25 盏
15	换气扇	12	12 只
16	单位单极开关	40	40 只
17	双位单极开关	25	25 只
18	单位双极开关	2	2 只
19	照明箱	2	2 只
20	接地装置	－40×4 扁钢接地母线 17.5m L50×5 角钢接地极 3 根	17.5m
21	接地装置调试	1 组	1 组

分部分项工程量清单计价表　　　　　　　　　　　附表 2-2

序号	项目编码	项目名称及说明	计量单位	工程数量	金 额 （元）	
					综合单价	合价
1	030212001001	电气配管 DG25mm	m	3.2	13.49	43.17
2	030212001003	电气配管 DG15mm	m	131.8	8.41	1108.44
3	030212001003	电气配管直径 16mmPVC	m	505.1	4.94	2495.19
4	030212003001	电气配线 6mm²	m	18.4	4.84	89.06
5	030212003003	电气配线 4mm²	m	4.6	3.76	17.3
6	030212003003	电气配线 1.5mm²	m	1062	1.44	1529.28
7	030212003004	电气配线 2.5mm²	m	403.8	1.96	791.45
8	030213001001	40W 吸顶灯	套	14	128.41	1797.74
9	030213001002	5 头吸顶灯	套	2	201.46	402.92
10	030213001003	60W 吸顶灯	套	12	124.87	1498.44

续表

序号	项目编码	项目名称及说明	计量单位	工程数量	金额（元）综合单价	合价
11	030213001004	25W 方形吸顶灯	套	12	122.84	1474.08
12	030213004001	40W 荧光灯	套	2	48.85	97.7
13	030213004002	荧光灯	套	12	165	1980
14	030213001006	普通吸顶灯及其他灯具	套	25	63.04	1576
15	030204031001	单位单极开关	套	40	8.63	345.2
16	030204031002	双位单极开关	套	25	11.71	292.75
17	030204031003	单位双极开关	套	2	9.4	18.8
18	030204031004	空调插座	套	12	21.3	255.6
19	030204031005	插座安装	套	14	13.85	193.9
20	030204031006	排风扇	套	12	174.57	2094.84
21	030204018002	配电箱（一）	台	1	97.02	97.02
22	030204018002	配电箱（二）	台	1	82.47	82.47
23	030209001001	接地装置	项	17.5	19.2	336
24	030211008001	接地装置	系统	1	418.76	418.76

措施费项目清单计价表　　　　　　　　　　　　　　　附表 2-3

序号	项目名称及说明	金额（元）	序号	项目名称及说明	金额（元）
1	脚手架费	127.42	3	检验试验	76.14
2	临时设施	228.43		合　计	431.99

分部分项工程量清单综合单价分析表　　　　　　　　　附表 2-4

序号	项目编码	定额编号	子目名称	单位	工程量	综合单价组成（元）					综合单价（元）
						人工费	材料费	机械费	管理费	利润	
1	030212001001		电气配管 $DN25mm$	m	3.2	2.04	0.63	0.39	0.96	0.29	13.49
		2-1010	砖混凝土结构暗配钢管敷设 $DN25mm$ 内	100m	0.03	2.04	0.63	0.39	0.96	0.29	
2	030212001003		电气配管 $DN15mm$	m	131.8	1.79	0.46	0.27	0.84	0.25	8.41
		2-1008	砖混凝土结构暗配钢管敷设 $DN15mm$ 内	100m	1.32	1.58	0.35	0.27	0.74	0.22	
		2-1377	插座盒 暗装	10个	2.6	0.21	0.11		0.1	0.03	
3	030212001003		电气配管直径 16mmPVC 管	m	505.1	2.16	0.53		1.02	0.3	4.94
		2-1124	$\phi16$PVC 管敷设 砖混凝土结构暗配 $DN15mm$ 内	100m	4.99	1.81	0.44		0.85	0.25	
		2-1378	开关盒 暗装	10个	6.7	0.15	0.03		0.07	0.02	
		2-1378	灯头盒 暗装	10个	7.9	0.18	0.04		0.08	0.02	
		2-1377	接线盒 暗装	10个	1.2	0.03	0.01		0.01	0	
4	030212003001		电气配线 $6mm^2$	m	18.4	0.19	0.16		0.09	0.03	4.84
		2-1200	管内穿线铜芯 $6mm^2$ 内	100m	0.18	0.19	0.16		0.09	0.03	
5	030212003003		电气配线 $4mm^2$	m	4.6	0.16	0.14		0.08	0.02	3.76

续表

序号	项目编码	定额编号	子目名称	单位	工程量	综合单价组成(元)					综合单价(元)
						人工费	材料费	机械费	管理费	利润	
		2-1173	照明线路管内穿线 铜芯 4mm² 内	100m	0.05	0.16	0.14		0.08	0.02	
6	030212003003		电气配线 1.5mm²	m	1062	0.23	0.12		0.11	0.03	1.44
		2-1171	照明线路管内穿线 铜芯 1.5mm² 内	100m	10.62	0.23	0.12		0.11	0.03	
7	030212003004		电气配线 2.5mm²	m	403.8	0.23	0.14		0.11	0.03	1.96
		2-1172	照明线路管内穿线 铜芯 2.5mm² 内	100m	4.04	0.23	0.14		0.11	0.03	
8	030213001001		40W 吸顶灯	套	14	5.05	9.17		2.38	0.71	128.41
		2-1385	半圆球吸顶灯 φ300mm 内	10套	1.4	5.05	9.17		2.38	0.71	
9	030213001002		5 头吸顶灯	套	2	5.05	11.52		2.38	0.71	201.46
		2-1386	半圆球吸顶灯 φ350mm 内	10套	0.2	5.05	11.52		2.38	0.71	
10	030213001003		60W 吸顶灯	套	12	5.05	5.64		2.38	0.71	124.87
		2-1384	半圆球吸顶灯 φ250mm 内	10套	1.2	5.05	5.64		2.38	0.71	
11	030213001004		25W 方形吸顶灯	套	12	5.05	3.6		2.38	0.71	122.84
		2-1387	方型吸顶灯 矩型罩	10套	1.2	5.05	3.6		2.38	0.71	
12	030213004001		40W 荧光灯	套	2	5.62	4.46		2.64	0.79	48.85
		2-1585	荧光灯组装型吸顶式 单管	10套	0.2	5.62	4.46		2.64	0.79	
13	030213004002		荧光灯	套	12	5.62	4.46		2.64	0.79	165
		2-1585	荧光灯组装型吸顶式 单管	10套	1.2	5.62	4.46		2.64	0.79	
14	030213001006		普通吸顶灯及其他灯具	套	25	4.73	4.93		2.22	0.66	63.04
		2-1393	一般壁灯	10套	2.5	4.73	4.93		2.22	0.66	
15	030204031001		单位单极开关	套	40	1.99	0.32		0.93	0.28	8.63
		2-1637	扳式暗开关单位单极	10套	4	1.99	0.32		0.93	0.28	
16	030204031002		双位单极开关	套	25	2.08	0.4		0.98	0.29	11.71
		2-1638	扳式暗开关双位单极	10套	2.5	2.08	0.4		0.98	0.29	
17	030204031003		单位双极开关	套	2	1.99	0.37		0.94	0.28	9.4
		2-1643	扳式暗开关单位双极	10套	0.2	1.99	0.37		0.94	0.28	
18	030204031004		空调插座	套	12	2.13	1.59		1	0.3	21.3
		2-1653	单相明插座 15A 3孔	10套	1.2	2.13	1.59		1	0.3	
19	030204031005		插座安装	套	14	2.57	1.82		1.21	0.36	13.85
		2-1655	单相明插座 15A 5孔	10套	1.4	2.57	1.82		1.21	0.36	
20	030204031006		排风扇	套	12	14.27	1.6		6.71	2	174.57
		2-1704	轴流排气扇	台	12	14.27	1.6		6.71	2	
21	030204018002		配电箱(一)	台	1	42.12	29.2		19.8	5.9	97.02
		2-264	成套配电箱安装 悬挂嵌入式半周长 1.0m	台	1	42.12	29.2		19.8	5.9	
22	030204018002		配电箱(二)	台	1	35.1	25.96		16.5	4.91	82.47
		2-263	成套配电箱安装 悬挂嵌入式半周长 0.5m	台	1	35.1	25.96		16.5	4.91	
23	030209001001		接地装置	项	17.5	5.13	1.8	3.17	2.41	0.72	19.2
		2-690	角钢接地极 普通土	根	3	1.93	0.18	2.34	0.9	0.27	
		2-696	户内接地母线敷	10mm	1.75	3.21	1.63	0.84	1.51	0.45	
24	030211008001		接地装置	系统	1	168	4.64	143.64	78.96	23.52	418.76
		2-886	接地网调试	系统	1	168	4.64	143.64	78.96	23.52	

电气工程预算造价

附表 2-5

序 号	项 目 名 称	金 额（元）
1	分部分项工程量清单计价合计	19036.11
2	措施项目清单计价合计	431.99
3	其他项目清单计价合计	—
4	规费 [5+6+7]	607.40
5	工程定额测定费 [（1+2+3）×0.1%]	19.47
6	安全生产监督费 [（1+2+3）×0.06%]	11.68
7	劳动保险费 [（1+2+3）×2.96%]	576.26
8	税金 [（1+2+3+4）×3.445%]	691.60
9	总造价	20767.1

主要材料用量表

附表 2-6

序 号	材料规格名称	单 位	数 量	单价（元）
1	镀锌扁钢—40×4	10m	1.75	59.66
2	钢管 DG25	m	3.3	8.91
3	钢管 DG15	m	135.75	4.34
4	成套插座	套	12.24	15.96
5	40W 吸顶灯	套	14.14	110
6	40W 荧光成套灯具	套	2.02	35
7	60W 成套灯具	套	12.12	110
8	成套插座	套	14.28	7.73
9	方形吸顶灯	套	12.12	110
10	成套灯具	套	2.02	180
11	成套灯具	套	12.12	150
12	成套灯具	套	25.25	50
13	插座盒	个	26.52	1.7
14	接线盒	个	12.24	2.3
15	开关盒	个	68.34	1.7
16	灯头盒	个	80.58	1.7
17	照明开关单位单极	只	40.8	5.01
18	照明开关双位单极	只	25.5	7.81
19	照明开关单位双极	只	2.04	5.71
20	$\phi 16$ PVC 管	m	110	1.69
21	轴流排气扇	台	12	150
22	绝缘导线 $1.5mm^2$	m	1231.92	0.82
23	绝缘导线 $2.5mm^2$	m	468.41	1.25
24	铜芯绝缘导线 $6mm^2$	m	19.32	4.17
25	配电箱 1	套	1	620
26	配电箱 2	套	1	390

附录3 给排水工程清单计价实例

一、编制依据

1. ××招待所给水排水施工图（见附图）。
2. 《建设工程工程量清单计价规范》（GB 50500—2003）。
3. 2004年《江苏省安装工程计价表》、《江苏省建设工程清单计价项目指引》。
4. 江苏省安装工程费用计算规则及计算标准和扬州市现行有关费用规定。
5. 给水排水工程施工及验收规范。

二、编制说明

1. 本工程费用内容为完成施工设计图纸的工程项目，即在施工前、后及施工期间必须或可能发生的费用。
2. 本工程预算中的主材价格主要根据扬州市工程造价管理协会2006年12月发布的扬州市材料价格信息，部分材料按现行市场价格计，结算时可按实调整。
3. 根据江苏省安装工程费用计算规则及计算标准中工程类别划分标准，本工程为三类工程。本预算按包工包料计算费用。
4. 本工程中其他措施费计取了检验试验费、临时设施费，分别按分部分项工程费的0.4%和1.2%计取。

工程量计算表　　　　　　　　　　　　　　　　　　　　　　附表 3-1

序号	项目名称	计 算 式	数量单位
		热水系统	
1	室内镀锌钢管 DN50	水平进户主管 图中未标注进户管上阀门位置，按距建筑物外墙1.5m为界 DN50管 1.5+22=23.5m 热水管岩棉保温 23.5×1.77/100=0.416m³	23.5 m
2	室内镀锌钢管 DN25	DN25管（0.8+5.97+0.2+2.77+0.6）×3+14.5=45.52m 热水管岩棉保温 45.52×1.35/100=0.614 m³	45.52 m
3	室内镀锌钢管 DN40	DN40管 1.5+22=23.5m 热水管岩棉保温 23.5×1.46/100=0.343m³	23.5 m
4	室内镀锌钢管 DN20	DN20管 [（0.8+0.1+0.1）+（1.85+0.8+0.35）×2]×6=42m 热水管岩棉保温 42×1.28/100=0.538m³	42 m
		冷水系统	
5	室内镀锌钢管 DN50	进户埋地 1.5+0.5=2.0m 镀锌管刷沥青 2.0×17.9/100=0.358m²	2.0m
6	室内镀锌钢管 DN25	进户埋地 7.2+7.2+1.9×3+0.5×3=21.60m 镀锌管刷沥青 21.60×10.10/100=2.182m²	21.60m
	室内镀锌钢管 DN25	0.35×3=1.05	1.05m
7	室内镀锌钢管 DN40	埋地备用 1.0 镀锌管刷沥青 1.0×15.07/100=0.151m²	1.0m
8	室内镀锌钢管 DN20	3.2×3=9.6	9.6m
9	室内镀锌钢管 DN15	[（0.8+0.1+0.1）+（1.65+0.15+0.1+0.80+0.45）×2]×6=43.8	43.8 m
10	浴缸	12	12只

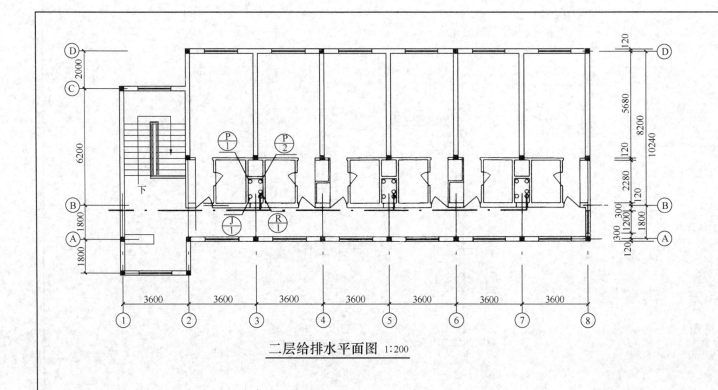

二层给排水平面图 1:200

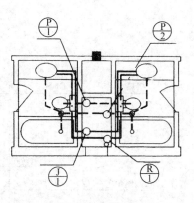

卫生间大样 1:100

设计说明

1. 本图尺寸除标高以米计外,其余均以毫米计。
2. 图示管道标高尺寸均以管中心计。
3. 本工程给水管道均采用镀锌钢管丝扣连接,排水管道采用铸铁管。
4. 本说明未详尽处,请按有关施工及验收规范执行。
5. 图例:

———————— 给水管

———— — ———— 排水管

———— — — ———— 热水管

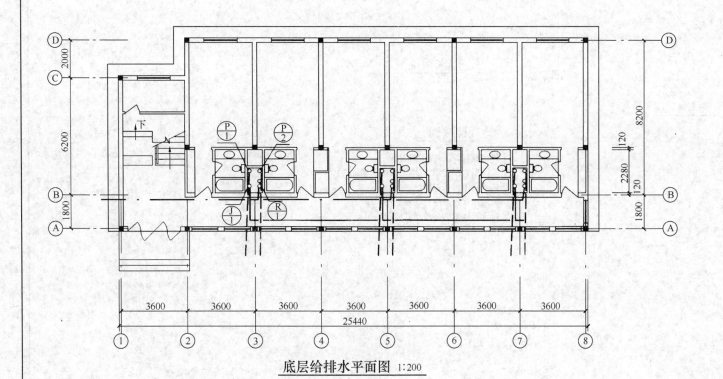

底层给排水平面图 1:200

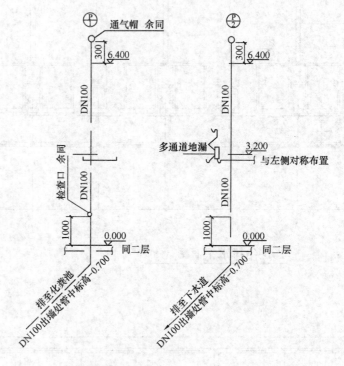

排水系统图

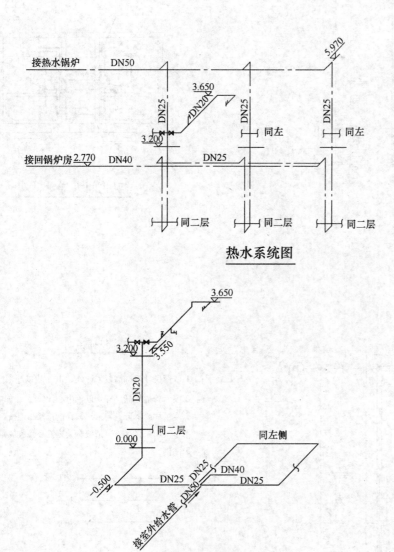

热水系统图

给水系统图

设计说明

1. 排水横管均采用标准坡度。
2. 未注明管径者均为DN15（给水系统图）。
3. 热水管须做保温措施。
4. 埋地给水管须进行防腐处理。
5. 排水系统图中其他单元同此单元。

续表

序号	项目名称	计算式	数量单位
11	洗脸盆	12	12只
12	大便器	12	12只
13	DN15截止阀	(1)卫生器具12 (2)热水系统12	24只
14	地漏	12	12只
		排 水 系 统	
15	排水铸铁管 DN100	DN100铸铁管 图中未标注化粪池具体位置,现按距建筑物外墙皮4米为界。 PL1[0.3+(6.4+0.7)+3.2+4.0+(1.8+0.4×2)×2]×3=59.4m PL2(0.3+6.4+0.7+3.2+4.0)×3=43.8m 合计 103.2m 铸铁管刷沥青 103.2×35.8/100×1.3=48.029m² 铸铁管刷油时人工除锈 103.2m²	103.2m
16	排水铸铁管 DN50	PL2 DN50管[(0.8+0.6+0.5+0.4)×2+1.8]×2×3=38.4m 铸铁管刷沥青 38.4×17.9/100×1.3=8.936m² 铸铁管刷油时人工除锈 8.936m²	38.4m

分部分项工程量清单计价表   附表3-2

序号	项目编码	项目名称及说明	计量单位	工程数量	金额(元)	
					综合单价	合价
1	030801001001	热水镀锌钢管 DN50	m	23.5	256.33	6023.76
2	030801001002	热水镀锌钢管 DN25	m	45.52	32.85	1495.33
3	030801001003	热水镀锌钢管 DN40	m	23.5	40.48	951.28
4	030801001004	热水镀锌钢管 DN20	m	42	28.71	1205.82
5	030801001005	冷水镀锌钢管 DN50 埋地	m	2	25.15	50.3
6	030801001006	冷水镀锌钢管 DN25 埋地	m	21.6	13.52	292.03
7	030801001007	冷水镀锌钢管 DN25	m	1.05	12.23	12.84
8	030801001008	冷水镀锌钢管 DN40 埋地	m	1	20.07	20.07
9	030801001009	冷水镀锌钢管 DN20	m	9.6	9.13	87.65
10	030801001010	镀锌钢管	m	43.8	7.64	334.63
11	030804001001	浴盆	组	12	652.99	7835.88
12	030804003001	洗脸盆	组	12	366.78	4401.36
13	030804012001	大便器	套	12	296	3552
14	030803001001	截止阀	个	24	19.36	464.64
15	030804017001	地漏	个	12	16.54	198.48
16	030801003001	承插铸铁管	m	103.2	56.9	5872.08
17	030801003002	承插铸铁管	m	38.4	30.69	1178.5
		合 计				33976.65

措施费项目清单计价表   附表3-3

序号	项目名称及说明	金额(元)
1	脚手架费	164.88
2	临时设施	407.72
3	检验试验	135.91
	合 计	708.51

分部分项工程量清单综合单价分析表 附表 3-4

序号	项目编码	定额编号	子目名称	单位	工程量	人工费	材料费	机械费	管理费	利润	综合单价（元）
1	030801001001		热水镀锌钢管 DN50	m	23.5	26.76	17.53	1.35	12.58	3.75	256.33
		8-6	镀锌钢管螺纹连接 φ50mm 内	10m	23.5	21.32	10.79	1.22	10.02	2.98	
		11-1749	管道岩棉保温 厚 50mm	m³	0.42	5.44	6.74	0.13	2.56	0.76	
2	030801001002		热水镀锌钢管 DN25	m	45.52	5.74	5.43	0.15	2.7	0.8	32.85
		8-3	镀锌钢管螺纹连接 φ25mm 内	10m	4.55	1.69	0.41	0.05	0.79	0.24	
		11-1749	管道岩棉保温 厚 50mm	m³	0.61	4.05	5.01	0.09	1.9	0.57	
3	030801001003		热水镀锌钢管 DN40	m	23.5	6.22	6.21	0.17	2.93	0.87	40.48
		8-5	镀锌钢管螺纹连接 φ40mm 内	10m	2.35	1.85	0.78	0.07	0.87	0.26	
		11-1749	管道岩棉保温 厚 50mm	m³	0.34	4.38	5.42	0.1	2.06	0.61	
4	030801001004		热水镀锌钢管 DN20	m	42	5.53	5.08	0.09	2.6	0.77	28.71
		8-2	镀锌钢管螺纹连接 φ20mm 内	10m	4.2	1.69	0.32		0.79	0.24	
		11-1749	管道岩棉保温 厚 50mm	m³	0.54	3.84	4.76	0.09	1.81	0.54	
5	030801001005		冷水镀锌钢管 DN50 埋地	m	2	2.69	2.47	0.12	1.26	0.38	25.15
		8-6	镀锌钢管螺纹连接 φ50mm 内	10m	0.2	2.13	1.08	0.12	1	0.3	
		11-72	管道刷油热沥青第一遍	10m²	0.04	0.38	0.95		0.17	0.06	
		11-73	管道刷油热沥青第二遍	10m²	0.04	0.19	0.44		0.09	0.03	
6	030801001006		冷水镀锌钢管 DN25 埋地	m	21.6	2	1.19	0.05	0.94	0.28	13.52
		8-3	镀锌钢管螺纹连接 φ25mm 内	10m	2.16	1.69	0.41	0.05	0.79	0.24	
		11-72	管道刷油热沥青第一遍	10m²	0.22	0.21	0.54		0.1	0.03	
		11-73	管道刷油热沥青第二遍	10m²	0.22	0.1	0.24		0.05	0.01	
7	030801001007		冷水镀锌钢管 DN25		1.05	1.69	0.41	0.06	0.79	0.24	12.23
		8-3	镀锌钢管螺纹连接 φ25mm 内	10m	0.11	1.69	0.41	0.06	0.79	0.24	
8	030801001008		冷水镀锌钢管 DN40 埋地	m	1	2.31	1.94	0.07	1.09	0.32	20.07
		8-5	镀锌钢管螺纹连接 φ40mm 内	10m	0.1	1.85	0.78	0.07	0.87	0.26	
		11-72	管道刷油热沥青第一遍	10m²	0.02	0.31	0.8		0.15	0.04	
		11-73	管道刷油热沥青第二遍	10m²	0.02	0.15	0.36		0.07	0.02	
9	030801001009		冷水镀锌钢管 DN20	m	9.6	1.69	0.32		0.79	0.24	9.13
		8-2	镀锌钢管螺纹连接 φ20mm 内	10m	0.96	1.69	0.32		0.79	0.24	
10	030801001010		镀锌钢管	m	43.8	1.69	0.25		0.79	0.24	7.64
		8-1	镀锌钢管螺纹连接 φ15mm 内	10m	4.38	1.69	0.25		0.79	0.24	
11	030804001001		浴盆	组	12	24.93	16.2		11.72	3.49	652.99
		8-375	搪瓷浴盆 冷热水	10组	1.2	24.93	16.2		11.72	3.49	
12	030804003001		洗脸盆	组	12	13.73	71.98		6.45	1.92	366.78
		8-385	洗脸盆 钢管冷热水	10组	1.2	13.73	71.98		6.45	1.92	
13	030804012001		大便器	套	12	17.65	4.98		8.3	2.47	296
		8-415	坐式大便器 带水箱	10组	1.2	17.65	4.98		8.3	2.47	
14	030803001001		截止阀	个	24	2.6	3.05		1.22	0.36	19.36
		8-241	螺纹阀 φ15mm 内	个	24	2.6	3.05		1.22	0.36	
15	030804017001		地漏	个	12	4.16	1.84		1.96	0.58	16.54

续表

序号	项目编码	定额编号	子目名称	单位	工程量	综合单价组成（元）					综合单价（元）
						人工费	材料费	机械费	管理费	利润	
		8-447	地漏 DN50	10个	1.2	4.16	1.84		1.96	0.58	
16	030801003001		承插铸铁管	m	103.2	6.18	5.75		2.9	0.87	56.9
		8-83	承插铸铁排水管水泥接口 ϕ100mm内	10m	10.32	3.85	1.85		1.81	0.54	
		11-2	手工除锈 管道 中锈	10m²	4.8	0.88	0.32		0.41	0.12	
		11-72	管道刷油热沥青第一遍	10m²	4.8	0.97	2.47		0.46	0.14	
		11-73	管道刷油热沥青第二遍	10m²	4.8	0.48	1.12		0.23	0.07	
17	030801003002		承插铸铁管	m	38.4	3.74	3.04		1.76	0.52	30.69
		8-81	承插铸铁排水管水泥接口 ϕ50mm内	10m	3.84	2.57	1.09		1.21	0.36	
		11-2	手工除锈 管道 中锈	10m²	0.89	0.44	0.16		0.21	0.06	
		11-72	管道刷油热沥青第一遍	10m²	0.89	0.48	1.23		0.23	0.07	
		11-73	管道刷油热沥青第二遍	10m²	0.89	0.24	0.56		0.11	0.03	

给水排水工程预算造价　　　　　　　　　　　　　　　　　　　　附表 3-5

序号	项目名称	金额（元）
1	分部分项工程量清单计价合计	33976.65
2	措施项目清单计价合计	708.51
3	其他项目清单计价合计	—
4	规费 [5＋6＋7]	1082.18
5	工程定额测定费 [（1＋2＋3）×0.1%]	34.69
6	安全生产监督费 [（1＋2＋3）×0.06%]	20.81
7	劳动保险费 [（1＋2＋3）×2.96%]	1026.68
8	税金 [（1＋2＋3＋4）×3.445%]	1230.4
9	总造价	36997.94

主要材料价格表　　　　　　　　　　　　　　　　　　　　　　　　附表 3-6

序号	材料规格名称	单位	数量	单价（元）
1	承插铸铁排水管 DN100	m	106.3	40
2	镀锌钢管 DN40	m	24.87	14.13
3	镀锌钢管 DN50	m	240.56	17.96
4	地漏 DN50	个	12	8
5	立式水嘴 DN15	个	24.24	40
6	浴盆水嘴 DN15	个	24.24	45
7	低水箱配件	套	12.12	52
8	搪瓷浴盆	个	12	430
9	洗脸盆	个	12.12	190
10	坐式带水箱	个	12.12	168
11	座便器桶盖	套	12.12	40
12	岩棉	m³	2.21	580
13	镀锌钢管 DN15	m	44.46	4.6
14	镀锌钢管 DN20	m	52.37	6
15	镀锌钢管 DN25	m	22.99	8.91
16	镀锌钢管 DN25	m	46.2	8.91
17	承插铸铁排水管 DN50	m	39.55	21
18	螺纹阀门 DN15	个	24.24	12
19	浴盆排水配件铜	套	12.12	75

主要参考文献

[1] 中华人民共和国建设部. 建设工程工程量清单计价规范 GB 50500—2003. 北京：中国计划出版社，2003.
[2] 建设部标准定额研究所. 建设工程工程量清单计价规范（GB 50500—2003）宣贯辅导教材. 北京：中国建筑工业出版社，2003.
[3] 中华人民共和国建设部，中华人民共和国财政部. 关于印发《建筑安装工程费用组成》的通知. 北京，2003.
[4] 中华人民共和国建设部. 建筑工程建筑面积计算规范 GB/T 50353—2005. 北京：中国计划出版社，2005.
[5] 江苏省建设厅. 江苏省建筑与装饰工程计价表（上、下册）. 北京：知识产权出版社，2004.
[6] 江苏省建设厅. 江苏省建设工程工程量清单计价项目指引. 北京：知识产权出版社，2004.
[7] 交通部公路工程定额站. 公路工程工程量清单计量规则. 北京：人民交通出版社，2004.
[8] 全国造价工程师执业资格考试培训教材，工程造价管理基础理论与相关法规. 北京：中国计划出版社，2003.
[9] 全国造价工程师执业资格考试培训教材，工程造价计价与控制. 北京：中国计划出版社，2003.
[10] 全国造价工程师执业资格考试培训教材，建设工程技术与计量（土建工程部分）. 北京：中国计划出版社，2003.
[11] 全国造价工程师执业资格考试培训教材，建设工程技术与计量（安装工程部分）. 北京：中国计划出版社，2003.
[12] 全国公路工程造价人员资格考试培训教材，公路工程定额编制与管理. 北京：人民交通出版社，2007.
[13] 谭大璐. 工程估价（第二版）. 北京：中国建筑工业出版社，2005.
[14] 王雪青. 工程估价. 北京：中国建筑工业出版社，2005.
[15] 钱昆润，戴望炎，张星. 建筑工程定额与预算. 南京：东南大学出版社，2006.
[16] 沈杰. 工程估价. 南京：东南大学出版社，2005.
[17] 刘钟莹等. 建筑工程工程量清单计价. 南京：东南大学出版社，2004.
[18] 李希伦. 建设工程工程量清单计价编制实用手册. 北京：中国计划出版社，2003.
[19] 郭婧娟. 工程造价管理. 北京：清华大学出版社，北京交通大学出版社，2005.
[20] 车春鹂，杜春艳. 工程造价管理. 北京：北京大学出版社，2006.
[21] 陈建国，高显义. 工程计量与造价管理（第二版）. 上海：同济大学出版社，2007.
[22] 严玲，尹贻林. 工程计价学. 北京：机械工业出版社，2006.
[23] 张建平等. 工程计量学. 北京：机械工业出版社，2006.
[24] 戚安邦. 工程项目全面造价管理. 天津：南开大学出版社，2000.
[25] 上官子昌，杜贵成. 招标工程师实务手册. 北京：机械工业出版社，2006.
[26] 王卓甫. 工程项目管理模式及其创新. 北京：中国水利水电出版社，2006.
[27] 田永复. 建筑装饰工程概预算. 北京：中国建筑工业出版社，2000.
[28] 刘长滨. 土木工程概（预）算. 武汉：武汉工业大学出版社，2001.
[29] 刘长滨，李苹. 建筑安装与市政工程估价. 北京：中国建筑工业出版社，2005.
[30] 董维岫，吴信平. 安装工程计量与计价. 北京：机械工业出版社，2005.
[31] 周直，崔新嫒. 公路工程造价原理与编制. 北京：人民交通出版社，2002.
[32] 沈其明等. 公路工程概预算手册. 北京：人民交通出版社，2005.

[33] 公路定额及编制办法汇编（上册）.北京：人民交通出版社，2002.

[34] 中华人民共和国建设部，中华人民共和国财政部.建设工程价款结算暂行办法（通知）财建［2004］369号.

[35] 中华人民共和国建设部，中华人民共和国财政部.建设工程质量保证金管理暂行办法（通知）建质［2005］7号.

[36] 雷俊卿，杨平.土木工程合同管理与索赔.武汉：武汉理工大学出版社，2003.

[37] 杜晓玲.工程量清单及报价快速编制技巧与实例.北京：中国建筑工业出版社，2002.